INGENIEURBAUKUNST 2026

BIngK
BUNDES INGENIEURKAMMER

ING BW
Ingenieurkammer Baden-Württemberg
voranbringen – vernetzen – versorgen

Bayerische Ingenieurekammer-Bau
Körperschaft des öffentlichen Rechts

BK Baukammer Berlin
DIE INGENIEURE

Brandenburgische Ingenieurkammer
Körperschaft des öffentlichen Rechts

i|k ingenieurkammer der freien hansestadt bremen

Hamburgische Ingenieurkammer-Bau
Körperschaft des öffentlichen Rechts

INGKH
INGENIEURKAMMER HESSEN

INGENIEURKAMMER MECKLENBURG-VORPOMMERN
KÖRPERSCHAFT DES ÖFFENTLICHEN RECHTS

Ingenieurkammer Niedersachsen

Ingenieurkammer-Bau Nordrhein-Westfalen

iNG ingenieur kammer rheinland-pfalz

iNG ingenieur kammer saarland

INGENIEURKAMMER SACHSEN
Körperschaft des öffentlichen Rechts

Ingenieurkammer SACHSEN-ANHALT

ARCHITEKTEN- UND INGENIEURKAMMER SCHLESWIG-HOLSTEIN

INGENIEURKAMMER THÜRINGEN
Körperschaft öffentlichen Rechts

INGENIEURBAUKUNST 2026

MADE IN GERMANY

Ernst & Sohn
A Wiley Brand

Herausgegeben von der Bundesingenieurkammer

EDITORIAL

© Samuel Becker

Die Baukultur steht vor der Herausforderung, Transformation und Beständigkeit miteinander zu versöhnen. Das *Jahrbuch der Ingenieurbaukunst 2026* zeigt, wie diese Gratwanderung im deutschen und internationalen Ingenieurbau gelingt. Es versammelt aktuelle Projekte, die nicht nur bautechnisch überzeugen, sondern auch Antworten auf die drängenden Fragen unserer Zeit geben – sei es durch materialbewusste Konstruktionen, die Stärkung städtischer Infrastruktur oder neue Räume für Bildung, Kultur und Forschung.

Die Spannweite reicht von der aus Bioverbundwerkstoff gefertigten *Smart Circular Bridge* in Ulm bis zu dem beim Deutschen Brückenbaupreis ausgezeichneten *Chemnitzer Viadukt*, vom *Kinder Kunst Labor* bis zur visionären Dachstruktur im *Westfield Hamburg-Überseequartier*. Mit dem *Deutschen Pavillon* zur Expo 2025 in Osaka wird zudem ein Ausblick auf das ingenieurtechnische Selbstverständnis Deutschlands im globalen Rahmen gegeben.

Besonders eindrucksvoll ist, wie sich viele Projekte durch kluge Konstruktionen, zirkuläre Materialkonzepte oder gezielte Sanierungen in den Dienst der Nachhaltigkeit stellen. Die Beiträge zur *Nutzungsdauerverlängerung der Alzbrücke Seebruck* oder zur *Sanierung der Hallendächer am Berliner Ostbahnhof* zeigen exemplarisch, dass Baukultur nicht nur im Neubau entsteht.

Die begleitenden Essays vertiefen den Diskurs: Sie behandeln die Klimaresilienz urbaner Infrastrukturen, zeigen neue Wege im Holz-Beton-Hybridbau auf oder fordern zur Reflexion über die Haltung im Spannungsfeld von Technik und Gesellschaft auf.

Auch in diesem Jahr stellen die Ingenieurinnen und Ingenieure ihre Projekte selbst vor – eine Stärke, die das Jahrbuch unverwechselbar macht.

Das Jahrbuch versteht sich als Einladung zum Weiterdenken – und als Spiegel der schöpferischen Bandbreite ingenieurtechnischer Gestaltung.

Dr.-Ing. Heinrich Bökamp
Präsident der Bundesingenieurkammer

INHALT

Ingenieurbaukunst der Stadt

Anhang

INGENIEURBAUKUNST DER STADT

Städte sind nicht nur Lebensräume, sondern auch Spiegel gesellschaftlicher Transformationsprozesse – ökologisch, technologisch, kulturell und ökonomisch. In einer Zeit wachsender Herausforderungen durch Klimawandel, Ressourcenknappheit und soziale Ungleichheiten kommt der Stadtentwicklung eine zentrale Rolle zu. Hier entstehen die Strukturen, die genutzt, bewohnt und mit Leben gefüllt werden. Innerhalb dieser Strukturen ist der Ingenieurbau ein wichtiger Protagonist: als Möglichmacher und Richtungsweiser für eine zukunftsfähige Stadtentwicklung.

Für Hamburg als wachsende Metropole am Wasser gilt dies in besonderem Maße. Diese Stadt steht für den Anspruch, Innovation, Lebensqualität und Nachhaltigkeit miteinander zu verbinden – und dabei bauliche Intelligenz zur Grundlage eines resilienzfähigen Stadtgefüges zu machen.

Das Stadtbild Hamburgs wird seit jeher in besonderem Maße von seinen Ingenieurbauwerken geprägt. Seien es Bauwerke für die Bahninfrastruktur, Viadukte oder Stationen der U- und S-Bahn wie in jüngerer Zeit die neuen Haltestellen in der HafenCity, Bauwerke für den Hochwasserschutz wie zwischen Landungsbrücken und Vorsetzen oder die umfängliche Straßeninfrastruktur. Sie alle prägen in Summe durch ihre Allgegenwärtigkeit den städtischen Raum in erheblichem Maße und setzen darüber hinaus mit Bauwerken wie den Elbbrücken oder der Köhlbrandbrücke wichtige Akzente im Hamburger Stadtbild von hohem baukulturellem Wert. Die notwendige Erneuerung von Teilen dieser Infrastruktur erfordert ebenso wie die Entwicklung von Neubauten, beispielsweise die Verlängerung der U4 auf den Grasbrook, zum einen Innovationskraft und Mut für zeitgemäße und nachhaltige Lösungen, zum anderen aber auch gestalterisches Einfühlungsvermögen im Bewusstsein der stadtgestalterischen Verantwortung. Nicht zuletzt sind erhebliche öffentliche Investitionen vonnöten, wofür über das Sondervermögen Infrastruktur auf Bundesebene bereits wichtige Weichen gestellt wurden.

Gute Stadtplanung ist heute Systemplanung. Sie integriert Mobilität, Energie, Wasser, Klima, Ökologie und Nutzung – und macht ingenieurtechnisches Wissen zur Planungsgrundlage. Sie ist kooperativ angelegt und strategisch darauf ausgerichtet, die anstehenden Transformationsprozesse dafür zu nutzen, die Stadt zukunftsfähig und resilient für neue Herausforderungen aufzu-

1

1 Karen Pein, Senatorin für Stadtentwicklung und Wohnen der Freien und Hansestadt Hamburg stellen. Die Perspektive der Ingenieurinnen und Ingenieure ist dabei unverzichtbar – ob beim Hochwasserschutz, bei der nachhaltigen Energieversorgung oder bei der Umnutzung von Konversionsflächen in lebendige Stadtteile.

Die Zeiten der linearen Planung sind vorbei. Stadt ist komplex – und genau hier entfaltet sich die wahre Stärke der Ingenieurbaukunst: in der Schnittstelle zwischen Gestaltung und Funktion, zwischen Detail und Gesamtsystem. An diesen Stellen ist die hohe Kunst der Bauingenieurinnen und Bauingenieure gefragt, die Chancen und Risiken ganz praktisch und pragmatisch zusammenführen.

Risiken bedingt durch den Klimawandel sind überall spürbar. Starkregen, Hitzewellen und Trockenphasen nehmen zu – und erfordern präzise ingenieurtechnische Antworten im Quartier, auf dem Dach, an der Fassade, in der Straße. Mikroklimaanpassung meint nicht die große Geste, sondern das feine, systematische Eingreifen in kleinste Strukturen. Dabei geht es insbesondere um Fragen der Verschattung, Pflanzen- und Materialwahl nach dem Cradle-to-Cradle-Prinzip, der Wasserretention sowie der Wasserspeicherung für Trockenperioden und eine ausreichende Durchlüftung, sodass ein nachhaltiger Lebensort für Mensch, Tier (Animal-Aided Design) und Pflanzen entsteht.

Diese Maßnahmen finden immer stärkere Berücksichtigung bei der Planung in neuen Stadtentwicklungsgebieten. Dort gestalten Ingenieurinnen und Ingenieure aktiv das urbane Mikroklima. Es geht nicht nur um Komfort, sondern um Gesundheit, Resilienz und Lebensqualität im Alltag.

Weitere wichtige Aspekte der Freiraumgestaltung sind die Entsiegelung von Flächen und die Erhöhung der Biodiversität beim Ausbau zusammenhängender Grün- und Freiraumsysteme.

Allerorts werden Lösungen benötigt, die die Städte klimaresilient machen. Wasser aus Starkregenereignissen muss sicher aufgefangen und gespeichert sowie abgeleitet oder für andere Zwecke nutzbar gemacht werden.

2

2 Köhlbrandbrücke: Ob Brücken oder Straßen – das ganze Land steht vor gewaltigen Instandhaltungsaufgaben. Die Köhlbrandbrücke in Hamburg versinnbildlicht, wie wichtig Ingenieurskunst für die Zukunft unserer Städte ist.

In Dürreperioden bedarf die Stadt der Kühlung, beispielsweise durch Verdunstung. Stadtentwicklung muss daher in vernetzten Infrastrukturen gedacht werden, die die multiplen Ebenen urbanen Lebens berücksichtigen. Blau-grüne Netze leisten nicht nur ökologisch, sondern auch ingenieurtechnisch Enormes: Sie wirken als natürliche Klimaanlagen, die durch Verdunstung und Schattenbildung die Lufttemperatur senken und so den städtischen Wärmeinseln entgegenwirken. Sie tragen zur Stabilisierung des Wasserkreislaufs bei, indem sie das Regenwasser auffangen und vorübergehend speichern, bevor es langsam in den Boden versickern oder über

3

3 Himmelsberg im Baakenpark: Parks, Plätze und die zahlreichen Wasserlagen spielen eine Schlüsselrolle für ein klimaangepasstes Hamburg. Sie sind Erholungsorte und wichtige Bausteine der klimaresilienten Stadt.

© ELBE&FLUT / Thomas Hampel

4

4 U-Bahn-Haltestelle Elbbrücken: Die von gmp Architekten in Zusammenarbeit mit den Ingenieuren von schlaich bergermann partner (sbp) entworfene Haltestelle fungiert als markanter Bezugspunkt des neuen Quartiers „Elbbrücken".

die Pflanzen verdunsten kann. Dadurch mindern sie Überschwemmungsrisiken, kühlen Quartiere und entlasten die Kanalisation. Darüber hinaus schaffen sie wertvolle Lebensräume für die Flora und Fauna und stärken damit langfristig die Biodiversität.

Die Verkehrswende ist eine der größten planerischen Aufgaben unserer Zeit – und ohne die kluge Mitwirkung von Ingenieurinnen und Ingenieuren nicht zu bewältigen. Hamburg investiert massiv in die Radverkehrsinfrastruktur, in neue ÖPNV-Achsen wie die U5, in Mobilitätsstationen, Ladeinfrastruktur und eine intelligente Verkehrssteuerung – all das auf begrenztem Raum mit konkurrierenden Nutzungsansprüchen.

Die Mobilität von morgen wird leiser, platzsparender und klimaschonender sein. Ingenieurinnen und Ingenieure helfen uns, diese Zukunft zu bauen – robust, nutzerfreundlich und integriert in das urbane Gefüge.

Die vorhandene Infrastruktur unterliegt dem ständigen Wandel und bedarf besonderer Pflege, um sie zu erhalten und für neue Beanspruchungen zu ertüchtigen.

Viele Ingenieurbauwerke, die nicht nur das Stadtbild prägen, sondern auch für die Funktion unserer Stadt notwendig sind, müssen saniert und dabei an neue zukünftige Anforderungen angepasst werden.

Das Aufgabenvolumen ist groß und das vom Deutschen Bundestag beschlossene Sondervermögen Infrastruktur wird einen großen Teil der Finanzierung dieser Bauaufgaben sicherstellen. Auftragsflauten dürften sich damit auf Sicht nicht einstellen. Herausfordernd wird eher die Bearbeitung dieser vielen komplexen Bauaufgaben durch ausreichend geschultes Fachpersonal. Zeit also, Werbung für die Ingenieurskunst und Ingenieurszunft zu machen und für ausreichend Nachwuchs zu sorgen, der bereit ist, diese großen und wunderbaren Zukunftsaufgaben anzupacken.

Ich danke allen, die sich diesen Aufgaben jetzt schon voller Elan widmen und sich mit ihrer Expertise, ihrer Innovationskraft und ihrem Gestaltungswillen einbringen – in Hamburg und darüber hinaus.

Lassen Sie uns gemeinsam bauen – an einer Stadt, die klug, gerecht und zukunftsfähig ist.

Karen Pein
Senatorin für Stadtentwicklung und Wohnen der Freien und Hansestadt Hamburg

PROJEKTE

EINE BESONDERE BRÜCKE FÜR EINEN BESONDEREN ORT –
Donautalbrücke Linz

© ASFINAG

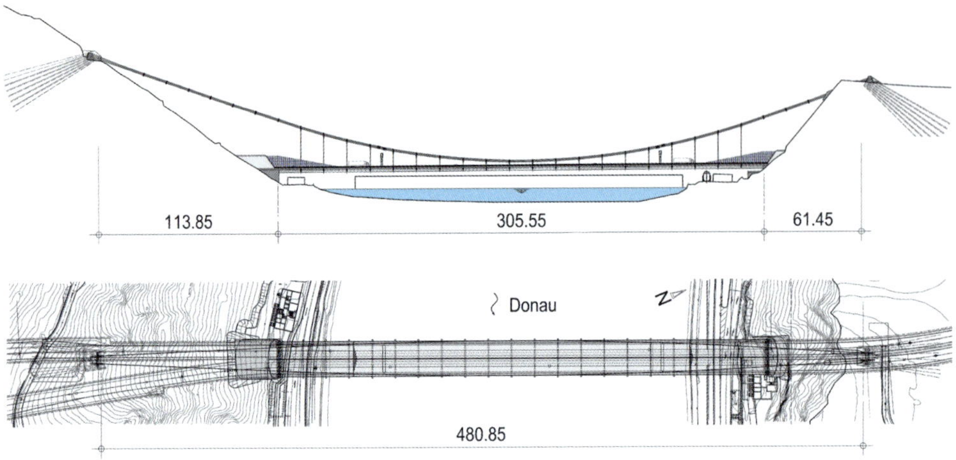

1

Die Autobahn A26 ist für die Stadt Linz und die umgebenden Gemeinden ein wichtiges Infrastrukturprojekt zur Verbesserung der Verkehrssituation vor Ort. Aufgrund seiner Größe ist das Projekt in drei Phasen unterteilt. Die erste Phase umfasste den Bau der Donautalbrücke. Mit einer Spannweite von über 300 Metern stellt die Hängebrücke ein elegantes Wahrzeichen für die Stadt Linz dar.

Mit der A26 entsteht in Linz eine leistungsfähige Autoverbindung zwischen der bestehenden Autobahn A7 und der B127. Dabei dient der Bau der Bündelung des Kfz-Verkehrs auf einer umweltschonenden Trasse mit Tunnel- und Unterflurstrecken: Von der insgesamt 4,7 Kilometer langen Strecke verlaufen 68 Prozent unterirdisch. Zur Überquerung des Donautals sowie der Westbahn werden zwei Brücken benötigt.

Planung und Entwurf

Der hier vorgestellte Entwurf einer Hängebrücke – Sieger des internationalen Wettbewerbs aus dem Jahr 2003 – berücksichtigte die besondere Topografie des Donautals.

Die guten geologischen Verhältnisse ermöglichten es, die Tragseile direkt in dem Felsen zu verankern, was zu einem unaufdringlichen Erscheinungsbild der vierspurigen Autobahnbrücke führte. Sie besteht aus drei Komponenten: dem Deck als Stahl-Verbund-Konstruktion, dem Seiltragwerk mit 145 Millimeter starken Tragseilbündeln sowie den vier Verankerungsbauwerken und den beiden Widerlagerbauwerken.

Brückendeck

Der Überbau wird mit in der Ansicht vertikalen Hängerseilen von den Tragseilen abgehängt. Der Hauptträger ist ein Stahlhohlkasten mit einer im Verbund liegenden Betonfahrbahnplatte. Durch die mittige Lage des Hohlkastens verschwindet dieser optisch im Schatten der auskragenden Fahrbahn und lässt das Bauwerk in der Ansicht schlank und elegant wirken. Die Wahl eines kombinierten Stahl-Beton-Tragwerks vereinfachte die Montage durch Einheben der leichten Stahlsegmente und bietet mit der aufbetonierten Betonplatte die geforderte Robustheit und Dauerhaftigkeit für die stark frequentierte Straßenbrücke.

Der Stahlhauptträger bildet zusammen mit dem Randträger im Verbund mit der Betonplatte den biege- und torsionssteifen Längsträger der Brücke. Stahlquerträger, die ebenfalls im Verbund mit der Betonplatte liegen, leiten die Kräfte aus dem Hauptträger zu den Verankerungspunkten der Hängerseile.

Seiten 14/15
Donautalbrücke

1 Ansicht und Grundriss der Brücke

2 Brückenquerschnitt

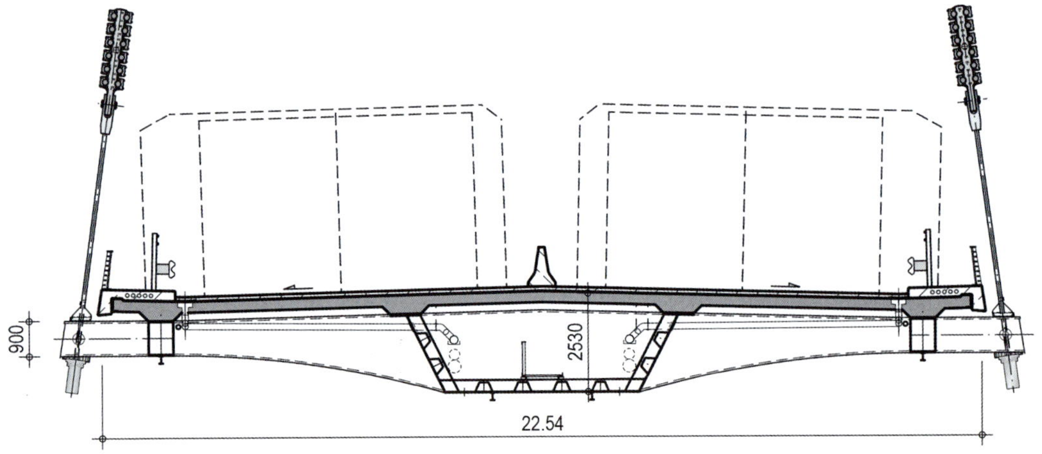

2

3 Halbfertigteile

3

Die Fahrbahnplatte spannt primär in Querrichtung mit Auflagerungen an den Stegen des Hauptträgers und an den Randträgern. An den Rändern kragt die Betonplatte etwa 1,2 Meter aus und entlastet so das Feld zwischen Rand- und Hauptträger. Auch an den Querträgern ist die Platte aufgelagert, sodass hier eine zweiachsig gespannte Platte vorliegt.

Seiltragwerk

Die beiden Haupttragseile sind rund 500 Meter lang. Zusammengefasst sind diese zu zwei Paketen aus jeweils zwölf Seilen. Die vertikalen Hängerseile sind im Abstand von je 14,55 Metern angeordnet. Die zwei Tragseilpakete vereinigen sich an den Ufern und werden dort in Stahlankerblöcken fixiert. An den Tragseilklemmen, die auch die Tragseile in ihrer Geometrie fixieren, werden die Hängerseile über einen Gabelseilkopf verankert. Alle vollverschlossenen Seile sind mit galfanbeschichteten Drähten hergestellt und erhielten nach der Montage eine vierlagige, zusätzliche Beschichtung.

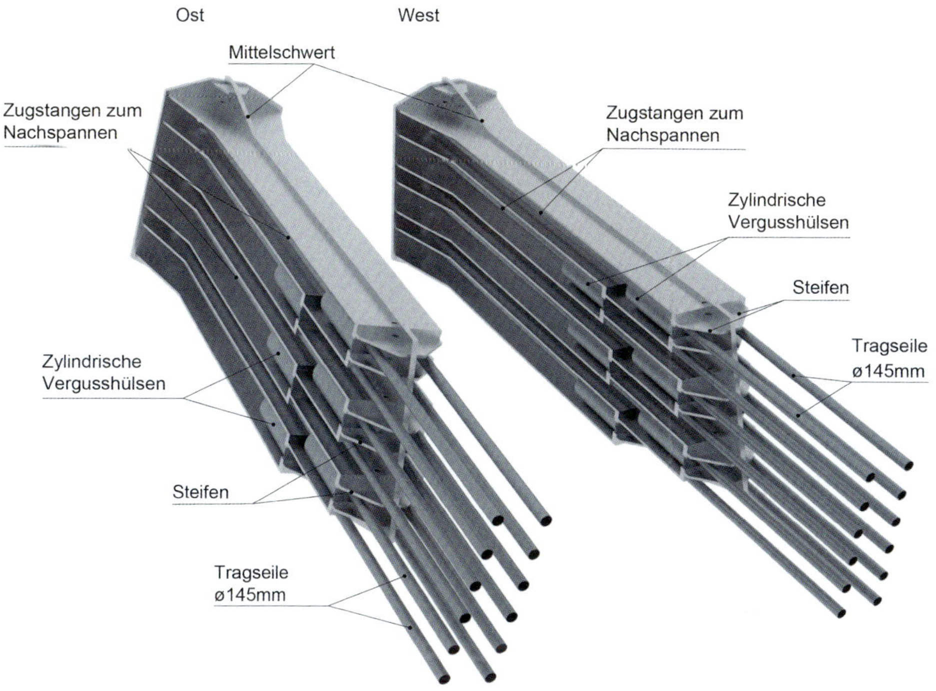

4

4 Stahlankerblöcke Tragseile

5 Tragseilklemme mit Hängeranschluss (a, b)

5a

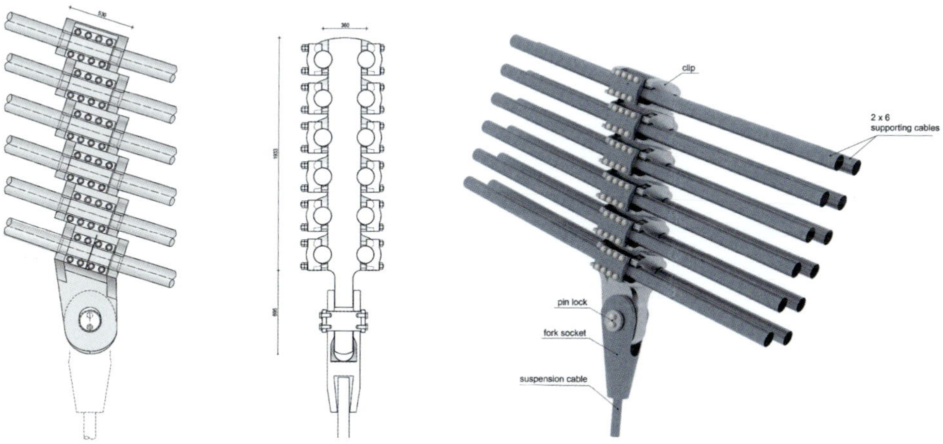

5b

Verankerungsbauwerke und Widerlager

Um eine sichere Einleitung der Kräfte zu gewährleisten, waren umfangreiche felsmechanische Untersuchungen notwendig. Die Kräfte der zweimal 12 Haupttrageseile werden über ein 45 Tonnen schweres Ankerschwert in die Betonankerblöcke eingeleitet. Diese sind auf beiden Seiten mit mehr als 100 Dauerverpressankern mit einer Länge von bis zu 70 Metern im Gneis verankert. Ein Drittel der Anker sind mit Kraftmessmethoden ausgestattet, sodass ein kontinuierliches Monitoring der Kräfte möglich ist und sie bei Bedarf nachgeankert werden können. Die Umlenkkräfte aus dem Tragseil und den Ankern werden über die untenliegende Druckplatte des Ankerblocks in den Felsen eingeleitet.

Die beiden Endquerträger des Decks sind im Portalbereich der Tunnel auf Widerlagern gelagert. Die vertikale Lagerung erfolgt mit beweglichen Kalottenlagern. In horizontaler Richtung liegt der Versteifungsträger des Tragwerks auf gesonderten Horizontallagern in der Symmetrielängsachse der Brücke statisch bestimmt auf. Der Festpunkt befindet sich auf dem südseitigen Widerlager, während auf der Nordseite ein querfestes, längs bewegliches Lager ist. Durch diese Lagerung werden Zug- und Druckkräfte aufgrund der Einspannwirkung des Decks bei Windbelastung vermieden.

Herstellung der Ankerblöcke

Bevor die Ankerblöcke hergestellt werden konnten, musste der felsige Baugrund vorbereitet werden, um später eine gleichmäßige Kraftübertragung zu gewährleisten. Anschließend wurden die 217 Dauerverpressanker eingebracht, wobei ein wassergestütztes Bohrverfahren mit einer Einbautoleranz von < 1 Prozent verwendet wurde.

Mit Abschluss der Montage wurde der Ankerblock auf die Betonage vorbereitet. Neben Schalungs- und Bewehrungsarbeiten war der Einbau der Ankerschwerter mit einer Einbautoleranz von ± 5 Millimetern durchzuführen.

Die Ankerblöcke wurden an einem Tag betoniert, wobei ein Monitoring der Betontemperatur zur Vermeidung von Rissen installiert wurde. Die Kühlung erfolgte durch Kühlwasser in den Leerverrohrungen der Brückenanker. Gleichzeitig wurden die flachgegründeten Brückenwiderlager am Ufer hergestellt.

6

Montage des Seiltragwerks

Für die Montage des Seiltragwerks war eine Vielzahl von Gerätschaften und Hilfskonstruktionen notwendig: Um die Bereiche zwischen den Ankerblöcken zu bedienen, wurden zwei Seilkräne aufgebaut. Zur Errichtung der Hilfsseilbrücke wurde zuerst mit einer Drohne ein 1 Millimeter dickes Seil von Ankerblock zu Ankerblock gezogen. Dann wurden sukzessive stärkere Seile eingezogen, bis schlussendlich die beiden 45 Millimeter dicken Tragseile der Hilfsseilbrücke eingebaut werden konnten. Auf dieser wurden die 60 Tonnen schweren Tragseile über das Tal gezogen. Dabei wurden die einzelnen Seile nacheinander von einer motorisierten Haspel abgewickelt. Anschließend wurde das Seilende durch ein Zugseil mit einer Winde auf der Südseite verbunden. Damit konnte das Seil kraftkontrolliert über die Seilreiter der Hilfsseilbrücke gezogen werden.

6 Ankerblock Süd vor Betonage

7 Hilfsseilbahn für die Tragseilmontage

7

8

Als das Seil im Süden angekommen war, wurden beide Seilenden an jeweils einen Hydraulik-Litzenheber angeschlossen. Anschließend wurde die Seilbrücke abgelassen und querverschoben, sodass das Haupttragseil frei in überhöher Lage hing. Nun wurden die Litzenheber sukzessive abgelassen und die Seilköpfe in die Ankerschwerter eingelegt.

Nach Abschluss der Montage wurden die inneren Seilebenen zueinander gezogen, um Platz für das Einführen und das anschließende Ausrichten der Tragseilklemmen zu schaffen. Im Anschluss wurden die Hängerseile über die Gabelseilköpfe am oberen Ende angeschlossen.

Um im Anschluss die beiden Haupttragseile für die Deckmontage zu positionieren, wurden als Letztes entlang des Seils sieben temporäre Druckspreizen angeordnet.

Montage des Überbaus

Während der Montage des Seiltragwerks wurden zwei der insgesamt neun Stahlsegmente im Widerlagerbereich auf einem temporären Schutzgerüst montiert.

Die restlichen sieben Segmente wurden auf einem Vormontageplatz vorbereitet und dann, beginnend mit dem mittleren, über die Donau zu ihrem Bestimmungsort transportiert. Um angesichts der hohen Fließgeschwindigkeit einen kontrollierten Montageprozess zu gewährleisten, wurde ein Stelzenponton für den Transport und als feste Plattform für den Einhubvorgang verwendet. Anschließend wurden die Segmente über vier Litzenheber eingehoben.

Entscheidend für die erfolgreiche Deckmontage waren die spannungsfreie Probemontage auf dem Vormontageplatz und der Einbau von temporären Verriegelungen zwischen den bereits in den Tragseilen hängenden Segmenten. Nach dem Umsetzen auf die Hängerseile wurden die Segmente sukzessive untereinander verschweißt.

Das Betonieren erfolgte nach einer festgelegten Reihenfolge. Nach Abschluss aller Betonierarbeiten wurden die Brückenkappen aus Ortbeton hergestellt. Daran schlossen sich die Belagarbeiten und der Einbau der Brückenausrüstung an.

8 Vormontagplatz der Überbausegmente 2 bis 7

9 Fertiggestellter Stahl-Überbau

9

Lichtdesignkonzept

Die Brücke liegt in einem naturnahen Dunkelraum – ein sensibler Bereich, in dem künstliches Licht auf ein Minimum reduziert werden soll. Ziel des Lichtkonzepts war es, die besondere Konstruktion der Schrägseilbrücke nachts subtil erfahrbar zu machen.

Im Fokus steht die Inszenierung der Hängekonstruktion: Minimal beleuchtete Tragseile spannen sich wie feine Lichtlinien von Berg zu Berg. Das darunterliegende Brückendeck erscheint als ruhiges, horizontal verlaufendes Lichtband – klar konturiert, aber zurückhaltend.

Auf herkömmliche Mastleuchten wurde bewusst verzichtet. Stattdessen erfolgt die Verkehrsbeleuchtung über durchgehende Lichtlinien auf Höhe der Anprallschutzelemente – vergleichbar mit in Handläufen integrierten Leuchten. Dies ermöglicht eine gleichmäßige, blendfreie Ausleuchtung ohne störende Lichtpunkte weit oberhalb der Fahrbahn.

Die Umsetzung erforderte eine enge Abstimmung zwischen den Planern, dem Betreiber und den verschiedenen Herstellern. Auch mussten vom Leuchtenhersteller individuelle Details zur Integration in Betonleitwände, Stahl-Anprallschutz und Rauchschutzwände entwickelt und mit allen Beteiligten abgestimmt werden. Die Genehmigungsfähigkeit wurde durch eine 1:1-Teststrecke nachgewiesen.

10

Unterhalb des Brückendecks sorgen stark entblendete Einzelleuchten für eine gezielte Anstrahlung. Zusammen mit der linearen Verkehrsbeleuchtung entsteht so das charakteristische, horizontale Lichtband.

Die Tragseile werden über Einzelstrahler illuminiert. Jeweils eine Leuchte pro Seil und Lichtgruppe sind dazu mit zugehörigem Betriebsgerät auf die Seilklemme montiert. Die Leuchten sind exakt in Seilrichtung ausgerichtet und setzen so die gesamte Seillinie über alle Achsfelder hinweg als durchgehendes Lichtmotiv um.

Aufgrund umweltrechtlicher Vorgaben wurde die Helligkeit stark gedimmt – es bleibt ein zarter Lichtakzent, der die Konstruktion sanft nachzeichnet.

10 Nächtliche Silhouette der Donautalbrücke

11 Impression der fertigen Brücke in der Dämmerung

11

Schluss

Die Donautalbrücke wurde am 15.11.2024 für den Verkehr freigegeben. Die Hängebrücke fügt sich harmonisch und unaufdringlich in das Donautal ein. Sie wirkt leicht, filigran und transparent trotz der hohen statischen und funktionalen Anforderungen, die an eine vierspurige Autobahnbrücke gestellt sind. Ohne das konstruktive Zusammenwirken der vielen Beteiligten wäre es nicht möglich gewesen, ein solch außergewöhnliches Bauwerk erfolgreich zu realisieren. Bei allen war immer der Wille zu spüren, gemeinsam gute Lösungen für die vielen technischen Herausforderungen zu finden.

Andreas Keil, Christiane Sander, Mathias Widmayer

© Conné van d'Grachten

12

OBJEKT
Donautalbrücke
STANDORT
Linz
BAUZEIT
2018–2024
BAUHERR
ASFINAG Bau Management GmbH, Ansfelden, Österreich
INGENIEURE + ARCHITEKTEN
Ingenieure: schlaich bergermann partner, Stuttgart
Baumann und Obholzer, Innsbruck
Architektonische Begleitung: gmp, Hamburg
BAUAUSFÜHRUNG
Generalunternehmer: Consortium f-pile GmbH, Wien
ICM Spa, Vicenza, Italien
MAEG Costruzioni SpA, Vazzola, Italien
Leuchtenhersteller: AE Schréder GmbH, Wien

12 Beleuchtung unterhalb des Decks

13 Brücke vom Widerlager aus

© Conné van d'Grachten

13

SIEBEN ZYLINDER FÜR DIE WELTAUSSTELLUNG – Der Deutsche Pavillon auf der Expo in Osaka 2025

Der Entwurf für den Deutschen Pavillon auf der Expo 2025 zeigt sieben in Holzskelettbau konstruierte Zylinder auf einem Stahl-Sockelgeschoss. Als Ausdruck eines konsequent zirkulären Planungs- und Bauprozesses wurden Fundament, Tragstruktur und Hülle als reversible, wiederverwendbare und sortenrein rückbaubare Systeme entwickelt. Die erlebbare Konstruktion verdeutlicht den Beitrag von Architektur und Bauingenieurwesen zur Transformation hin zu einer ressourcenerhaltenden Baukultur.

© Roland Halbe

1

Entwurf und Gestaltung

Die Expo 2025 in Osaka vereint unter dem Leitthema „Designing Future Society for Our Lives" über 160 Nationen, die zukunftsweisende Beiträge zu Themen wie Digitalisierung, Gesundheit und Nachhaltigkeit präsentieren. Als eines der Leitthemen wird dabei Zirkularität formuliert.

Die Anordnung und Überlagerung der sieben Zylinder für den Deutschen Pavillon folgt einer räumlich offenen Choreografie, in der Form und Struktur integrativ verschmelzen. Der Entwurf zielt auf eine unmittelbare räumliche Vermittlung des Themas Zirkularität ab und inszeniert Kreisläufe auf unterschiedlichen Maßstabsebenen: von der Geometrie über die Materialität bis hin zur Rückbaubarkeit. Das zirkuläre Denken bildete von Beginn an den Entwurfsansatz.

Dem Leitbild und Motto der Zirkularität folgend, wird das Gebäude selbst zum Exponat des deutschen Beitrags auf der Expo. Jede Entwurfsentscheidung folgte dem Ziel, den CO_2-Fußabdruck über den gesamten Lebenszyklus des Gebäudes hinweg weitestmöglich zu reduzieren. Sämtliche Materialien wurden mit Blick auf ihren vollständigen Lebenszyklus ausgewählt. Das Konzept des „Design for Disassembly" ist grundlegend: Alle Verbindungen sind lösbar und die Materialien sortenrein trennbar gefügt.

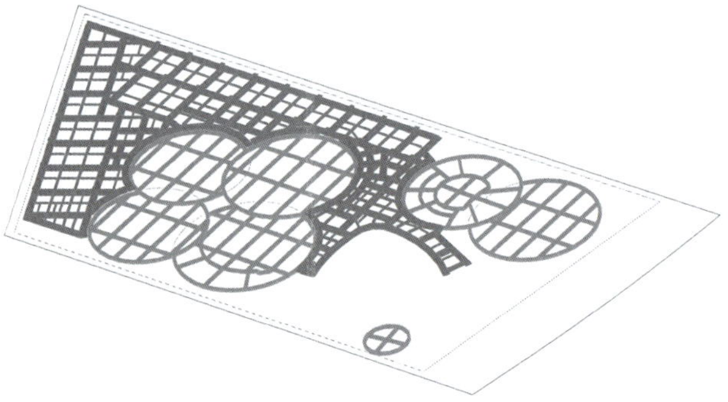

© Grafik: LAVA

2a

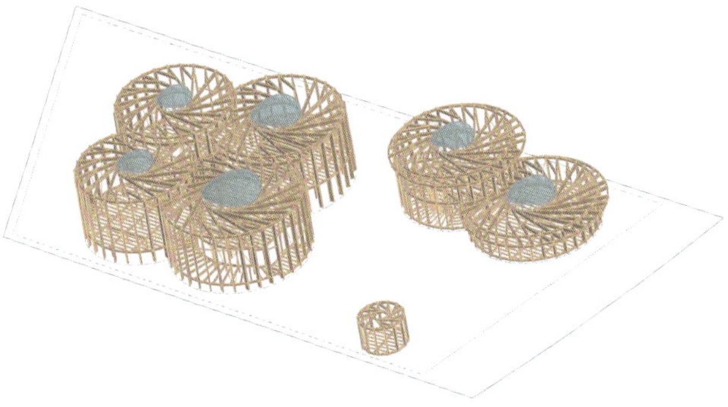

© Grafik: LAVA

2c

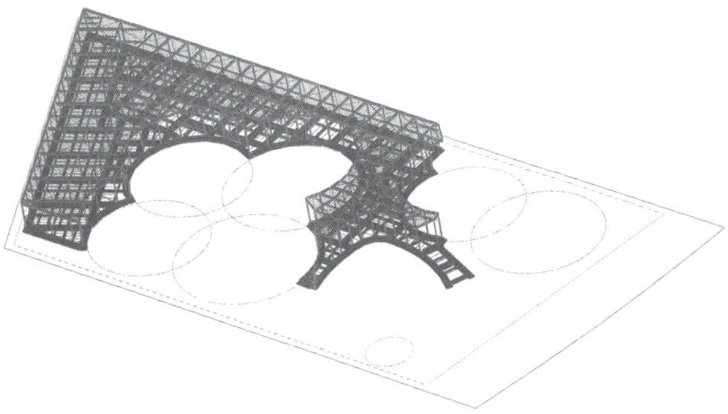

© Grafik: LAVA

2b

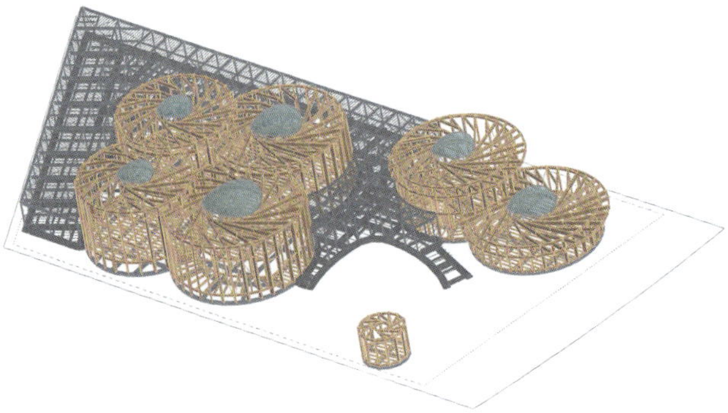

© Grafik: LAVA

2d

1 Blick vom Expo-Ring auf die Anlage des Deutschen Pavillons mit den sechs Ausstellungszylindern und dem separaten Eingangszylinder

2 Komponenten des zirkulären Entwurfes: Stahlfundament (verschraubt) (a), Stahlskelettbau (Leihsystem) (b), Holzbau (reziprokes Tragwerk aus langen Stäben) (c, d)

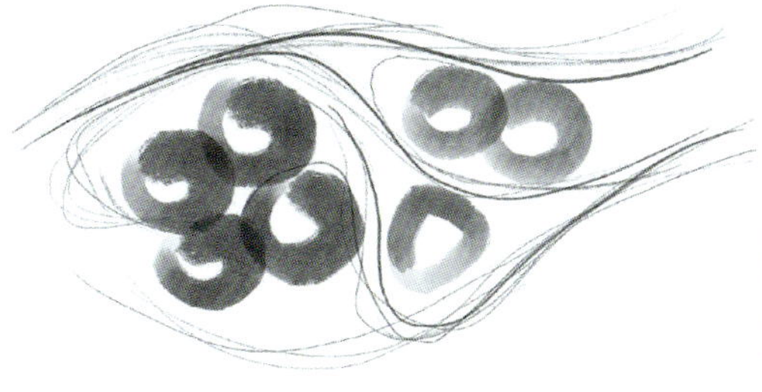

© Grafik: LAVA / str.ucture

3a

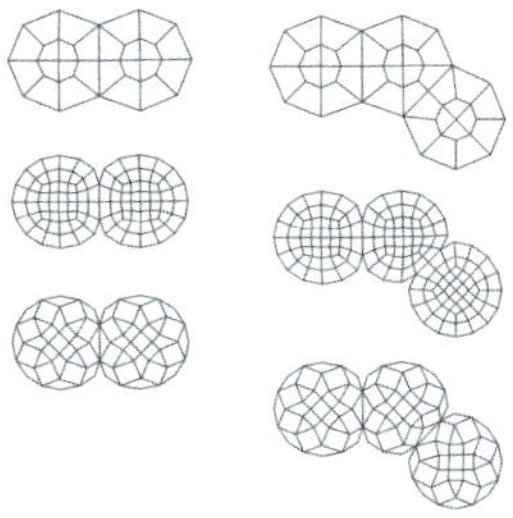

© Grafik: LAVA / str.ucture

3b

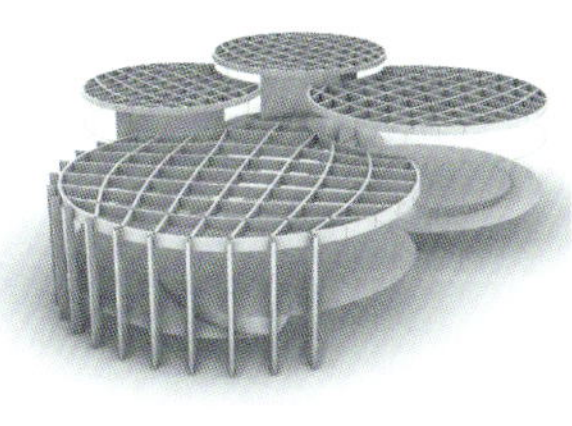

© Grafik: LAVA / str.ucture

3c

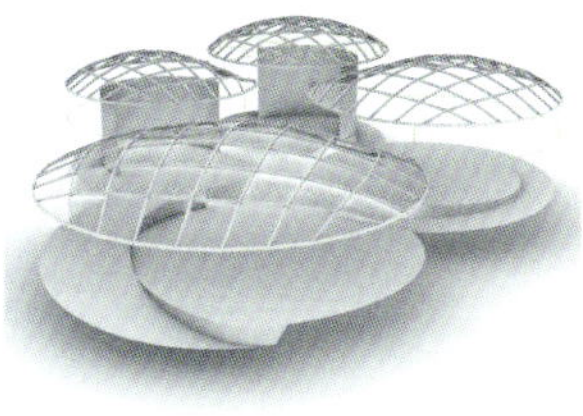

© Grafik: LAVA / str.ucture

3d

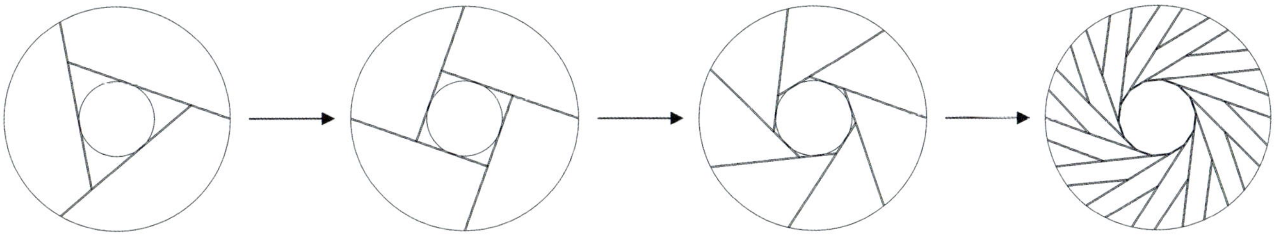

© Grafik: LAVA / str.ucture

3e

3 Leitidee Entwurf und Varianten für die Geometriefindung der Dachkonstruktion

Durch den Einsatz wiederverwendbarer Stahlträger im Fundament, das Leihsystem für tragende Konstruktionen in den Technik- und Büroräumen des sogenannten „Back of House" (BOH) und die gezielte Minimierung von Materialbearbeitung im Holzbau zeigt das Projekt, wie eine ressourcenschonende Bauweise realisiert werden kann. Dieses Konzept setzt sich in den Fassadenelementen aus Stampflehm, Holz, Hempcrete und Mycelium fort. Alle eingesetzten Materialien können nach der Nutzung erneut in den technischen oder biologischen Materialkreislauf zurückgeführt werden. Durch den interdisziplinären Ansatz zwischen Architektur und Tragwerksplanung, die den gesamten Entwurfs- und Formfindungsprozess prägte, konnten tragwerksoptimierte Lösungen entwickelt werden, die die Prinzipien des zirkulären Bauens nicht nur konzeptionell, sondern auch konstruktiv umsetzen.

Formfindung Tragwerksentwurf

Die Formfindung des Tragwerks erfolgte in enger, iterativer Zusammenarbeit zwischen Architekt:innen und Ingenieur:innen. Im Zentrum stand die Entwicklung einer Konstruktion, die sowohl gestalterischen Ansprüchen genügt als auch höchste Effizienz hinsichtlich Materialeinsatz und statischer Wirksamkeit aufweist. Die Zylinder wurden parametrisch modelliert und hinsichtlich ihrer Geometrie, Überlagerung und Lastabtragung optimiert.

Erste Versuche mit Trägerrosten und Stabwerksschalen führten zwar zu effizienten Lastabtragsmechanismen, hätten jedoch die Produktion vieler individueller Knotenpunkte und kurzer Stäbe zur Folge gehabt, welche sich im Sinne eines zirkulären Ansatzes nicht mehr in geometrisch anderen Bauwerken nutzen ließen. Aus diesen Kriterien wurde schließlich das Prinzip eines reziproken Tragwerks mit biegesteifen Rahmenecken abgeleitet. Die Hauptträger verbinden sich zu diesem reziproken Tragwerk und werden durch kürzere Nebenachsen ergänzt, wodurch sich gleichmäßigere Lasteinzugsflächen ergeben und eine insgesamt gleichmäßigere Ausnutzung der Hauptträger einstellt. Die runden Öffnungen in der Dachmitte werden jeweils durch leichte Membrandächer geschlossen.

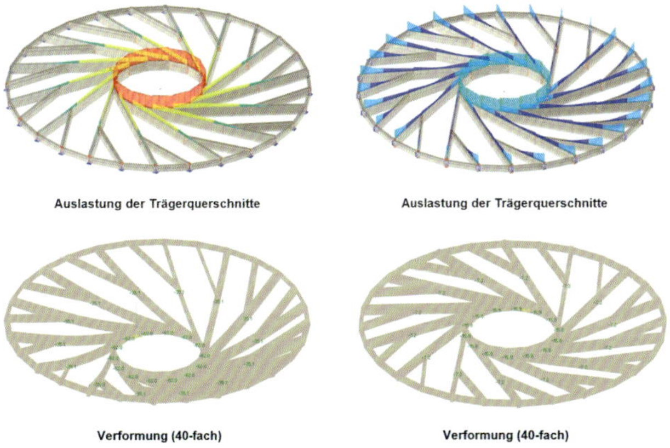

© Grafik: str.ucture

4

4 Vergleich des Dachtragwerks mit gelenkigen (links) und biegesteifen Rahmenecken (rechts)

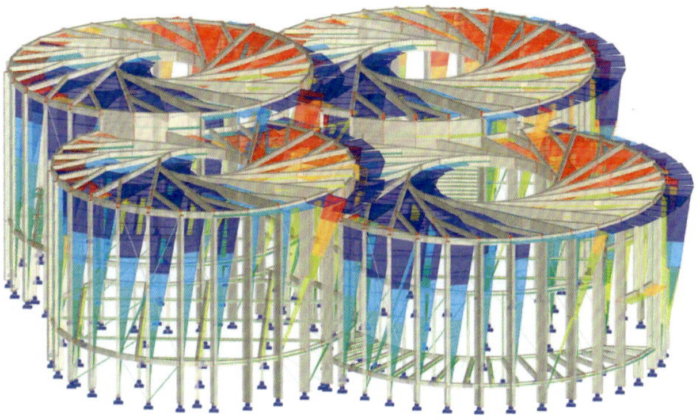

© Luca Hahmann

5

5 Verformung der zusammenwirkenden Zylinder im Erdbebenlastfall

Im Fokus der Entwicklung standen die Dachtragwerke der Ausstellungskörper. Ziel war die Realisierung eines Systems mit gleichmäßig verteilten Spannweiten, minimaler Anzahl an Knotenpunkten und konsequenter struktureller Logik.

Obwohl auch gelenkige Rahmenecken grundsätzlich ein funktionales Tragverhalten gewährleisten würden und im Holzbau in der Regel einfacher zu lösen sind, wurde aus statisch-konstruktiver Sicht eine biegesteife Ausbildung der Knoten bevorzugt. Diese begünstigt eine gleichmäßigere Ausnutzung der Trägerquerschnitte, reduziert die Durchbiegung im Dachbereich um 75 % und minimiert horizontale Auslenkungen unter seismischer Beanspruchung. Da im Erdbebennachweis nach Japanese Building Standard Law (JBSL) in außerordentlichen Lastfällen auch der Ausfall sämtlicher biegesteifer Ecken berücksichtigt werden musste, wurden zusätzliche Auskreuzungen in der Fassadenebene integriert.

© J. Lienhard

6

Querschnitte wurden mit Blick auf Transportfähigkeit, Materialminimierung und Wiederverwendbarkeit ausgelegt und für jeden Zylinder nach Spannweite optimiert. Die Verbindungsknoten sind vollständig lösbar gestaltet, sodass eine sortenreine Demontage ermöglicht wird. Dabei sind beispielsweise Vollgewindeschrauben >10 Millimeter vorteilhaft, um ein Abdrehen des Schraubenkopfes in der Demontage zu verhindern.

Als Fundament wurde ein Stahl-Trägerrost installiert, welches die Lasten flächig verteilt und wieder ausgebaut werden kann. Der Stahlbau im BOH basiert auf einem modularen Mietsystem mit standardisierten Querschnitten und Anschlüssen.

Ausführung

Die baulichen Anforderungen an Konstruktion und Nachweisführung in Japan unterscheiden sich durch hohe Erdbebenlasten, Taifune sowie spezifische Baugesetze wesentlich von mitteleuropäischen Standards. Für den Deutschen Pavillon wurden daher sämtliche Bauteile doppelt nachgewiesen: gemäß Eurocode und dem JBSL.

Die Fertigung und Montage erfolgten weitestgehend in vorgefertigter Bauweise. Die Montageprozesse wurden sequenziell geplant, um ein reibungsloses Ineinandergreifen von Stahl-, Holz- und Fassadenelementen zu gewährleisten. Die Koordination zwischen Architektur, Tragwerksplanung, Brandschutz und technischer Gebäudeausrüstung erfolgte in einem interdisziplinären Planungsteam mit Sitz in Deutschland.

Für die Genehmigungsplanung wurde das Projekt an ein japanisches Architekturbüro als „Architect of Record" übergeben. Um die Konformität mit den japanischen Baugesetzen sicherzustellen, waren die japanischen Kollegen bereits in den frühen Planungsphasen beratend eingebunden. In der Ausführungs- und Werkplanung übernahmen dann erneut die deutschen Projektteams die planerische Verantwortung.

6 Stahlfundament, Stahlbau BOH Ausleihsystem, Holzbau

7 Optimierung der Sortierklassen auf Verfügbarkeiten

© Foto und Grafik: B. Neubauer

7

Holzbau

Die Zylinder wurden in Holzskelettbauweise mit reziproker Dachstruktur ausgeführt. Die Verbindung der Bauteile erfolgte mittels Vollgewindeschrauben in lösbaren Knotenpunkten sowie über Stabdübelverbindungen in den biegesteifen Rahmenecken, um ausreichend Duktilität im Erdbebenlastfall sicherzustellen. Zeitbedingt wurde der gesamte Holzbau in Deutschland vorgefertigt. In einer Lebenszyklusanalyse konnte nachgewiesen werden, dass der CO_2-Fußabdruck für den Transport mit rund 530 kg CO_2 eq/Container deutlich geringer war als alternativ eine japanische Fertigung mit Stahlschlitzblechen in allen Anschlüssen – knapp 2 Tonnen Stahlmasse hierfür gegenüber 295 Kilogramm Stahl mit 1,8 kg CO_2 eq/kg Stahl entsprechend einem Container Hamburg–Osaka.

8

Besondere Bedeutung kam der Passgenauigkeit im vorgefertigten Holztragwerk und dem in Japan vor Ort errichteten Stahlfundament zu. Um diese sicherzustellen, wurden die Anschlussbohrungen im Stahlbau nach präzisem Aufmaß mithilfe von Schablonen direkt auf der Baustelle manuell ausgeführt.

Das Tragwerk der Holzzylinder wurde in Brettschichtholz der Sortierklassen GL24h und GL32h gefertigt. Der Anteil des höherfesten GL32h wurde unter Berücksichtigung der statischen Anforderungen an die einzelnen Tragelemente gezielt auf etwa 15 % reduziert, was einer typischen Auslese im Sägewerk entspricht und somit ökonomische als auch ökologische Vorteile mit sich bringt.

9

8 Fertiger Holzbau, Übergang Zylinder 3–4

9 Stahlbau mit dem Leihsystem QWAD und aufgeständerter Boden im Gerüstbau

Stahlbau im „Back of House“ und Fundament

Der Stahlskelettbau im BOH basiert auf dem QWAD-System des Generalunternehmers. Dieses modulare System wurde bereits bei den Olympischen Spielen in Tokyo eingesetzt und hier nun um zusätzliche Elemente erweitert, die vom Generalunternehmer künftig auch für andere temporäre Veranstaltungsbauten genutzt werden.

Aufgrund des inhomogenen Baugrunds des Expo-Geländes, einer erst vor wenigen Jahren aufgeschütteten künstlichen Insel, musste die Gründung für eine flächige Lastverteilung mit begrenzter Einbindetiefe und kontrollierter Setzung konzipiert werden. Eine besondere Vorgabe der Expo-Organisation war die Ausführung als „schwimmendes Fundament“: Das Gesamtgewicht der Konstruktion durfte nicht höher sein als die Masse des entfernten Bodens. Die gesamte Anlage wurde daher auf einem Trägerrost aus H400-Profilen errichtet. Eine Magerbetonschicht sowie zusätzliche Stahlplatten in Bereichen hoher Einzellasten sorgen für eine gleichmäßige Lastverteilung in den Baugrund. An dieser Stelle sei aber auch erwähnt, dass die auf Sicherheit und Präzision bedachte japanische Umsetzung des Fundaments in Magerbetonschicht und Stahlknoten zu deutlich höherem CO_2-Fußabdruck führte als in der Entwurfsplanung vorgesehen.

Ausblick

Mit Blick auf die Historie an bautechnischen Innovationen auf vergangenen Weltausstellungen erscheint es überraschend, dass der Deutsche Pavillon eines der wenigen Gebäude auf der Expo 2025 ist, dem ein klarer Form-Struktur-Zusammenhang zugrunde liegt. Die Verknüpfung von gestalterischen, konstruktiven und ökologischen Zielsetzungen unter dem Leitbild der Zirkularität zeigt, wie temporäre Architektur dauerhafte Impulse für eine nachhaltige Baupraxis geben kann.

© J. Lienhard

10

10 Fundament aus verschraubten Stahlträgern auf Magerbeton-Ausgleichsschicht

Gemäß den Vorgaben der Organisation muss das Grundstück spätestens sechs Monate nach Veranstaltungsende vollständig zurückgebaut und in den ursprünglichen Zustand versetzt werden. Die Stahlbauteile des Fundaments werden in den technischen Kreislauf zurückgeführt. Die modular aufgebauten Strukturen des „Back of House“ verbleiben im Eigentum des Generalunternehmers und werden in ihrer bestehenden Form weiterverwendet. Die Zylinder der Ausstellung, des Restaurants und der VIP-Lounge können sowohl als Ganzes an anderen Orten nachgenutzt als auch in einzelne generische Bauteile zerlegt und in anderen Konstruktionen wiederverwendet werden. Auch das Mobiliar und die technische Gebäudeausrüstung werden in den regulären Warenbestand zurückgeführt. Die Pflanzen der Landschaftsgestaltung stammen aus einer Baumschule und werden dorthin zurückgebracht. Alle Bauteile, die nicht unmittelbar wiederverwendet werden können, werden sortenrein recycelt.

© Roland Halbe

11

11 Innenraumperspektive des fertigen Ausstellungspavillons

Der Pavillon bleibt somit nicht nur als architektonisches Statement, sondern auch in seinen Ressourcen über die Dauer der Expo hinaus wirksam.

Julian Lienhard, Benedikt Neubauer, Christian Tschersich

OBJEKT
Deutscher Pavillon Expo Osaka 2025
STANDORT
Osaka
BAUZEIT
2024–2025
BAUHERR
Bundesministerium für Wirtschaft und Klimaschutz
Koelnmesse
INGENIEURE + ARCHITEKTEN
Tragwerksplaner: str.ucture GmbH, Stuttgart
Architekt: LAVA Architekten, Berlin
Ausstellung: facts and fiction, Köln
Haustechnik: IGTech, Hamburg
BAUAUSFÜHRUNG
Generalunternehmer:
GL Events, Lyon

MODULARES BAUSYSTEM FÜR BRÜCKEN – Der Ersatzneubau der Elisabethbrücke in Halle (Saale)

Die Elisabethbrücke über die Saale wurde durch das Hochwasser im Jahr 2013 schwer beschädigt und musste durch einen Neubau ersetzt werden. Die durch die Vorgaben der Finanzierung bedingte sehr kurze Bauzeit von 15 Monaten setzte eine weitgehende Vorfertigung voraus, die mit der VTR®-Modulbauweise (Verbund-Träger-Rost) erreicht werden konnte. Die Elisabethbrücke, als erste Brücke dieser Bauart in Deutschland, ist ein Beispiel, wie in kürzester Bauzeit robuste, dauerhafte und wirtschaftliche Brücken mit geringem CO_2-Fußabdruck errichtet werden können.

Anforderungen und Ziele

Die Mansfelder Straße mit der Elisabethbrücke ist die zentrale Trasse der Verkehrsinfrastruktur für Straßenbahn, Geh- und Radwegbereich sowie der innerstädtischen Versorgungsinfrastruktur (Wasser und Abwasser, Gas, Strom oder Medien) in Halle.

Als Teil des Stadtbahnprogramms wurde die Mansfelder Straße für den ÖPNV modernisiert und barrierefrei umgebaut, um einen attraktiven Freiraum und eine kürzere Taktung des ÖPNV zu erreichen. Hierbei ist im Rahmen der Flutschadenbeseitigung der Neubau der Elisabethbrücke integraler Bestandteil.

Die entscheidenden Zielvorgaben für die Planung waren die Einhaltung der vorgegebenen Bauzeit, die Kostensicherheit sowie die Aufrechterhaltung des Straßenbahnverkehrs zwischen Halle und Halle-Neustadt mit täglich circa 50.000 Fahrgästen. Auch die störungsfreie Beibehaltung der technischen Infrastruktur während der Bauzeit musste vollumfänglich sichergestellt werden. Zudem galt es, das Schifffahrtsprofil der Elisabethsaale auch während der Bauphase einzuhalten und einen uneingeschränkten Durchflussquerschnitt im Hochwasserfall jederzeit zu gewährleisten.

© Florian Schreiber

1

1 Die Elisabethsaale mit fertiggestellter Brücke

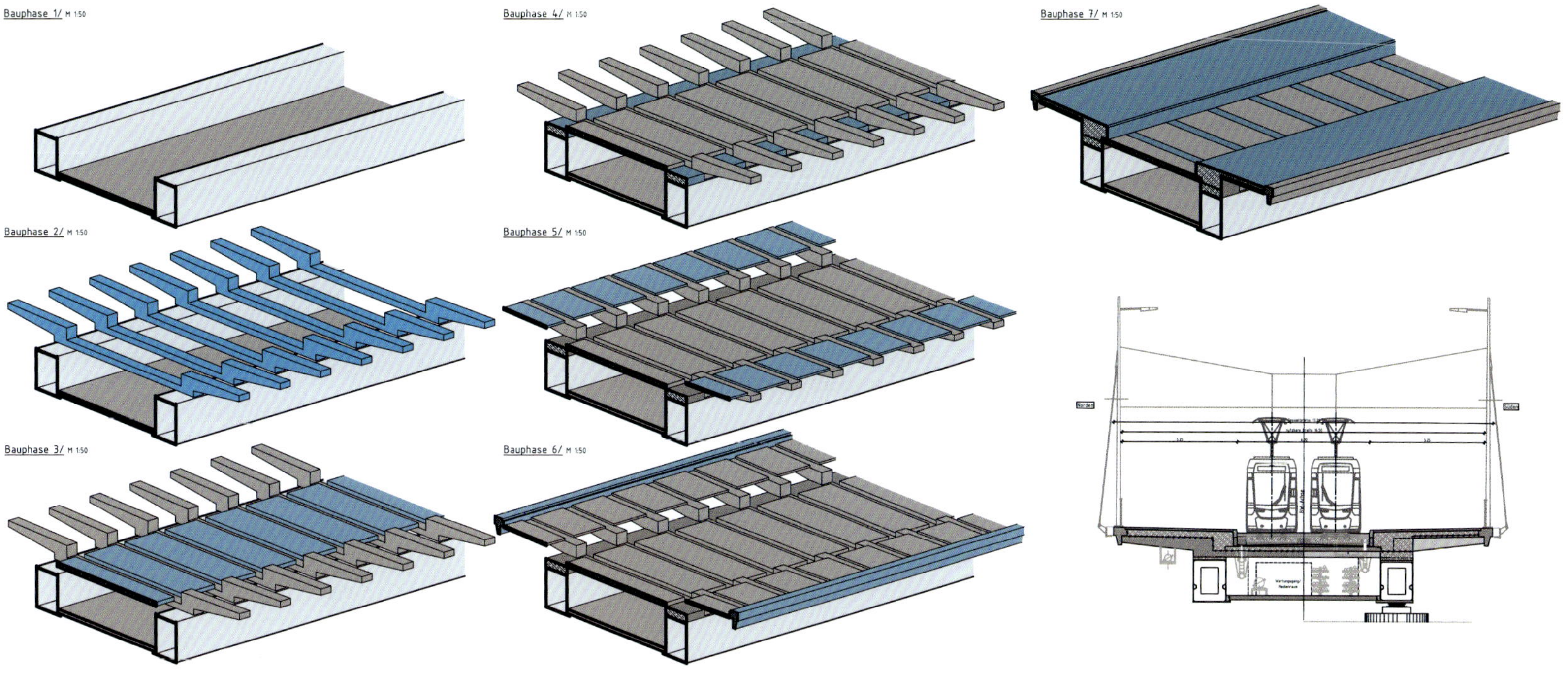

© Grafik: SSF Ingenieure AG

2

Modulbauweise – robust und zügig

Für die Einhaltung der genannten Projektanforderungen und -ziele wurde die VTR-Bauweise, eine modulare Bauweise mit serieller Vorfertigung hochwertiger Fertigteilelemente umgesetzt. Der Aufbau und die Wahl der Verbundbaustoffe folgen dem Grundgedanken der Modulbauweise mit einer einfachen Montage.

Im Querschnitt bildet der Überbau einen zweistegigen Plattenbalken aus zwei längs laufenden Stahlhohlkästen, auf denen seriell vorgefertigte Stahlbetonquerträger mit konstruktiver Vorspannung aufgelegt werden. Diese werden mit den Stahlhohlkästen über einen ersten Betonierabschnitt (Erstverbund) zu einem Trägerrost verbunden. Modular gefertigte Fahrbahn- und Randwegplatten aus Stahlbeton vervollständigen den Überbau aus Längs- und Querträgern, der mit dem abschließenden Betonierabschnitt (Zweitverbund) zu einem vollständig wirksamen Stahlverbundquerschnitt ergänzt wird.

Auf die mit Konsolen ausgebildeten Untergurte der Stahlhohlkästen werden vor der Montage der Querträger Fertigteilelementplatten für den Wartungsgang zur Aufnahme der umfangreichen innerstädtischen Sparten verlegt.

Die Möglichkeit dieses jederzeit begehbaren „Spartenraumes" zur Unterhaltung und Wartung von Anlagen der technischen Infrastruktur stellt ein weiteres wesentliches Qualitätsmerkmal dieser innerstädtischen Flussquerung dar. Auch konnten so die umwelt- und arbeitsschutztechnischen Schutzvorkehrungen während des Bauens ohne zusätzliche Maßnahmen eingehalten werden.

Die Kappen werden ebenfalls im Verständnis der Modulbauweise als Fertigteile ausgebildet und bis zur abschließenden Betonage des zweiten Betonierabschnittes temporär verankert.

2 Bauablauf mit Regelquerschnitt

3 Brückenlängsschnitt und Ansicht

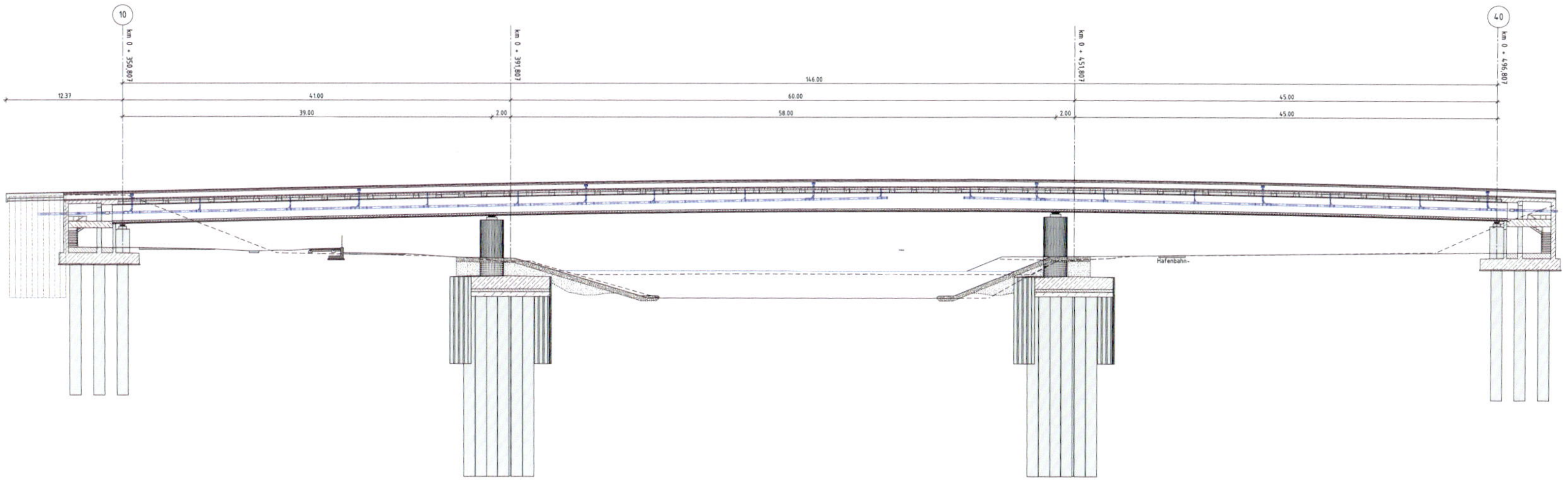

© Grafik: SSF Ingenieure AG

3

© Manfred Boide

4

© Manfred Boide

5

© Manfred Boide

6

© Manfred Boide

7

© Florian Schreiber

8

© Manfred Boide

9

4 „Stahlhochzeit“: Lückenschluss der Stahlhohlkästen

5 Montage der Querträger

6 Komplettierung des modularen Systems mit Montage der Fertigteil-Randwegplatten

7 Montage der Bodenplatten für Medienraum

8 Spartenverteilung im Medienkanal

9 Einbau der Kappenfertigteile

Fazit und Vorteile der VTR-Bauweise

Die Planungen zum Ersatzneubau der Elisabethbrücke wurden im Oktober 2022 abgeschlossen. Mit Abschluss des Vergabeverfahrens begann im April 2023 die Bauausführung und endete nach 15-monatiger Bauzeit mit der Wiederaufnahme des Straßenbahnverkehrs zwischen Halle und Halle-Neustadt am 02.08.2024.

Mit dem Neubau der Elisabethbrücke werden die Anforderungen an eine moderne, nachhaltige Infrastruktur unter Einsatz der effizienten Modulbauweise zielgerichtet umgesetzt. Die neue Brücke ersetzt nicht nur die bestehende Überführung, sondern verbessert dauerhaft und zukunftsgerecht die Alltagssituation aller Verkehrsteilnehmenden für die Ost-West-Verbindung zwischen Halle und Halle-Neustadt.

Die gewählte Bauweise zeichnet sich durch eine beeindruckend kurze Bauzeit aus. Mit der Umsetzung der seriellen Vorfertigung wurde eine hohe Termin- und Kostensicherheit erreicht und mit der Verwendung von Fertigteilen aus Hochleistungsbeton werden Materialverbräuche und Umweltbelastungen in der Herstellungs- wie auch Bauausführungsphase reduziert.

© Florian Schreiber

10

Die VTR-Bauweise erfüllt mit dem Neubau der Elisabethbrücke beispielhaft die hohen Kriterien für Nachhaltigkeit und Wirtschaftlichkeit für zukünftige Infrastrukturprojekte.

Andreas Danders, Anja Rühlemann,
Tobias Koch, Mathias Daßler

10 Der Verbund-Träger-Rost im fertiggestellten Bauwerk

OBJEKT
Neubau der Elisabethbrücke
STANDORT
Halle (Saale)
BAUZEIT
2023–2024
BAUHERR
Stadt Halle (Saale)
INGENIEURE
Objekt- und Tragwerksplaner: SSF Ingenieure AG, Halle (Saale)
BAUAUSFÜHRUNG
Arbeitsgemeinschaft Elisabethbrücke Halle: GP Verkehrswegebau GmbH, Halle (Saale) und Schachtbau Nordhausen GmbH
AUSZEICHNUNGEN
Auszeichnung zum Deutschen Brückenbaupreis 2025

RESSOURCENSCHONENDER HOLZBAU AUS GEKRÜMMTEN BSP-ELEMENTEN – Der Wangen Turm

Eingebettet in die Landschaft des Allgäus war der Wangen Turm das architektonische Wahrzeichen der Landesgartenschau 2024. Basierend auf der Forschung des Exzellenzclusters „Integratives Computerbasiertes Planen und Bauen für die Architektur (IntCDC)" der Universität Stuttgart ist der Turm die erste in voller Höhe begehbare Struktur, die tragende selbstformende Holzbauteile verwendet. Diese Innovation im Holzbau wird ermöglicht durch die Integration von Forschung, materialgerechter und computerbasierter Planung, digitaler Fertigung und qualifiziertem Handwerk.

Die 23 Meter hohe Konstruktion des Turms besteht aus 12 tragenden, einachsig gebogenen Brettsperrholz-Segmenten (BSP) mit einer Stärke von 130 Millimetern. Die globale Geometrie des Turms, kombiniert mit den lokalen Krümmungen der BSP-Elemente, führt zu einem neuartigen flächenaktiven Holztragwerk, das die horizontalen Windlasten trägt und dem Turm seine markante, gewundene Silhouette verleiht. Die Krümmung gibt den Bauteilen dabei zusätzliche Steifigkeit, ähnlich wie bei Wellblechen. Die Treppenspindel trägt die vertikalen Verkehrslasten auf den Stufen und unterstreicht durch die gelenkige Lagerung am Fußpunkt die Lastverteilung zwischen der zentralen Spindel und der Hülle aus Holz. Computerbasierte Planungsmethoden, die das Materialverhalten und die Herstellungsbedingungen von Anfang an integrieren, sind das Kernstück des zukunftsweisenden Entwurfs.

1 Der Turm als weithin sichtbares Wahrzeichen der Landesgartenschau 2024 in Wangen im Allgäu

1

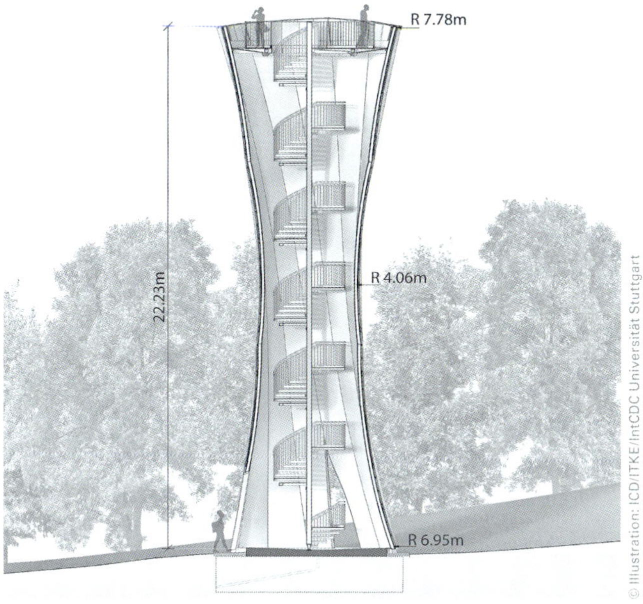

2

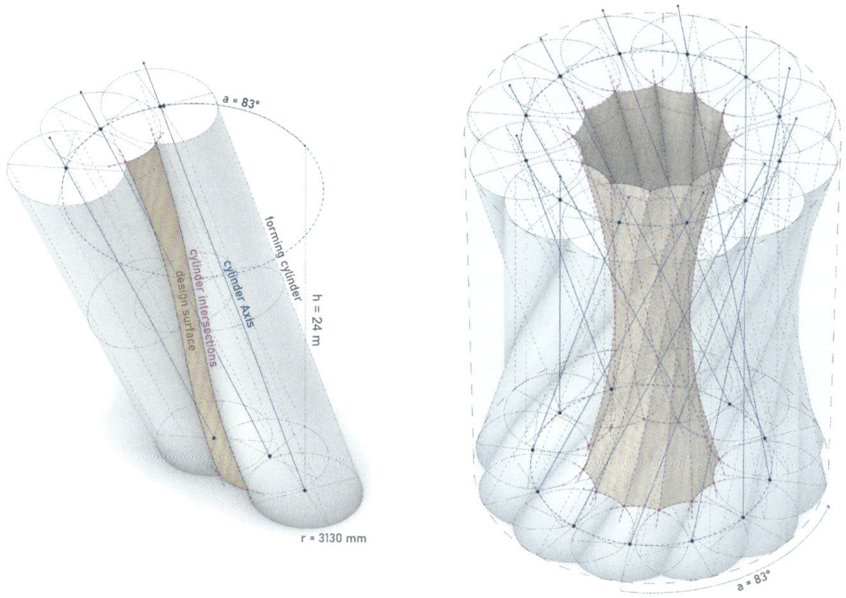

3

Planung und Produktion von selbstgeformten Holzbauteilen

Der Wangen Turm ist der weltweit erste begehbare Aussichtsturm, der gekrümmte großformatige Bauteile verwendet, die sich durch das Schwinden des Holzes selbsttätig formen. Für gewöhnlich werden das feuchtigkeitsbedingte Schwinden und Verformen als Nachteile des Baustoffes Holz betrachtet. Inspiriert von biologischen Vorbildern wie dem Fichtenzapfen, der auf wechselnde Umgebungsfeuchte mit der Formänderung seiner Schuppen reagiert, können ähnliche Prinzipien zur gezielten Formgebung von gebogenen Holzbauteilen eingesetzt werden. Hierbei wird die exakte Formveränderung hin zu einer vorgegebenen Zielkrümmung nur durch das charakteristische Schwinden des Holzes bei einer Abnahme des Holzfeuchtegehalts während des üblichen, industriellen Trocknungsprozesses angetrieben.

Für die Herstellung der selbstgeformten BSP-Bauteile wurde einheimisches Fichtenholz verwendet. Die selbstformenden doppelschichtigen Platten wurden als flache Paneele aus jeweils einer 30 Millimeter starken „aktiven" Schicht und einer kreuzweise verleimten 10 Millimeter dünnen „restriktiven" Schicht als sogenannte Bi-Layer hergestellt. Im Gegensatz zur typischen industriellen Holzverarbeitung wurden die Bretter nur leicht luftgetrocknet verwendet. Die aktive Schicht wurde mit einem höheren Feuchtigkeitsgehalt in einer Vakuumpresse mit der restriktiven Schicht verleimt. Nach dem Laminieren wurden die flachen Bi-Layer einem kontrollierten Trocknungsprozess unterzogen, bei dem die aktive Schicht senkrecht zur Faserrichtung der Bretter schwindet, sodass sich die Paneele von selbst in die exakt vorausberechnete Form biegen. Drei gekrümmte doppelschichtige Bi-Layer wurden überlappt verklebt und abschließend wurde eine 10 Millimeter dünne, elastisch gebogene Sperrschicht aufgeklebt. Auf diese Weise wurden die 40 Millimeter starken und präzise gekrümmten BSP-Rohlinge hergestellt. Diese haben einen symmetrischen Schichtaufbau und bleiben damit bei Änderung der Feuchte formstabil.

2 Querschnitt durch den Turm

3 Hyperbolische Geometrie als Regelfläche mit Zylindern als Erzeugende

4 Gekrümmte Brettsperrholz-Rohlinge

4

5

6

5 Verleimter Vollstoß der gekrümmten Brettsperrholz-Platten

6 Blick von innen in den Wangen Turm

Materialorientierter, ressourcenschonender Holzbau

Computerbasierte Entwurfs- und Simulationsmethoden, die das Materialverhalten von Beginn an berücksichtigen, sowie eine hochpräzise digitale Vorfertigung bilden die Grundlagen, um gekrümmte BSP-Platten für eine ressourceneffiziente, formaktive Holzstruktur zu nutzen. Die integrierten Holzverbindungen konnten so direkt aus dem digitalen Modell abgeleitet werden. Jedes der zwölf 23 Meter langen Tragwerkssegmente des Turms besteht aus drei einzelnen BSP-Elementen, die fünfachsig CNC-gefräst und mit einer eigens entwickelten, in den Querschnitt eingelassenen verleimten Laschenverbindung präzise verbunden wurden, um durchgängig biegesteife BSP-Elemente bei gleichbleibenden Querschnittsabmessungen zu ermöglichen. Die Position und Geometrie der Verbindungen wurde so definiert, dass gleichzeitig die Anforderungen der Statik wie auch der Fertigung berücksichtigt und die Gesamtmenge des Materialverschnitts minimiert wurde.

Bereits in der Werkhalle wurden die zwölf gekrümmten Steifen in Zweiergruppen vormontiert, wodurch die Bauzeit vor Ort entscheidend verkürzt werden konnte. Auch die schlanken Stahlelemente, welche die zentrale Treppenspindel zur Stabilisierung mit der äußeren Holzschale verbinden, sowie die meisten der 168 Lärchenholzpaneele der äußeren Bekleidung wurden in der Fabrik vormontiert. Vor Ort konnten die Holzbauteile in nur drei Tagen auf dem Fundament aufgestellt werden. Anschließend wurden die Segmente der Spindeltreppe sowie die 7 Meter überspannende Aussichtsplattform von oben eingehoben.

7

8

7 Der Turm in der Landschaft der Voralpen des Allgäus

8 Luftbild des Turms mit seinem markanten Querschnitt

9

9 Der Wangen Turm nach fast einem Jahr Standzeit in seinem ersten Winter

Der Wangen Turm verkörpert in seiner charakteristischen Form und innovativen Bauweise einen zeitgemäßen architektonischen und konstruktiven Ausdruck des traditionellen Baumaterials Holz. Mit einer integrativen Herangehensweise an der Schnittstelle von Forschung, Handwerk, computerbasierter Planung und Vorfertigung präsentiert sich der Wangen Turm als Vorreiter für effizientes, ökologisches und zugleich regionales Bauen.

Jan Knippers, Gregor Neubauer

OBJEKT
Wangen Turm
STANDORT
Wangen im Allgäu
BAUZEIT
2024
BAUHERR
Stadt Wangen im Allgäu
PROJEKTPARTNER
Exzellenzcluster IntCDC – Integratives Computerbasiertes Planen und Bauen für die Architektur, Universität Stuttgart
Institut für Computerbasiertes Entwerfen und Baufertigung (ICD) Prof. Achim Menges, Martin Alvarez, Monika Göbel, Laura Kiesewetter, David Stieler, Dr. Dylan Wood
Institut für Tragkonstruktionen und konstruktives Entwerfen (ITKE) Prof. Dr. Jan Knippers, Gregor Neubauer
Blumer-Lehmann AG
Katharina Lehmann, David Riggenbach, Jan Gantenbein mit Biedenkapp Stahlbau GmbH, Markus Reischmann, Frank Jahr
WEITERE PROJEKTBETEILIGTE
Wissenschaftliche Zusammenarbeit:
Professur für Forstnutzung Prof. Dr. Markus Rüggeberg, TU Dresden
Prüfingenieur: Prof. Dr. Hans Joachim Blaß, Karlsruhe
Gutachter Zustimmung im Einzelfall: MPA Stuttgart, Dr. Gerhard Dill-Langer, Prof. Dr. Philippe Grönquist
PROJEKTUNTERSTÜTZUNG
DFG Deutsche Forschungsgemeinschaft
Zukunft Bau – Bundesministerium für Wohnen, Stadtentwicklung und Bauwesen / BBSR
AUSZEICHNUNGEN
German Design Award 2025 in Gold
DETAIL Award 2024 – Honorable Mention
Iconic Award 2024

NEUBAU EINER ATMENDEN BRÜCKE IN VIERTER EBENE –
U81-Stadtbahnbrücke über den Nordstern in Düsseldorf

© Thorsten Schmidtkord

1

1 Luftbild gesamt

Mit dem Bau der Stadtbahnlinie U81 wird der Flughafen Düsseldorf an das bestehende Stadtbahnnetz angebunden und dadurch der öffentliche Nahverkehr verbessert. Zentraler Bestandteil des ersten Bauabschnitts ist die Brücke über den Nordstern, die in einer 90°-Kurve mit einem Radius von 245,5 Metern und einer Gesamtlänge von 441,2 Metern über den hochfrequentierten Verkehrsknotenpunkt führt. Durch die Konzeption als „Atmende Brücke" wurde ein gleichermaßen attraktives wie innovatives Bauwerk realisiert – eine Besonderheit im Eisenbahnbrückenbau.

Entwurf und Gestaltung

Die zweigleisige Trassierung verläuft im Bereich der Nordsternbrücke in einem großen Bogen über die A44 und die B8 sowie den Verteilerknoten Nordstern. Auch ein Gleis der U79 sowie eine Fußgängerbrücke werden überquert. Aufgrund der frei zu haltenden Verkehrsflächen unterhalb des Bauwerks entwickelt sich eine Stahlkonstruktion mit mittig obenliegendem Tragwerk als Fachwerkträgerkonstruktion über sechs Felder. Die Pfeilerstandorte der Brücke ergeben sich dabei ausschließlich aus der Positionierung in den Flächen zwischen den vorhandenen Verkehrswegen.

Aufgrund der örtlichen Randbedingungen (starke Krümmung im Grundriss und große Stützweiten) führten konventionelle Brückenlösungen zu keiner in wirtschaftlicher oder gestalterischer Hinsicht befriedigenden Lösung, da sich hierbei große Querverschiebungen im Gleis oder große Zwangskräfte ergeben hätten. Daher wurde im Rahmen der Planung eine innovative Lösung für die Verformungsproblematik entworfen, die ein gestalterisch höchst ansprechendes Tragwerk ermöglicht. Dazu ist der Überbau jeweils an den beiden Widerlagern als semi-integrales Bauwerk fest eingespannt. Auf den fünf Pfeilerachsen wurden allseitig bewegliche Lager angeordnet, sodass sich die Längsbewegungen des Überbaus aufgrund von Temperatureinwirkungen durch ein seitliches Ausweichen des Überbaus in Querrichtung zeigen. Die aus Zwängungen resultierenden Spannungen werden reduziert und die verbleibenden Kräfte durch die tief gegründeten Widerlager aufgenommen.

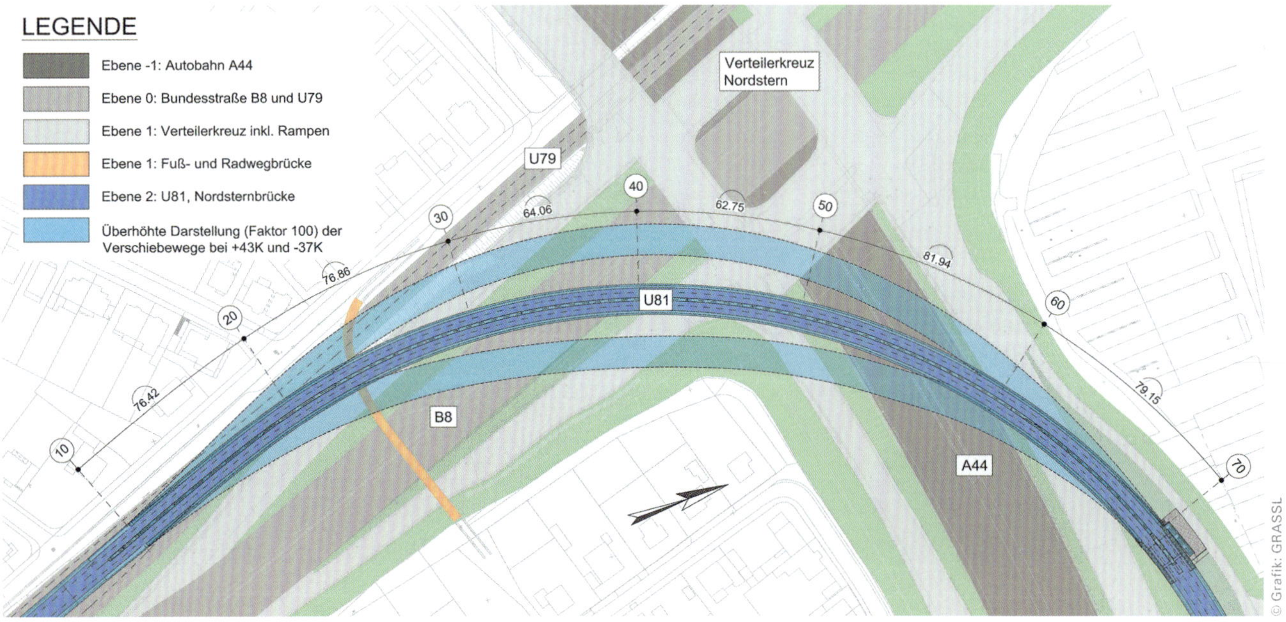

© Grafik: GRASSL

2

2 Draufsicht

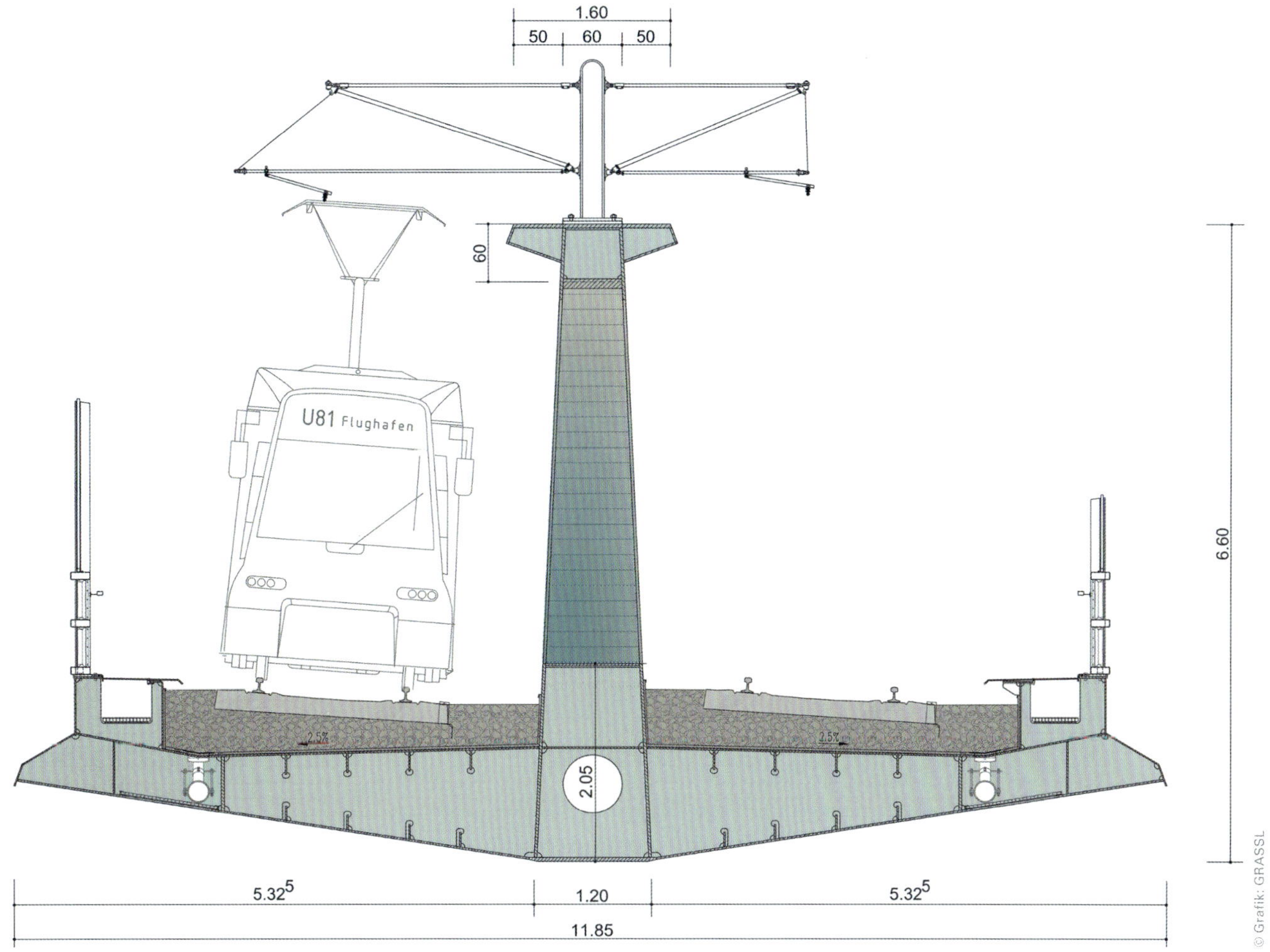

3

Die semi-integrale Bauweise bietet mehrere Vorteile. Die Anzahl der Verschleißteile wird auf ein Minimum reduziert, indem Lager, Fahrbahnübergänge und Schienenauszüge an den Widerlagern entfallen. Horizontale Auflagerkräfte entstehen an den Pfeilern nur aus Reibung und sind daher gering. Dieses ermöglicht die Ausführung schlanker Unterbauten auf den nur begrenzt zur Verfügung stehenden Flächen.

Der Querschnitt der stählernen Fahrbahnebene mit schräg geneigten Unterseiten reduziert ihre Höhe von der Mitte zu den breit auskragenden Kappen auf eine minimale Konstruktionshöhe. Die Geometrie der geneigten Kappen wurde bei der Gestaltung des Obergurtes aufgenommen. Auch die Diagonalen des Fachwerks wurden mit veränderlichen Querschnittsbreiten entworfen. Zudem weisen die Diagonalen in der Ansicht eine flache Neigung von etwa 40° auf. Diese Konstruktionen führen zu schlanken Ansichtsflächen der tragenden Konstruktion.

Die Dynamik des Bauwerks wird durch die Gestaltung der Geländer und Lärmschutzwände weiter unterstrichen. Grundelement ist dabei ein Geländer mit drei deutlich vor den Pfosten vorstehenden Querholmen, welche die horizontale Ausrichtung der Brücke betonen.

Bei der Farbgestaltung werden insbesondere die Gesimsbereiche des Überbaus mit einer hellen Farbe hervorgehoben. Zusätzlich heben sich die dunkleren Lärmschutzwände etwas vom weiteren Überbau ab. All diese konstruktiven Details führen zu einem modernen und dynamischen Erscheinungsbild des außergewöhnlichen Bauwerks in Kurvenlage.

3 Querschnitt

4 Ansicht Fachwerk

4

Konstruktion der Brücke

Die Stützweiten des Bauwerks betragen zwischen den Widerlagern in Achse 10 und in Achse 70 knapp 63 bis 82 Meter. Die Gesamtlänge im Bogen misst somit 441,18 Meter. Die Einspannung des Fachwerks für die großen Endfelder erfolgt jeweils über ein komplettes zusätzliches Fachwerkfeld im Widerlagerbereich. Zur Abtragung der großen vertikalen sowie horizontalen Kräfte des Überbaus in die schwergewichtigen Widerlager werden diese auf räumlich angeordneten Pfählen mit Neigungen bis 4:1 tief gegründet. Die Einspannung des Stahlüberbaus erfolgt über einbetonierte Stahlbleche und Kopfbolzendübel.

Die eckigen Betonpfeiler in Rhombusform mit Grundabmessungen von 2,20 x 2,50 Meter wurden mit einem oberen gevouteten Pfeilerkopf aus Stahl ausgeführt. Dabei wurde der Stahlpfeilerkopf mit einem vorher einbetonierten Stahlkranz verschraubt und lärmmindernd mit Leichtbeton verfüllt. Die Brückenlager sind mit einer Spreizung von 5,0 Metern auf den Pfeilerköpfen angeordnet.

Die Gründung der Pfeiler in den Achsen 20, 30 und 40 erfolgt über Flachgründungen. Die Nähe zum vorhandenen Trogbauwerk der A44 erfordert für die Pfeiler in den Achsen 50 und 60 eine Tiefgründung auf Großbohrpfählen.

Die Konstruktionshöhe des Mittelfachwerks verläuft konstant über die gesamte Brückenlänge. Die Fachwerkbreite variiert von 1,20 Meter am Untergurt bis 0,60 Meter am Obergurt. Der Obergurt erhält zur Steifigkeitserhöhung in Querrichtung beidseitig eine Verbreiterung von je 0,50 Metern. Die Höhen des Unter- und des Obergurtes weisen über ihre Länge ebenfalls ein konstantes Maß auf. Am Untergurt des Fachwerks schließen auf beiden Seiten die auskragenden, in orthotroper Stahlbauweise konzipierten Fahrbahnplatten an. Aufgrund des geringen Radius konnten nur Flachsteifen eingebaut werden.

Die komplette Stahlkonstruktion wurde luftdicht verschweißt ausgeführt. Die Innenflächen wurden nicht beschichtet. Die beidseitige Entwässerung verläuft im Übergang von der Fahrbahn zu den Gehwegen, wobei die Längsleitung direkt unterhalb des Fahrbahnbleches verdeckt angeordnet wird. Die Zugänglichkeit ist über eine abnehmbare Gitterrostabdeckung im Bereich des Bodenbleches gewährleistet. Zum Schutz der Fahrbahn wurden Unterschottermatten integriert, die Gleise sind im planmäßigen Schotterbett gelagert.

Besondere Herausforderungen während der Planung

Neben den komplexen Randbedingungen hinsichtlich Bauablauf und Baulogistik im hochbelasteten Projektumfeld zur Aufrechterhaltung der Verkehre war die Planung der Gründungen direkt neben den vorhandenen Bestandsbauwerken eine große Herausforderung. Hier ist zum einen der im Grundwasser stehende Autobahntrog der A44 zu nennen. Weiterhin liegen in unmittelbarer Nähe zum Widerlager in Achse 70 große Bestandsleitungen im Untergrund. Unter den Pfahlkopfplatten wurde durch den Einsatz von Setzungsplatten ein Hohlraum erzeugt. Dadurch konnten die vertikale Lasteinleitung ausschließlich in die Tiefgründung gewährleistet,

5 Längsschnitt

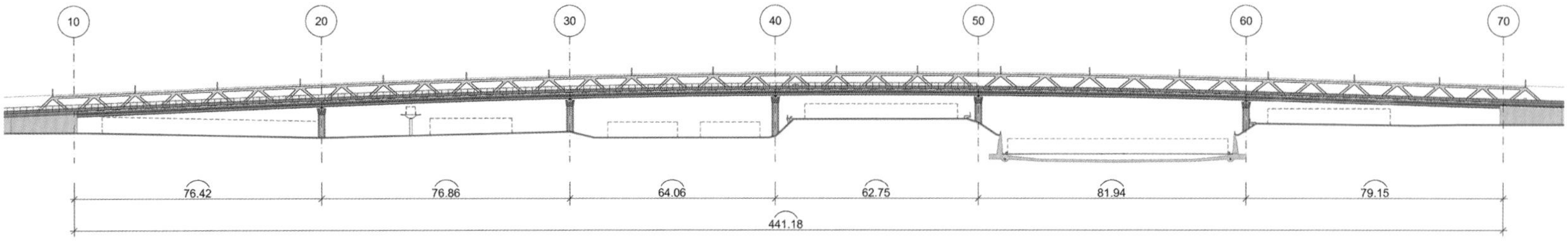

© Grafik: GRASSL

5

6

Zusatzbelastungen auf Bestandsbauwerke ausgeschlossen und Mitnahmesetzungen auf ein Minimum reduziert werden. Zur Reduzierung der horizontalen Lastübertragung wurden die Bohrpfähle direkt neben den großen Bestandsleitungen mit kompressiblen Abstandsgewirken als Bettungsbremse in den betreffenden Bereichen ausgestattet. Zur Erhöhung der Tragfähigkeit der Bohrpfähle wurden teilweise Mantelverpressungen an den Pfählen ausgeführt, verifiziert durch vorherige Pfahlprobebelastungen. All diese Maßnahmen mussten bei den komplexen und iterativen statischen Berechnungen zur Berücksichtigung der Bauwerk-Baugrund-Interaktion für das semi-integrale Brückensystem berücksichtigt werden.

Ein weiteres besonderes Augenmerk lag auf der Integration des Oberbaus in das Brückenbauwerk. Der enge Trassierungsradius, die große Brückenlänge, der Schotteroberbau mit lückenlos verlegten Schienen S49 und das semi-integrale Tragwerk erforderten den Nachweis der zulässigen Schienenspannungen unter Berücksichtigung der Gleis-Tragwerk-Interaktion. Als Ergebnis der umfangreichen nichtlinearen Berechnungen, welche die Wechselwirkung zwischen Schiene und Bauwerk realitätsnah abbilden, mussten an allen Betonschwellen auf der Innenseite des Gleises Sicherungskappen eingebaut werden, welche die Lagesicherheit des Gleises entsprechend ausreichend erhöhen.

6 Untersicht bei Nacht

7 Luftbild Nordstern

7

Ausführung des Bauwerks

Die Herstellung der Gründungen und Unterbauten in Massivbauweise erfolgte innerhalb kleiner Inselbaustellen. Durch Kranmontage wurden anschließend die vorgefertigten Pfeilerköpfe auf die Pfeiler aufgesetzt und verschraubt. Die Montage des Überbaus war aufgrund der besonderen Lage der zu überführenden Verkehrsbereiche, aber auch wegen der bereits im Entwurf festgelegten Trassenführung im Radius weitestgehend durch Einschieben vorgesehen. Nur zwischen den Achsen 10 und 20 verläuft die Trasse in einer Klothoide, sodass hier eine konventionelle Montage auf Hilfsgerüsten in Endlage erforderlich wurde.

Aufgrund der großen Stützweiten und des in Brückenquerrichtung geringen Abstands der Verschublager sah die ursprüngliche Planung in den Feldern weitere Hilfsstützen für den Vorschub vor. Durch Optimierungen der Bauhilfskonstruktionen wurde durch die bauausführende Arbeitsgemeinschaft ein Konzept erarbeitet, bei dem auf zusätzliche Hilfsstützen in den Feldern verzichtet werden konnte. Dies wurde durch den Einsatz eines zusätzlichen „leichten" 40 Meter langen Vorbauschnabels ermöglicht. Das Taktschiebeverfahren und der Verzicht auf Hilfsstützen vermieden eine starke Reduzierung der nutzbaren Fahrstreifen, großräumige Umleitungsstrecken oder baubedingte Stauaufkommen während der Herstellung des Überbaus.

Die Transportgrößen für die Stahlkonstruktion wurden auf Basis der Parameter Konstruktion, Transport und Vormontage festgelegt. In insgesamt neun Sequenzen wurden auf dem Vormontageplatz zwei bis vier Schüsse vormontiert und anschließend in einer korrosionsschutzgerechten Einhausung endbeschichtet. Mithilfe von hydraulischen Litzenpressen wurde die Konstruktion dann längs eingeschoben.

© MCE

8

Der Bauherr legte großen Wert auf eine nachhaltige Bewertung des Bauwerks und insbesondere der Stahlkonstruktion. Zur Überwachung wurde bereits mit dem Neubau ein aufwendiges Monitoringsystem für die permanente Messung von Dehnungen, Temperaturen und Verformungen geplant. Durch dieses Structural-Health-Monitoring erfolgt ein wichtiger Beitrag zur prädiktiven Erhaltung des besonderen Brückenbauwerks.

8 Vorbauschnabel über die A44

9 Vormontageplatz

© GRASSL

9

© Reinhard Mederer

10

Durch die innovative Bauweise konnte eine 441,2 Meter lange semi-integrale Brücke errichtet werden, die ganz natürlich die Verformungen der Schiene mit den Verformungen des Überbaus in Einklang bringt und so ein einzigartig dynamisches und zugleich elegantes Bauwerk ermöglicht.

Guido Herbrand, Tobias Riebesehl

10 Fachwerk mit Flugzeug

OBJEKT
Stadtbahnlinie U81, 1. Bauabschnitt, Nordsternbrücke
STANDORT
Düsseldorf
BAUZEIT
2020–2025
BAUHERR
Landeshauptstadt Düsseldorf
INGENIEURE + ARCHITEKTEN
Objektplaner Ingenieurbauwerk: Ingenieurbüro GRASSL GmbH, Düsseldorf
Objektplaner Verkehrsanlage: Vössing Ingenieurgesellschaft mbH, Düsseldorf
Tragwerksplaner: Ingenieurbüro GRASSL GmbH, Düsseldorf
Architekt: Reinhart + Partner, München
Prüfingenieur: Dr.-Ing. Christoph Meinsma, Düsseldorf
BAUAUSFÜHRUNG
Arbeitsgemeinschaft: Implenia Holding GmbH, Stuttgart; MCE GmbH, Linz, Österreich; Wayss & Freitag Ingenieurbau AG, Frankfurt am Main
AUSZEICHNUNGEN
ESBA 2024 Award (European Steel Bridge Award 2024 in der Kategorie Road and Railway Bridges)
Österreichischer Stahlbaupreis 2025 in der Kategorie „Infrastruktur"

VIER HOCHHÄUSER FÜR DIE MAIN-METROPOLE – Das FOUR in Frankfurt

Helaba
hauptwache
© ATWFOUR

Das Projekt FOUR befindet sich im Zentrum der Frankfurter Innenstadt zwischen der Hauptwache und dem Theaterplatz. Es umfasst vier Hochhäuser mit Gebäudehöhen zwischen 105 und 233 Metern. Die funktionale Gliederung führte zu einer Abweichung von der klassischen Quaderform (nach *Mies van der Rohe*) zugunsten komplexer Hochhausstrukturen mit ungleichen Decken und Fassaden.

Während die Hochhäuser T1 und T4 für Büronutzungen vorgesehen sind, wurden T2 und T3 für Wohnnutzung geplant. Die vier Türme stehen auf einem gemeinsamen viergeschossigen Kellerkasten mit einer Grundfläche von 16.000 Quadratmetern.

Tragwerkskonzept

Zur Realisierung dieses innerstädtischen Großprojekts war eine sehr enge und kooperative Zusammenarbeit aller Beteiligten notwendig. Aus Sicht der Tragwerksplanung war dabei neben der Bauherrenschaft und dem interdisziplinären Planungsteam insbesondere auch das bereits zu Projektbeginn eingebundene Bauunternehmen maßgeblich beteiligt. Zu Beginn des Projekts bestand die zentrale Aufgabe darin, das architektonische Grundkonzept eines städtischen Quartiers mit gemeinschaftlichen Gestaltungsprinzipien in ein tragwerksplanerisch optimiertes Konzept zu überführen. Parallel dazu mussten gemeinsam mit der Baufirma unter Berücksichtigung der Baulogistik und des Bauablaufs Konstruktionen entwickelt werden, die sich innerhalb des ambitionierten Terminplans realisieren ließen.

Aus diesem Grund wurden die Untergeschosse in Teildeckelbauweise geplant, wobei der obere Teildeckel, die Decke über UG2, bis zur Fertigstellung der Decke über UG1 als Baustelleneinrichtungs- und Verteilungsebene diente. Daraus resultierend mussten bereits in den frühen Leistungsphasen unterschiedlichste Bauzustände tragwerksplanerisch untersucht und deren Ergebnisse in den Planungsprozess integriert werden.

Parallel zur Planung der komplexen Untergeschosskonstruktion, in der aus entwurfs- und nutzungsbedingten Gründen außer den Hochhausstützen rund 90 % aller Stützen des siebengeschossigen Sockelbaus abgefangen werden mussten, wurden die Tragwerke der vier Hochhäuser entworfen.

Besonderes Augenmerk lag hierbei selbstverständlich auf der Aussteifung. Mit Ausnahme des niedrigeren Büroturms T4 zeichnen sich alle Hochhäuser durch außergewöhnliche Schlankheit aus. Für den hohen Büroturm T1 und den höheren Wohnturm T2 wurden daher frühzeitig Outrigger-Tragwerke konzipiert, die mit nur einer Outrigger-Ebene sowohl die Standsicherheit als auch die Gebrauchstauglichkeit gewährleisten. Beim niedrigeren Wohnturm T3 konnte eine aus Nutzungsgründen ohnehin erforderliche Abfangkonstruktion in Form eines „A-Bocks" innerhalb des Podiums zur Einhaltung der Gebrauchstauglichkeitsgrenzen beitragen. Ungeachtet aller Herausforderungen wurde das Tragwerk stets in einem iterativen, dialogorientierten Entwurfsprozess mit allen Planungspartner:innen in das architektonische Konzept, dessen Gebäudegrundgeometrie und -rasterung inklusive abgestimmter TGA-Führung integriert.

© Grafik: ATW FOUR

1

Seiten 46/47
FOUR Frankfurt, Februar 2025

1 3D-Modell der Türme (v.l.n.r.): T2 (178 Meter), T3 (125 Meter), T1 (233 Meter), T4 (105 Meter)

Untergeschosse

Der Kellerkasten des Projekts FOUR umfasst vier Untergeschosse, ein Zwischengeschoss sowie die Bodenplatte, die kraftschlüssig mit den Schlitzwänden des Verbaus verbunden ist. Alle vier Hochhaustürme sind elastisch in diesen Kellerkasten eingespannt.

Verbau

Die 20 Meter tiefe Baugrube wurde mit einem Verbau aus Schlitzwänden von 1,20 Meter Dicke mit einer innenliegenden Aussteifung hergestellt. Eine Rückverankerung der Schlitzwände war aufgrund der beengten innerstädtischen Lage mit benachbarten Hochhäusern auf Pfahlgründung statisch und bauablauftechnisch ausgeschlossen. Stattdessen erfolgte die Aussteifung daher vollständig durch zwei innenliegende Deckel.

Gründung

Die Gründung erfolgte als kombinierte Pfahl-Platten-Gründung (KPP). Dabei kamen Bohrpfähle mit Durchmessern von bis zu 2 Metern zum Einsatz.

Eine konstruktive Besonderheit stellt die Einbindung der Schlitzwände des Verbaus als Teil der KPP dar. Infolgedessen musste die Bodenplatte kraftschlüssig an den Verbau angeschlossen werden. Dieser Ansatz war erforderlich, um die Randstützen des Turms T1 direkt auf der Verbauwand auflagern zu können.

Aufgrund der Deckelbauweise fungieren die Pfähle während der Bauzeit zunächst als reine Bohrpfähle, die die Lasten aus den Deckeln in den Untergrund leiten. Im Endzustand erfolgt die Lastabtragung aus den Kernen und Stützen überwiegend in die Pfähle, ein Teil der Lasten wird zusätzlich über die elastische Bettung der Bodenplatte direkt in den Baugrund eingeleitet. Der Pfahl-Platten-Koeffizient α_{KPP} liegt – abhängig vom jeweiligen Turm – zwischen 0,70 (T4) und 0,80 (T1). Die berechneten maximalen Setzungen betragen bis zu 6 Zentimeter.

Decken, Stützen und Wände im Untergeschoss

Die späteren Decken über den Bereichen von UG2 und UG4 wurden in Deckelbauweise mit entsprechenden Öffnungen für den Erdaushub ausgeführt. Diese Deckel dienten im Bauzustand als Logistikebene und wurden zugleich als Decken der Tiefgarage mit sämtlichen Anschlüssen und Einbauten für den späteren Endzustand konzipiert. Die Stützen wurden im Zuge der Betonage der Pfähle als Fertigteile direkt in die Bohrpfähle einbetoniert. Sowohl die Deckel als auch die Stützen mussten für sämtliche (Zwischen-)Bauzustände sowie den Endzustand ausgelegt werden. Ein Großteil der Wände der Untergeschosse wurde nach Fertigstellung der Deckel unterhalb dieser Decken betoniert. Dies erforderte einen erheblichen Aufwand, insbesondere da über die Fugen hohe Schubkräfte infolge der Kastentragwirkung des Kellers übertragen werden mussten. Die Kernwände der Türme hingegen konnten konventionell hergestellt werden, da sich in diesen Bereichen die Öffnungen für den Erdaushub befanden.

2 Herstellung der Kernwände im UG

© ATW FOUR

2

© ATW FOUR

3

© ATW FOUR

4

Hochbau

Die vier Türme erheben sich über einem siebengeschossigen Sockelbau, dem Podium. Dieses bildet nicht nur die Basis der Hochhäuser, sondern auch einen zentralen Zugang zur Innenstadt. Die Kubatur des Podiums wurde unter anderem auf Grundlage von Tageslichtstudien für die öffentlichen Bereiche entwickelt. Weit gespannte, vorgespannte Deckentragwerke ermöglichen dabei eine flexible Nutzung der Flächen.

Die Türme T2 und T3 sind als Wohntürme konzipiert. Besonders herausfordernd war die Integration der technischen Gebäudeausrüstung in die vorgespannten Deckensysteme, da keine abgehängten Decken vorgesehen waren. Um Kollisionen zu vermeiden, musste die gesamte Technik passgenau eingeplant werden.

© ATW FOUR

5

3 Einlegearbeiten zur Integration der Haustechnik

4 A-Bock T3

5 Stahlbau der Outrigger T2

Aussteifung

Mit einer Höhe von 178 Metern ist T2 der höhere der beiden Wohntürme. Er besitzt mit einem Schlankheitsverhältnis von etwa 1:18 den höchsten Wert unter allen vier Gebäuden. Um die erforderliche Steifigkeit zu gewährleisten, wurde im oberen Drittel von T2 ein Outrigger-System integriert.

Zusätzlich ist Platz für einen Massedämpfer in der Turmspitze vorgehalten, der bei Bedarf zur Sicherstellung der Gebrauchstauglichkeit bzw. zur Begrenzung der maximalen Beschleunigung installiert werden kann – abhängig von Messungen nach Fertigstellung des Baus. Die Aussteifung des 125 Meter hohen Turms T3 erfolgt über den Kern und eine als A-Bock ausgebildete Abfangkonstruktion für die Stützen im Bereich der Durchfahrt. Die Abfangung stützt den schlanken Kern elastisch ab und trägt so maßgeblich zur Erhöhung der globalen Steifigkeit des Gebäudes bei.

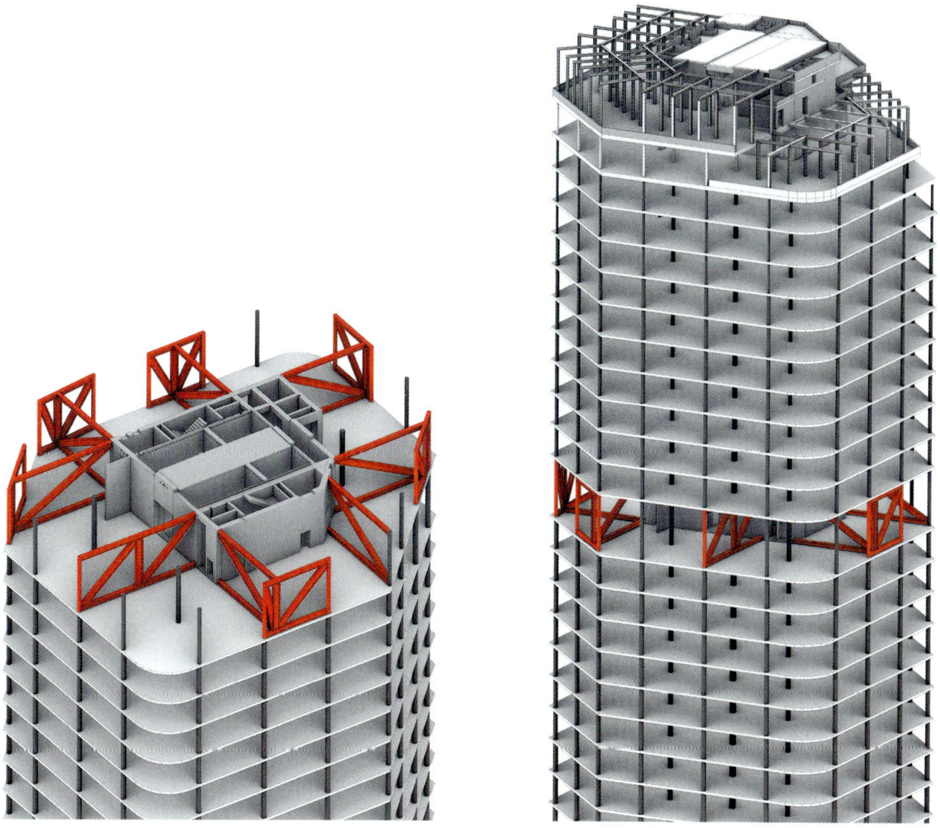

6a

© Grafik: A^W FOUR

Auch für den 233 Meter hohen Büroturm T1 wurde die Steifigkeit des Kern-Aussteifungssystems durch den Einsatz eines Outrigger-Systems erhöht. Dieses wurde im oberen Drittel des Turms positioniert und bindet die umliegenden Stützen in den Abtrag horizontaler Lasten mit ein. Während die Position des Outriggers in T1 durch die festgelegte Technikebene vorgegeben war und sich konstruktiv gut integrieren ließ, musste für den Outrigger in T2 eine technisch umsetzbare Lösung innerhalb der regulären Wohngeschosse gefunden werden.

Bei Kernsystemen mit mehreren großen Schubwänden – wie im Fall von T1 – verteilen sich die Schubkräfte entsprechend den jeweiligen Wandsteifigkeiten. Die über die Outrigger-Diagonalen eingeleiteten Kräfte werden über die Deckenscheiben an die einzelnen Wandscheiben weitergeleitet.

© ATW FOUR

6b

6 Outrigger-System (a)
Outrigger-System T1 (b)

© ATW FOUR

7 Ortbetondeckensystem T2 mit Vorspannung und Stützenknoten

7

Unterschiedliche Deckensysteme

Während für die Wohntürme T2 und T3 Ortbetondeckensysteme vorgesehen waren, kamen bei den beiden Bürotürmen T1 und T4 Halbfertigteildeckensysteme zum Einsatz. Aufgrund der großen Spannweiten von bis zu zehn Metern wurden vorgespannte Tragwerkslösungen gewählt.

Die Planung des Halbfertigteilsystems gestaltete sich technisch anspruchsvoll und erforderte eine enge Koordination zwischen mehreren Gewerken. Die vorgespannten Elemente, Stahlbetonbauteile, Fertigteilstützen und Ortbetonergänzungen wurden jeweils von unterschiedlichen Anbietern hergestellt und mussten auf der Baustelle präzise zusammengefügt werden. Besonders anspruchsvoll in Planung und Ausführung war die Fertigteillösung in den Sondergeschossen mit Loggien und ähnlichen Elementen, da der Kraftfluss hier zusätzliche, verstärkte Ortbetonbereiche erforderlich machte.

Ein allgemeingültiges Fazit im Vergleich von Fertigteil- und Ortbetonbauweise lässt sich abschließend nicht ziehen. Die Vorteile der Fertigteilbauweise kommen insbesondere dann zum Tragen, wenn eine serielle Herstellung vieler gleicher oder zumindest ähnlicher Bauteile möglich ist.

© ATW FOUR

8 Ansicht Fassade

8

9

9 FOUR Frankfurt, Februar 2025

Fazit

Bauvorhaben dieser Größenordnung und Komplexität erfordern ein hohes Maß an Abstimmung, Vertrauen und lösungsorientierter Zusammenarbeit, welches wesentlich zum Projekterfolg beiträgt. Der zuvor beschriebene Prozess war nur durch die enge Kooperation zwischen den Planungsbeteiligten, der Baufirma und dem Prüfingenieur umsetzbar.

Im Zentrum Frankfurts ist auf dieser Grundlage ein neuer Ort für Wohnen, Arbeiten und Aufenthalt entstanden, der die bestehende städtische Struktur funktional und gestalterisch bereichert.

Alexander Berger, Hans-Georg Reinke, Simon Ruppert

OBJEKT
Mischgenutztes Hochhausensemble
STANDORT
Frankfurt
BAUZEIT
2018–2024
BAUHERR
Groß & Partner Grundstücksentwicklungsgesellschaft mbH, Frankfurt
INGENIEURE + ARCHITEKTEN
Tragwerksplanung: ARGE Tragwerksplanung FOUR Werner Sobek, Frankfurt und Bollinger+Grohmann, Frankfurt
Architekt: ARGE UNStudio, Amsterdam und HPP, Düsseldorf
TGA-Planung: KBP Ingenieure, München
Geotechnische Beratung: Prof. Quick und Kollegen, Darmstadt
Prüfingenieure für Baustatik: Prof. Dr.-Ing. C.-A. Graubner, Dr.-Ing. Thorsten Faust, Dr.-Ing. Guido Hausmann, Dipl.-Ing. Klaus Wörner; KHP König und Heunisch Planungsgesellschaft, Frankfurt
Geotechnischer Prüfer: Ingenieursozietät Prof. Dr. Katzenbach, Frankfurt
BAUAUSFÜHRUNG
GP Con, Frankfurt

ERHALTUNGSKUNST ALS SYMBIOSE AUS ALT UND NEU – Das Chemnitzer Viadukt

Mit der grundlegenden technischen Instandsetzung und Ertüchtigung des Chemnitzer Viaduktes gelang es, ein Baudenkmal des „Sächsischen Manchesters" aus dem Beginn des 20. Jahrhunderts weitestgehend zu erhalten und zugleich für einen zeitgemäßen Bahnbetrieb für den Personen- und Güterverkehr zu revitalisieren.

Die Eisenbahnüberführung Chemnitzer Viadukt ist ein Brückenbauwerk im Verlaufe des Chemnitzer Bahnbogens, ein wichtiger Abschnitt der Sachsen-Franken-Magistrale zwischen Dresden und Werdau. Die etwa 275 Meter lange und 17,50 Meter breite Flussstahlkonstruktion prägt seit Beginn des 20. Jahrhunderts die Identität und den spezifischen Charakter der Industriestadt Chemnitz. Durch den Weiterbau im Denkmal wurde eine nachhaltige Verbindung von Alt und Neu geschaffen, die das historische Ingenieurbauwerk im Glanze der Entstehungszeit erscheinen lässt, beim integrierten Fahrweg jedoch mit zeitgemäßer Bautechnik aufwartet.

Zur Geschichte und Konstruktion des Chemnitzer Viaduktes

Das 1901 bis 1909 errichtete Viadukt wurde für den viergleisigen Bahnbetrieb ausgelegt. Es überspannt mit zehn Balkenfeldern und zwei Bögen die Annaberger Straße, den Fluss Chemnitz sowie die Beckerstraße (Bilder 1 und 2). Die vier parallel verlaufenden Balkenüberbauten sind als Ein-, Zwei- und Dreifeldsysteme mit je zwei genieteten Hauptträgern ausgebildet, die auf Pendelstützen gelagert sind und mit Federblechen an den beiden Bogentragwerken anschließen. Die markanten rund 34 Meter weit spannenden Bögen weisen je Überbau zwei Fachwerkscheiben in Brückenlängsrichtung auf.

Die Teilsysteme des Brückenzuges wurden durch klare Lagerungsbedingungen voneinander abgegrenzt, die die konstruktive Gestaltung der Tragkonstruktionen prägen. So weisen die Bogenfelder Scheitel- und Fußgelenke auf. Die Balkenfelder werden von Pendelstützen

1 Ansicht des Chemnitzer Viaduktes mit dem Bogenfeld über die Chemnitz und den angrenzenden Balkenfeldern

1

© DB InfraGO

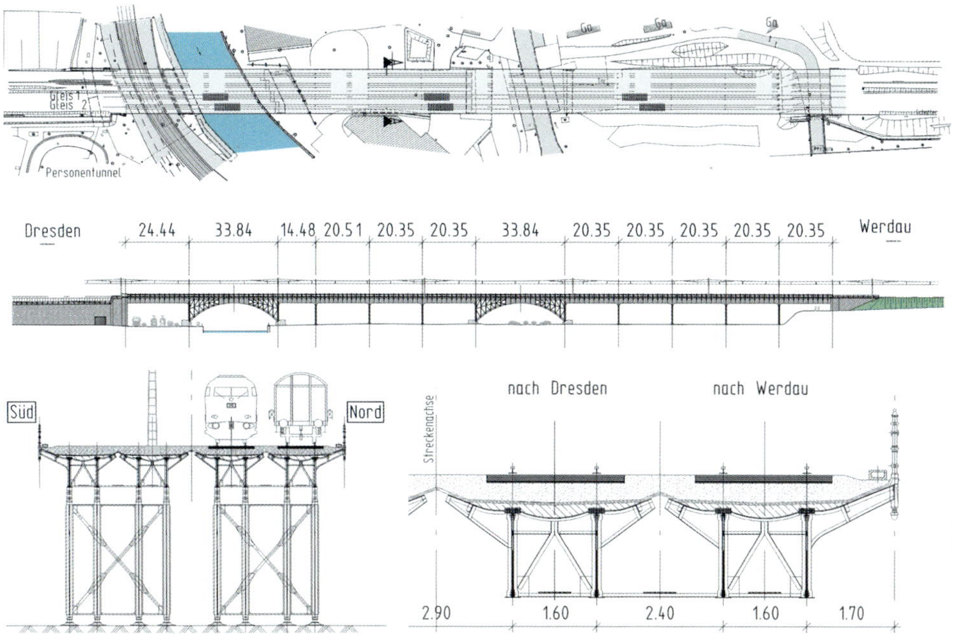

2

2 Konstruktion des bestehenden Chemnitzer Viaduktes – Grundriss, Ansicht und Querschnitte

mit kugelförmigen Kopf- und Fußgelenken gelagert. Ihre Längsverschieblichkeit und die Endtangentenverdrehungen werden durch Rollenlager und Federbleche ermöglicht. Siemens-Martin-Stähle wurden zur Herstellung der Lager verwendet, die größtenteils als Stahlgussbauteile mit mechanischer Nachbearbeitung ausgeführt wurden [1–3].

Zustand des Viaduktes und Entscheidung zum Erhalt

Im Durchschnitt wurde das Chemnitzer Viadukt in die Zustandskategorie 3 – erhaltungsbedürftig – eingestuft. Die Einordnung in die Schadensstufe 4 erfolgte zum Beispiel für die Brückenentwässerung, Tonnenbleche, Geländer, Gesimse, Widerlager und Fundamente (Bild 3). Für die vorgesehene Streckenklasse D4 im transeuropäischen Eisenbahnnetz war die Tragfähigkeit des Brückenzuges unzureichend. Die Restlebensdauer zahlreicher Primärtragglieder war bereits unter der gegebenen Belastung bei Nachrechnung nach der Stufe 4 der Richtlinie 805 der DB stark begrenzt. Aufgrund der denkmalpflegerischen Bedeutung des Viaduktes, insbesondere auch für die Chemnitzer Innenstadt, wurde ein Ersatzneubau vom Eisenbahnbundesamt abgelehnt. Für das Bauwerk sollte eine dem Denkmalcharakter gerechte Lösung entwickelt werden, die die technischen Randbedingungen eines zukunftssicheren Bahnbetriebs für die nächsten 80 Jahre erfüllt.

Um frühzeitig die Planungsgrundsätze zur Ertüchtigung abzustimmen, wurde auf Initiative der Deutschen Bahn AG im Jahr 2018 ein Fachbeirat gegründet, unter anderem mit Beteiligten des Denkmalschutzes, der Kommune, der städtischen Gesellschaft und Fachexperten zum Stahlbau und Korrosionsschutz. Basierend auf den jeweiligen Interessen und dem Fachwissen aller Beteiligten wurden im Konsens die Rahmenbedingungen für das anstehende Planänderungsverfahren definiert [2].

Technische Instandsetzung und Verstärkung des Bauwerks

Der künftige Bahnbetrieb erfolgt wie in den vergangenen Jahrzehnten zweigleisig. Die Gleise wurden über den mittleren beiden Überbauten angeordnet. Wegen des unverhältnismäßig hohen Ertüchtigungsaufwandes und der damit verbundenen Eingriffe in die historische Bausubstanz fiel die Entscheidung zugunsten einer Er-

3

3 Zustand vor der Instandsetzung und Sanierung

© KREBS+KIEFER Ingenieure

4a

© KREBS+KIEFER Ingenieure

4b

4 Untersicht der verstärkten Bogenfelder (a) sowie der sanierten und der neuen Balkenfelder (b)

© KREBS+KIEFER Ingenieure

5a

© KREBS+KIEFER Ingenieure

5b

5 Längsverschiebliche Lagerung der Balkenfelder auf den sanierten Rollen- (a) und Kugellager (b) an den Stützenköpfen

neuerung der inneren Balkenfelder. Durch Einsatz einer Stahl-Beton-Verbundkonstruktion für den neuen Fahrweg in der bestehenden Struktur konnte wegen der schallmindernden Wirkung auf Lärmschutzwände verzichtet werden. Die nicht mehr befahrenen äußeren Überbauten dienen fortan zur Aufnahme der Dienst- und Rettungswege sowie der bahntechnischen Ausrüstung. Die statischen Systeme und Lagerungsbedingungen des bestehenden Brückenzuges wurden bei den erneuerten Balkenfeldern übernommen (Bilder 2 und 5).

Die Bogenfelder wurden instandgesetzt und verstärkt. Dabei wurden überlastete Knotenbleche, Verbindungsmittel und Fachwerkstreben ersetzt. Durch zusätzlich angebrachte Stahllamellen auf der Oberseite der bogenförmigen Untergurte konnte die Tragfähigkeit deutlich erhöht werden, ohne die denkmalpflegerisch wertvolle genietete Bogenunterseite gestalterisch zu beeinträchtigen (Bild 4a). Die Pendelstützen unter den inneren Balkenfeldern waren für die zukünftige Belastung nicht ausreichend tragfähig. Zur Erhöhung der Tragfähigkeit wurden diese Stützen mit Beton gefüllt und als Verbundstützen ohne Zusatzbewehrung ausgeführt (Bild 4b).

Bereits zu Beginn der Planungen lag ein wesentliches Augenmerk auf dem Erhalt der bestehenden Lager. Sie prägen die Konstruktion und das Erscheinungsbild des Viaduktes und sind von denkmalpflegerisch hohem Wert. Es erfolgten Aufarbeitungen der Lagerbauteile, zum Beispiel durch mechanische Bearbeitung der Oberflächen. Nach kritischer Prüfung wurden einzelne Lagerbauteile durch nachgebaute Elemente ersetzt, wie beispielsweise Rollen der Bewegungsfugen und Kugellager der Stützen (Bild 5).

© DB InfraGO

6

6 Blick auf ein Balkenfeld mit seiner seitlichen Auskragung, den Geländern und Gesimsblechen

© KREBS+KIEFER Ingenieure

7

7 Ansicht des Chemnitzer Viaduktes vor der Fertigstellung der Baumaßnahmen

Umfangreiche Korrosionsschäden, nicht ausreichende Holmhöhen, fehlende Knieleisten und die unzureichende Tragfähigkeit erforderten den Ersatz der Geländer. In Abstimmung mit dem Denkmalschutz wurden die neuen Geländer in Anlehnung an den Bestand ausgeführt und um eine filigrane Drahtnetzfüllung ergänzt, ohne die Brückenansicht zu beeinflussen (Bilder 6 und 7).

Ausführung

Bei dem aus rund 2.500 Tonnen Flussstahl errichteten Viadukt wurden etwa 540 Tonnen Grobbleche für die Verbundträger und rund 205 Tonnen Baustahl zur Verstärkung und Substitution vorhandener Konstruktionen eingesetzt. Es wurden circa 6.000 Quadratmeter Korrosionsschutzbeschichtung auf die neuen Stahlverbundträger und etwa 25.000 Quadratmeter Beschichtung auf die ertüchtigten Stahlkonstruktionen appliziert. Darüber hinaus erfolgte der Einbau von etwa 36.000 Passschrauben sowie rund 2.000 neuer Niete. Zur Herstellung der Verbundträger wurden Halbfertigteile mit einem Volumen von circa 350 Kubikmetern eingesetzt, ergänzt um etwa 450 Kubikmeter Ortbeton.

Mit der Kombination von denkmalgeschützter Bausubstanz des beginnenden 20. Jahrhunderts und dem Ersatz sowie der Ertüchtigung von Bauteilen mit aktuellen Fertigungsmethoden zeigen sich am Chemnitzer Viadukt die Entwicklung der Ingenieurbaukunst und die Möglichkeiten des Weiterbauens im Bestand an einem anspruchsvollen Bauwerk. Auf diesem Weg sind der weitestgehende Erhalt des technischen Denkmals und die weitere Nutzung für einen zeitgemäßen Bahnbetrieb gelungen [3].

Richard Stroetmann

OBJEKT
Chemnitzer Viadukt
STANDORT
Chemnitz
BAUZEIT
1901–1909,
Ertüchtigung 2022–2024
BAUHERR
DB InfraGO AG
INGENIEURE UND ARCHITEKTEN
Objekt- und Tragwerksplanung: KREBS+KIEFER Ingenieure GmbH, Dresden, Berlin, Darmstadt
Bautechnische Prüfung: Prof. Dr.-Ing. Karsten Geißler, Dresden
Sondergutachter Lager: Prof. Dr.-Ing. Martin Mensinger, München
Baugrundgutachten: Baugrund Dresden, Dresden
Geländerentwürfe: Jean-Jacques Zimmermann, Darmstadt
Projektsteuerung: Arge Projektsteuerung SFM bestehend aus OBERMEYER Infrastruktur GmbH & Co. KG und Schüßler-Plan Ingenieurgesellschaft mbH
Plan- und Abnahmeprüfung sowie Bauüberwachung: DB Engineering & Consulting
BAUAUSFÜHRUNG
Bauausführung Hauptbaumaßnahme: ARGE Chemnitzer Viadukt bestehend aus Strabag AG, DB Bahnbau Gruppe, Ed. Züblin AG, Wilfried Keßler Erdbau & Abbruch GmbH, Lasch GmbH
BAUAUSFÜHRUNG
Zwischenbauzustand: ARGE Zwischenbauzustände Chemnitzer Viadukt, bestehend aus: Strabag AG, Ed. Züblin AG, Wilfried Keßler Erdbau & Abbruch GmbH
AUSZEICHNUNGEN
European Steel Bridge Award 2024 – SPECIAL AWARD HERITAGE
Deutscher Brückenbaupreis 2025 – SONDERPREIS DENKMAL

Literatur

[1] Stroetmann, R., Buchmann, L., Zeißler, T., Oertel, S. (2017) *Chemnitztalviadukt – Neubau versus Bestandserhaltung*. In: Curbach, M. (Hrsg.): Tagungsband 27. Dresdner Brückenbausymposium – Planung, Bauausführung, Instandsetzung und Ertüchtigung von Brücken, Institut für Massivbau TU Dresden, S. 131-149
[2] Stroetmann, R., Christein, S., Oertel, S., Fuchs, A. und Schönberg, M. (2024) *Technische Instandsetzung und Verstärkung des Chemnitzer Viadukts*. doi.org/10.1002/stab.202400006
[3] Bundesingenieurkammer und Verband Beratender Ingenieure (VBI) (Hrsg.) (2025) *Deutscher Brückenbaupreis – Dokumentation 2025*. www.brueckenbaupreis.de/wp-content/uploads/DBBP_2025_Dokumentation.pdf

EIN HOLZBAU, DER IDEEN WACHSEN LÄSST –
Die Grundschule Raunheim

Mit einer intelligenten Tragstruktur, durchdachten Detaillösungen und hoher räumlicher Qualität steht die Grundschule Raunheim exemplarisch für eine zukunftsweisende Schularchitektur. Die auf Massivholz basierende Tragstruktur erfüllt anspruchsvolle Nachhaltigkeitskriterien und schafft zugleich eine einladende Lernumgebung.

Mit der Grundschule Raunheim entstand ein Neubau für eine vierzügige inklusive Ganztagsgrundschule. Das dreigeschossige Gebäude der Gebäudeklasse 5 wurde in Erdbebenzone 1 nahezu vollständig in Holz ausgeführt. Es erfüllt den Passivhausstandard sowie höchste energetische Anforderungen, die in ein anspruchsvolles pädagogisches Konzept integriert sind.

Das Erdgeschoss nimmt die gemeinschaftlichen Nutzungen auf und beherbergt die Aula, die mit ihrer mobilen Bühne als multifunktionaler Raum genutzt wird, die Bibliothek und Räume für Verwaltung und Personal. In den oberen Geschossen sind die Klassenräume zügeweise in Clustern organisiert und gruppieren sich um zwei Lichthöfe, die vom Erdgeschoss bzw. dem ersten Obergeschoss aus begehbar sind. Die zentrale Mitte, angeordnet um das verglaste Atrium, schafft Raum für offene Lernkonzepte und Ganztagsnutzungen. Eine dreigeschossige, von oben belichtete Halle verknüpft die Geschosse und bildet mit einer Sitzstufentreppe eine direkte Verbindung zur Aula.

1 Außenansicht: Fassade mit Sonnenschutz-Lamellen

© Rahel Welsen

1

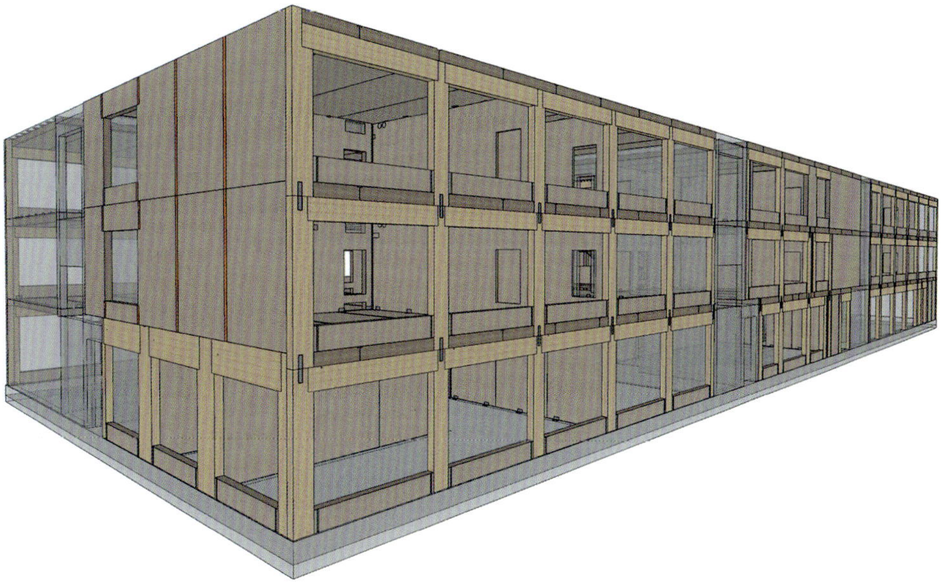

© Grafik: Derix-Gruppe

2

Die Fassade ist mit vorgesetzten Lamellen horizontal und vertikal gegliedert. Sie dienen nicht nur als gestalterisches Element, sondern fungieren zugleich als passiver Sonnenschutz, der einer sommerlichen Überhitzung des Gebäudes vorbeugt. Die vorgelagerte Struktur dient als robuster Grundschutz, der ohne technische Anforderungen das Gebäude verschattet und damit Fehlbenutzungen von technischen Systemen ausgleichen kann. Damit leistet sie einen wertvollen Beitrag zur energetischen Ergänzung der leichten Holzbauweise.

© Fast+Epp

3

2 Modell: Außenansicht

3 Aufbau der Innenwände

4 Freitragende Treppe im Bauzustand: sichtbare Tragstruktur

Holzbauweise mit durchdachter Tragwerksplanung

Durch enge Zusammenarbeit, kreative Ingenieurskunst und ein Gespür für Details wurde die Vision der Architektinnen und Architekten konsequent umgesetzt. Die konstruktive Zusammenarbeit des Projektteams zeigt eindrucksvoll, wie anspruchsvolle Tragwerkslösungen zur hohen gestalterischen Qualität der Grundschule Raunheim beitragen. Trotz eines erforderlichen Brandwiderstands von 90 Minuten konnten großflächige Sichtholzoberflächen realisiert werden, wodurch der natürliche Charakter des Materials konsequent zur Geltung kommt. In den Klassenräumen sorgen akustisch wirksame Holzabhangdecken und Verkleidungen für eine optimierte Raumakustik und erfüllen gleichzeitig die hohen brandschutztechnischen Vorgaben.

Auch die Tragstruktur setzt konsequent auf Holz: Die Außenwände bestehen aus Brettschichtholzstützen und -unterzügen, tragende Innenwände aus massivem Brettsperrholz, diese prägen maßgeblich die warme, einladende Atmosphäre des Raums. Treppenräume und Technikzonen wurden in Stahlbetonbauweise erstellt und dienen der Aussteifung. Die Decken aus Massivholz überzeugen trotz großer Spannweiten mit hoher Tragfähigkeit.

© Derix

4

© Rahel Welsen

5

Ein wesentliches Konstruktionsmerkmal ist die statische Lösung für das Atrium und die Lichthöfe: Die schlanke, freitragende Holztreppe mit Brettsperrholz-Wangen im Atrium wird durch eine großzügige Sitztreppe aus Holz ergänzt, die Raum für informelle Begegnungen und offene Unterrichtsformate bietet. Auskragende Deckenelemente im Atrium ermöglichen eine stützenfreie Konstruktion, die Offenheit und freie Sichtachsen bewahrt. In der Aula übernehmen schlanke Stahl-Beton-Verbundstützen hohe Lasten bei minimalem Querschnitt. In Bereichen mit hohen Lastanforderungen sorgen deckengleiche Stahlträger für zusätzliche Tragfähigkeit, ohne die Weitläufigkeit der Gestaltung zu beeinträchtigen.

© Rahel Welsen

6

© Rahel Welsen

7

5 Die Sitztreppe aus Holz bildet das Zentrum des Gebäudes.

6 Freitragende Sichtholztreppe

7 Schlanke Satteldachträger aus Holz ermöglichen Lichtspiel.

© Rahel Welsen

8

8 Die neue Grundschule Raunheim aus der Vogelperspektive

Gestalterische Präzision und technische Exzellenz

Ein herausragendes Merkmal ist der weitreichende Einsatz von Brettsperrholz, das nicht nur als primäre Tragstruktur dient, sondern auch zur gestalterischen Qualität des Innenraums beiträgt.

Eine frühzeitige Abstimmung mit der Technischen Gebäudeausrüstung sorgte dafür, dass die Haustechnik auf geringem Platz optimal integriert werden konnte. Es wurden bereits im Entwurf Durchdringungszonen und Abfangungen festgelegt, die im Tragwerk entsprechend berücksichtigt wurden. Auf dieser Basis erfolgte die weitere Planung für alle Beteiligten in klar abgesteckten Grenzen, die letztendlich zu einer komprimierten Nutzung des vorhandenen Platzes führten.

Auch in wirtschaftlicher Hinsicht setzt die Grundschule Raunheim Maßstäbe für eine zeitgemäße Schularchitektur: Die Differenzierung und Reduktion der Deckenstärke auf ein Minimum ermöglichte Materialeinsparungen und führte zu einer signifikanten Kostensenkung.

Die neue Grundschule Raunheim steht beispielhaft für die gelungene Verbindung aus anspruchsvoller Tragwerksplanung, hoher architektonischer Qualität und nachhaltiger Bauweise. Durch den umfassenden Einsatz von Holz entsteht eine inspirierende Lernumgebung, die ökologisch überzeugt und zukunftsweisend für den Schulbau ist.

Jochen Stahl, Gero Quasten

OBJEKT
Grundschule Raunheim
STANDORT
Raunheim
BAUZEIT
2020–2024 (eröffnet und genutzt, aber noch in LP9)
BAUHERR
Kreisausschuss des Kreises Groß-Gerau, vertreten durch FB Gebäudemanagement
INGENIEURE + ARCHITEKTEN
Tragwerksplanung, Bau- und Raumakustik sowie Brandschutz: Fast + Epp GmbH, Darmstadt
Architekt: prosa Architektur + Stadtplanung | Quasten Rauh PartGmbB, Darmstadt
Wärmeschutz: Fast + Epp GmbH, Darmstadt / ina Planungsgesellschaft mbH, Darmstadt
HLS: inPlan Ingenieurbüro TGA GmbH, Pfungstadt
Elektrotechnik: AH Ingenieurgesellschaft mbH, Klein-Winternheim
MSR: Ingenieurbüro Kern und Schneider GbR, Nieder-Olm
BAUAUSFÜHRUNG
Rohbau: Eiffage Infra-Südwest GmbH, Alzey
Holz- und Stahlbau: W. u. J. DERIX GmbH & Co., Niederkrüchten
Fassade: Holzfassade: S+T Fassaden GmbH, Tessin
Fenster: Portawin GmbH, Essen
Fassadenregal (Metallfassade): Implenia Fassadentechnik GmbH, Hamburg
AUSZEICHNUNGEN
Ausgewählt für den Tag der Architektur Hessen 2025

EINE KONSTRUKTION MIT AUSDRUCK – Das Glasdach im Westfield Hamburg-Überseequartier

Im Herzen von Hamburgs neuem Stadtquartier in der HafenCity liegt ein Einkaufsviertel für Anwohner ebenso wie für die zahlreichen Gäste von Kreuzfahrtschiffen, die am benachbarten Cruise Terminal anlegen. Damit Besucher auch bei Regen problemlos zwischen Cafés und Geschäften flanieren können, wurde ein großer Bereich mit einem filigranen Glasdach überspannt. Die Planung und Realisierung dieser komplexen Dachkonstruktion war aufgrund der räumlichen Gegebenheiten für alle Beteiligten eine besondere Herausforderung.

Das Westfield Hamburg-Überseequartier liegt im nordwestlichen Bereich der Hamburger HafenCity. Es besteht aus insgesamt 14 Gebäuden mit einer Mischnutzung aus Einzelhandel, Wohnen, Büros, Entertainment, Gastronomie und Hotels. Ein als Freiformfläche ausgebildetes Glasdach überspannt die Fußgängerzonen im Kernbereich des Quartiers. Insgesamt hat diese Konstruktion eine Fläche von circa 5.400 Quadratmetern. Besucher werden durch das Glasdach vor der Witterung geschützt. Gleichzeitig dient das Dach als identitätsstiftendes Element für das Herzstück des neuen Stadtquartiers.

Adaptiver Witterungsschutz

Das Glasdach wird ergänzt durch vertikale Glaswände, die eine Abgrenzung zum nicht überdachten Bereich bilden. Der untere Bereich dieser Wände an den Nordzugängen bleibt offen. Die Fassaden des Südwestzugangs können je nach Bedarf über ein Hubtor geöffnet oder geschlossen werden. Diese Kombination ermöglicht es, den überdachten Bereich bei guten Witterungsbedingungen zum Außenraum zu öffnen – und bei schlechtem Wetter einen angemessenen Schutz vor der Witterung zu bieten, ohne die horizontalen und vertikalen Blickbeziehungen einzuschränken.

Historische Wasserstraßen als Inspiration

Die Gestaltung des Glasdaches ist von den historischen Wasserstraßen der Hamburger Speicherstadt inspiriert – seine Geometrie erinnert an eine ondulierende Wasseroberfläche, die durch trichterförmige Vertiefungen gegliedert ist. Das Dach wird von 34 schlanken Rundstützen getragen, die bis zu 17,5 Meter hoch sind und einen Durchmesser von 406,4 Millimetern haben. Sie weiten sich im Kopfpunkt in kelchförmige Kapitelle auf

© Bernadette Grimmenstein, Hamburg

1a

© Andreas Keller, Altdorf

1b

1 Aufsicht auf die Überdachung (a) – die Gestaltung nimmt die Form der für Hamburg typischen „Fleete" auf, was sich auch im Fußgängerbereich innen (b) deutlich abzeichnet.

© Andreas Keller, Altdorf

2

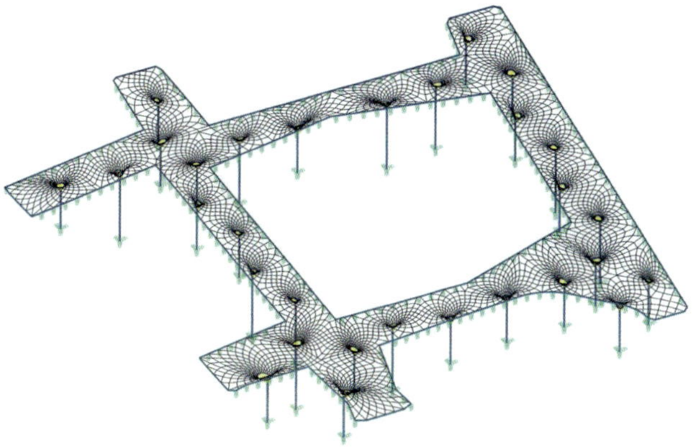

© Werner Sobek AG, Stuttgart

3

2 Die Geometrie des Dachs ist sorgfältig auf die umgebende Bebauung abgestimmt.

3 FE-Gesamtmodell der Gitterschale

und gehen dann in die Gitterschale über. Ein schräg verlaufender Schlitz markiert den oberen Abschluss der Kapitelle; hier ist eine Effekt-Beleuchtung integriert, die der Inszenierung der Fläche unter dem Dach in den Abendstunden dient.

Konstruktive und technische Aspekte der Geometrieentwicklung

Die Gitterschale des Daches besteht aus Rundrohren mit einem Durchmesser von 114,3 Millimetern. Zwischen den Stützen weiten sich die Maschen der Gitterschale auf, sodass an den Hochpunkten des Daches die maximale Transparenz gegeben ist. Die aus den Rohren gebildeten Stränge der Gitterschale fließen von einer Stütze in die nächste beziehungsweise zu den jeweiligen Enden des Glasdaches. Konstruktive und technische Aspekte spielten eine zentrale Rolle bei der Entwicklung dieser Geometrie – zum einen galt es, den Lastfluss zu optimieren, zum anderen sollte die Anzahl unterschiedlicher Glasformate minimiert werden.

Der Randabschluss des Glasdaches zu den angrenzenden Gebäuden oder den freien Enden verläuft auf einer Höhe. Er wird von einem dicht neben den Gebäuden platzierten Träger gebildet. An diesem sind die Grundbeleuchtung des Straßenraums und der Fassade sowie die Wartungsstege befestigt. An den freien auskragenden Enden des Daches ist der Träger jeweils facettiert, sodass sich das Randträgerprofil von einem Rechteckquerschnitt in einen kleineren Dreieckquerschnitt verjüngt.

Zwängungsfrei dank schwimmender Lagerung

Um keine Biegebeanspruchung in den Unterbau einzuleiten und um die Stützen so schlank wie möglich auszubilden, sind diese am Fußpunkt gelenkig gelagert. Die Stäbe der Gitterschale sind durchgehend miteinander verbunden, wodurch sich ein homogenes Erscheinungsbild ergibt. Um mögliche Zwangsspannungen zu vermeiden, ist die Struktur am oberen Rand schwimmend gelagert. Dies ermöglicht es, dass sich das Dachtragwerk aufgrund von Temperaturschwankungen im Außenbereich um ±40 Millimeter ausdehnen kann. Nur an vier Punkten ist das Dachtragwerk am oberen Rand horizontal gehalten; dies genügt, um eine horizontale Aussteifung des Systems zu ermöglichen.

Parametrische Untersuchung der Lastfälle

Aufgrund der trichterförmigen Ausbildung der Kapitelle spielt der Lastfall Schnee eine wesentliche Rolle. Je nach Windrichtung und -stärke kann es im Bereich der Trichter zu einer lokalen Schneelast von bis zu 3,7 kN/m^2 kommen – für die Berechnung musste dieser Wert nor-

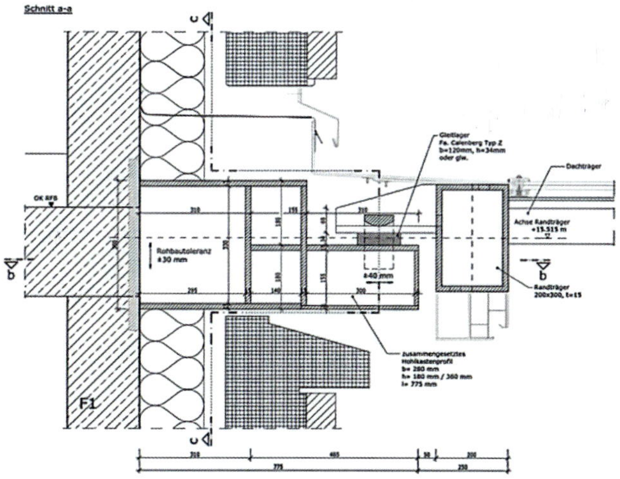

© Grafik: Werner Sobek AG, Stuttgart

4

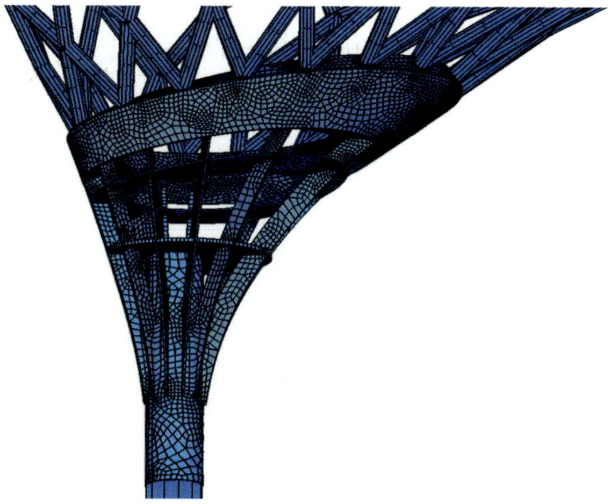

© Grafik: Werner Sobek AG, Stuttgart

5

4 Oberes Randauflager und Anbindung an den Rohbau

5 Ausbildung des Kapitells: Übergang von Gitterschale zu Stütze (Teilmodell)

6

7

6 Detailansicht eines Kapitells

7 In der Aufsicht wird die trichterförmige Gestaltung der Kapitelle besonders gut sichtbar.

mativ mit einem Faktor von 2,3 beaufschlagt werden, sodass sich (rechnerisch) Lasten von bis zu 8,5 kN/m² ergeben können. Insgesamt waren acht unterschiedliche Schneelastfälle zu berücksichtigen, die mit 16 Windlastszenarien überlagert werden mussten. Aufgrund der Geometrie, der komplexen Lastverteilung und der Größe des Daches wäre eine händische Generierung dieser Lastfälle nicht praktikabel gewesen. Die Generierung des Berechnungsmodells und die Aufbringung der Lasten erfolgte daher parametrisch.

Horizontaler und vertikaler Lastabtrag

Bei den statischen Berechnungen spielte auch die Interaktion der Gitterschale mit den Nachbargebäuden eine wichtige Rolle. Aufgrund der unterschiedlichen Anbindungssituationen an den Rohbau ergab sich an den über 265 Auflagerpunkten des Randträgers und an 34 Auflagerpunkten der Stützen eine unterschiedliche Auflagersteifigkeit. Dies führt unter anderem zu einer Lastumlagerung von weicheren zu steiferen Auflagerpunkten, die bei der Planung zu berücksichtigen war. Neben kurzzeitigen Verformungen des Rohbaus aus Nutzlasten spielte auch die Berechnung von Langzeitsetzungen, die an jedem Auflager unterschiedlich sind, eine wichtige Rolle.

Im Bereich des Kapitells werden die horizontalen Lasten aus der Gitterschale mithilfe eines Ringträgers kurzgeschlossen. Die vertikalen Lasten werden in die Stützen eingeleitet. Ein wesentlicher Aspekt bei der Planung und Detaillierung der Gitterschale lag in der Ausbildung der Knoten. Neben den statischen Einflüssen spielte auch die Frage einer möglichst wirtschaftlichen Herstellung eine große Rolle. Aus diesem Grund kamen zwei unterschiedliche Konzepte zum Einsatz. Für Bereiche, bei denen die Schnittgrößen zu einer geringen Wandung des Rundrohres führen, wurde ein geschweißter Knoten (bei Bedarf auch mit zusätzlichen Steifen) aus Rundrohren entwickelt und nachgewiesen. Für hochbelastete Bereiche mit dicken Wandungen beziehungsweise für Bereiche, die aufgrund ihrer Geometrie nicht geschweißt werden konnten, wurde ein gefräster Vollknoten entwickelt.

Formfindung durch digitales Hängemodell

Die geometrische Formfindung erfolgte durch ein digitales Hängemodell auf Basis der numerischen Methode der sogenannten „dynamic relaxation". Hierdurch konnten die im Entwurfsprozess ermittelten Randbedingungen und Restriktionen im Hinblick auf Tragverhalten, Fassadentechnik und Gestaltung berücksichtigt werden. Ziel war es hierbei, das Tragverhalten durch eine Schalentragwirkung zu begünstigen, um somit die Biegemomente im System zu reduzieren. Durch eine entsprechende Manipulation der Topologie der Stäbe konnte dann maßgeblich auf den Lastabtrag Einfluss genommen werden. Dies betraf den Kraftfluss zwischen den Stützen ebenso wie den hin zu den Auflagern des oberen Randträgers.

8

8 Untersicht des fertiggestellten Dachs

© Andreas Keller, Altdorf

9

9 Die Transparenz der Dachkonstruktion wird bei Nacht besonders gut deutlich.

10 Die Neigung der Trichter variiert je nach Positionierung der Stützen im Gesamtkontext.

OBJEKT
Überdachung Westfield Hamburg-Überseequartier
STANDORT
Hamburg
BAUZEIT
2021–2024
BAUHERR
Unibail-Rodamco-Westfield
INGENIEURE + ARCHITEKTEN
Architekt: Werner Sobek
Tragwerksplanung: Werner Sobek AG, Stuttgart
Fassadenplanung: Werner Sobek AG, Stuttgart
BAUAUSFÜHRUNG
Stahlbau & Fassade: Roschmann Holding GmbH, Gersthofen

Ein weiterer Optimierungsschritt betraf die Wandstärke der im Dach verbauten Rundrohre. Um das Eigengewicht der Gitterschale so weit wie möglich zu reduzieren, wurde in einem iterativen Optimierungsverfahren jeder einzelne der insgesamt 9.108 Stäbe der Gitterschale auf seine minimale Wandstärke hin optimiert. Insgesamt wurden sechs unterschiedliche Wandstärken definiert, die zwischen 6,3 und 30 Millimetern variieren.

Fassadentechnische Aspekte

Neben den tragwerkstechnischen Zielkriterien spielten bei der Entwicklung der Geometrie und der Topologie auch fassadentechnische Gesichtspunkte eine Rolle. Um eine Herstellbarkeit der Glasscheiben zu garantieren, durften sich keine spitzen Winkel unter 12° einstellen. Um die Entwässerung und das Abfließen des Regenwassers zu gewährleisten, musste darüber hinaus sichergestellt werden, dass die gewählte Geometrie für die erforderliche Neigung hin zu den Kapitellen sorgt.
Die Gestaltung des Glasdachs wurde ebenso stark von ästhetischen wie von tragwerksplanerischen und von fassadentechnischen Überlegungen bestimmt – ein Zusammenspiel von Engineering und Design, das nur durch ein multidisziplinär aufgestelltes Planungsteam gewährleistet werden konnte, das über Jahre eng mit dem Bauherrn und den ausführenden Firmen zusammenarbeitete.

Bernd Köhler, Frederic Waimer

© Andreas Keller, Altdorf

10

BIOBASIERTE INNOVATION IM KREISLAUF DENKEN – Die Smart Circular Bridge Ulm

Das EU-Projekt Smart Circular Bridge (SCB) steht exemplarisch für zukunftsweisende, nachhaltige Infrastrukturlösungen in Europa. Im Rahmen des Programms Interreg North-West Europe wird untersucht, wie biobasierte Materialien zur Reduktion von CO_2-Emissionen beitragen und die Kreislaufwirtschaft im Bauwesen stärken können. Ulm ist – neben Almere in den Niederlanden – einer von zwei Pilotstandorten für SCB. Diese gehören zu den weltweit ersten biobasierten Brücken mit integriertem *Structural Health Monitoring*, die unter realen Bedingungen neue Materialien und digitale Überwachungstechnologien erproben.

Biokomposite als Baustoff der Zukunft

Ein zentrales Innovationsmerkmal der Ulmer Brücke ist der Einsatz von Flachsfasern in Kombination mit Biopolymeren als Ersatz für konventionelle Baustoffe wie Beton oder Stahl. Diese Biokomposite zeichnen sich durch geringes Gewicht, hohe Stabilität sowie einen deutlich reduzierten CO_2-Fußabdruck aus. Zudem basieren sie auf nachwachsenden Rohstoffen und sind damit ein Schlüsselelement für nachhaltiges Bauen.

© Conné van d'Grachten

1 Das per Roboter in einem Wickelverfahren hergestellte Geländer bringt die Naturfasern zur Geltung und gibt einen Hinweis auf die Materialien, die im Inneren der Brücke verwendet wurden.

© Smart Circular Bridge

2

2 Die Brücke ist für eine Belastung von 12 Tonnen zugelassen. Beim Belastungstest hält der Brückenkörper 24 Tonnen stand.

Flachsfasern bieten aufgrund ihrer natürlichen Zugfestigkeit eine solide Basis. In Verbindung mit Biopolymeren entsteht ein Material, das den strukturellen Anforderungen einer Brücke gerecht wird. Wissenschaftler und Ingenieure arbeiten kontinuierlich an der Optimierung dieser Werkstoffe – insbesondere im Hinblick auf Witterungsbeständigkeit und Langzeiteinsatz. Erste Tests zeigen vielversprechende Ergebnisse für eine breitere Anwendung in der Bauwirtschaft.

Konstruktion und Umsetzung

Die neue Fuß- und Radwegbrücke verbindet den Lautenberg mit der Blauinsel in Ulm. Die Einfeldbrücke hat eine Spannweite von 8,5 Metern, eine Breite von 5,34 Metern und eine Gesamtlänge von 9 Metern – bei einem Gewicht von unter 100 kg/m². Damit ist sie leichter als vergleichbare Beton- oder Stahlkonstruktionen und konkurrenzfähig zu glasfaserverstärkten Brücken.

Der Brückenkörper ist als stegverstärkter Hohlkasten mit Sandwichquerschnitt konzipiert, wobei acht parallele Hauptträger die tragende Struktur bilden. Diese sind in Querrichtung durch drei Querspanten versteift und mit einer durchgehenden Bodenplatte sowie einem Deck zu einem integralen Brückenträger verbunden.

Die Konstruktion des Brückendecks basiert auf einem Sandwichsystem mit Schaumkern und mehreren Lagen Flachsfasermatten. Diese werden per Vakuuminfusionsverfahren mit einem biobasierten, ungesättigten Polyesterharz infundiert.

Digitale Echtzeit-Überwachung

Ein technisches Highlight der Brücke ist das integrierte Structural-Health-Monitoring-System. Insgesamt 42 Glasfaser- und Bewegungssensoren sind in die Brückenkonstruktion eingebettet und erfassen kontinuierlich Daten zu Belastung, Verformung und Umwelteinflüssen. Diese Echtzeitdaten ermöglichen es, mögliche Materialveränderungen oder Schäden frühzeitig zu erkennen und gezielte Wartungsmaßnahmen einzuleiten. Darüber hinaus liefert das Monitoring-System wertvolle Erkenntnisse zur Langzeitstabilität von Biokompositen. Die gewonnenen Daten fließen direkt in die Forschung und Weiterentwicklung ein.

© Smart Circular Bridge

3

3 Um den Bio-Verbundwerkstoff herzustellen, werden die Flachsmatten in eine passende Form gelegt. Unter Vakuumbedingungen werden sie dann mit einem biobasierten Polyesterharz getränkt.

Kunst trifft Technik: Die Brücke als Musikinstrument

Neben der technischen Innovation spielt auch die emotionale Vermittlung des Projekts eine Rolle. In einem interdisziplinären Ansatz werden die Sensordaten klanglich übersetzt und über Lautsprecher sowie online über eine Web-App erlebbar gemacht. Die Bewegungen und Spannungen in der Brücke erzeugen Töne und Musik, die den Materialeinsatz sinnlich erfahrbar machen. Dieses Zusammenspiel aus Technik, Mathematik und Klangkunst ist ein lebendiges Symbol für nachhaltige Innovation.

Rezyklierfähigkeit

Auch das End-of-Life-Szenario ist integraler Bestandteil des Projekts: Das Recycling von Biokompositen ist eine junge, aber wichtige Disziplin nachhaltiger Materialentwicklung. Derzeit werden etwa 80 Prozent der ausgedienten Materialien thermisch verwertet – meist in Müllverbrennungsanlagen oder industriellen Öfen –, während rund 20 Prozent deponiert werden. Dies widerspricht jedoch den Prinzipien der Kreislaufwirtschaft. Daher wird im Projekt intensiv an Strategien gearbeitet, die eine Wiederverwertung der biobasierten Komponenten ermöglichen.

Zu den vielversprechenden Ansätzen im Projekt zählt das chemische Recycling, bei dem Polyesterharze durch Lösungsmittel aufgeschlossen werden, um wertvolle Molekülstrukturen zurückzugewinnen. Auch pyrolytische Verfahren werden erprobt. Mechanisches Recycling findet Anwendung, indem fein gemahlene Kompositreste als Füllstoff in neuen biobasierten Produkten dienen. Zusätzlich wird das biologische Recycling mit Pilzen wie Aspergillus Niger erforscht, um bestimmte Harzkomponenten enzymatisch abzubauen. Diese Entwicklungen zeigen: Mit gezielter Forschung lassen sich Biokomposite künftig deutlich nachhaltiger im Kreislauf führen.

4

4 Die Brücke ist ein Musikinstrument. Sie reagiert auf Schritte, Hüpfen und Tanzen – und sie setzt Belastungen und temperaturbedingte Verformungen in Klänge um.

OBJEKT
Smart Circular Bridge
STANDORT
Ulm
BAUZEIT
2024/2025, Einweihung am 07. Februar 2025
BAUHERR
Stadt Ulm
INGENIEURE + ARCHITEKTEN
General- und Tragwerksplanung: Technische Universität Eindhoven (Rijk Blok†, Patrick Teuffel, Faas Moonen), mit Witteveen+Bos (Stephanie Lamerichs, Wouter Claasen)
Architektur: Universität Stuttgart (Hanaa Dahy)
Bauwerksüberwachung: Com&Sens, 24SEA
Prüfingenieur: Heller Tragwerksplanung, Prüfingenieur für Bautechnik
BAUAUSFÜHRUNG
Delft Infra Composites B. V.
AUSZEICHNUNGEN
DGNB German Sustainable Building Council Sustainability Challenge 2025 – Gewinnerin in der Kategorie „Forschung"

5

5 Die SCB Ulm ist die weltweit erste Brücke aus Flachsfasern und einem biobasierten Polyesterharz, die mit Kraftfahrzeugen befahren werden kann.

Zusammenfassung und Ausblick

Die Realisierung der Ulmer Smart Circular Bridge stellte das Projektteam vor vielfältige technische Herausforderungen – insbesondere im Umgang mit den Umwelteinflüssen auf Biokomposite und in der Entwicklung neuer Fertigungsprozesse. Interdisziplinär konnten innovative Lösungen wie spezielle Schutzbeschichtungen und angepasste Produktionstechniken erfolgreich umgesetzt werden.

Das Projekt zeigt eindrucksvoll, dass Biokomposite auch für tragende Bauteile einsetzbar sind und digitale Monitoring-Technologien den Betrieb zukunftsweisend ergänzen können. Die Ulmer Brücke steht exemplarisch für eine neue Generation intelligenter, ressourcenschonender Infrastrukturen und unterstreicht die Bedeutung von Kooperation zwischen Forschung, Industrie und öffentlicher Hand für eine nachhaltige Transformation im Bauwesen.

Patrick Teuffel, Martin Prösler

HOLZBAU UNTER HÖCHSTEN ANFORDERUNGEN – Das Gebäude F2 am Hospitalquartier in Biberach

Für die Umsetzung eines neuen Pflegeheims der Stiftung Hospital zum Heiligen Geist in Biberach wurde ein Gebäude in Holz- beziehungsweise Holz-Beton-Verbundbauweise konzipiert. Es galt, ästhetische Merkmale zur Schaffung einer angenehmen Umgebung für die Bewohner mit dem Anspruch an höchste Gebäudesicherheit zu kombinieren. Diese Herausforderung wird unter Verwendung regional gewonnener und verarbeiteter Holzwerkstoffe angegangen.

Die Ursprünge des Hospitals zum Heiligen Geist in Biberach lassen sich bis in das Jahr 1258 zurückverfolgen. Die Hauptaufgabe der Einrichtung besteht in der Unterstützung bedürftiger Menschen. Darüber hinaus ist sie in der Forstwirtschaft tätig und verfügt über mehrere Hundert Hektar Waldfläche im Umkreis der Stadt. Das Hospitalquartier in Biberach, zentraler Treffpunkt der Stiftung, wurde zum Ausbau des Betreuungsangebots um ein neues Pflegeheim erweitert. Auf fünf Geschossen entstanden unter anderem eine Tagespflege mit Aufenthalts-, Besprechungs- und Ruheräumen. Des Weiteren gibt es eine ambulante Pflegeabteilung mit Bewohnerzimmern und Küchenbereichen, sowie separate 2- und 3-Zimmer-Wohnungen, die jeweils über auskragende Balkone verfügen.

© arnefotos | Arne Hartenburg

1

1 Übersichtsbild

Entwurf und Gestaltung

Das Gebäude F2 wird direkt in das bestehende Hospitalquartier eingebunden und zwischen neu angelegten Gärten und Sitzgelegenheiten errichtet. Es setzt sich aus vier einzelnen Baukörpern zusammen, die die Wohnbereiche und Balkone enthalten und um den zentralen Erschließungsbereich herum angeordnet sind. Der Neubau wurde vornehmlich in Holz- und Holz-Beton-Verbundbauweise geplant. Nur die zwei Treppenhäuser und das Untergeschoss bestehen aus Stahlbeton. Die Dachdecke mit Begrünung und Photovoltaikelementen ist als reine Brettsperrholzdecke ausgebildet. Die Innen- und Außenwände des Pflegeheims sind ebenfalls in Brettsperrholz mit einer Dicke von lediglich 14 respektive 16 Zentimetern hergestellt. In Richtung der Balkone wird die massive Holzkonstruktion aufgelöst und durch Brettschichtholzstützen und -träger ersetzt. Das äußere Erscheinungsbild wird durch die filigrane Holzfassade aus vertikal verlaufenden Lamellen geprägt.

Aufgrund der großzügigen Wohnflächen ergeben sich Spannweiten von bis zu acht Metern für die Geschossdecken. Es wurde eine Verbundkonstruktion aus Brettsperrholzplatten und einer Aufbetonschicht gewählt, die die Schwingungsanfälligkeit verringert und einen ausreichenden Schallschutz gewährleistet. Die Verbundwirkung wird durch Schrauben hergestellt, die schräg in das Holz eingeschraubt sind und anschließend einbetoniert werden.

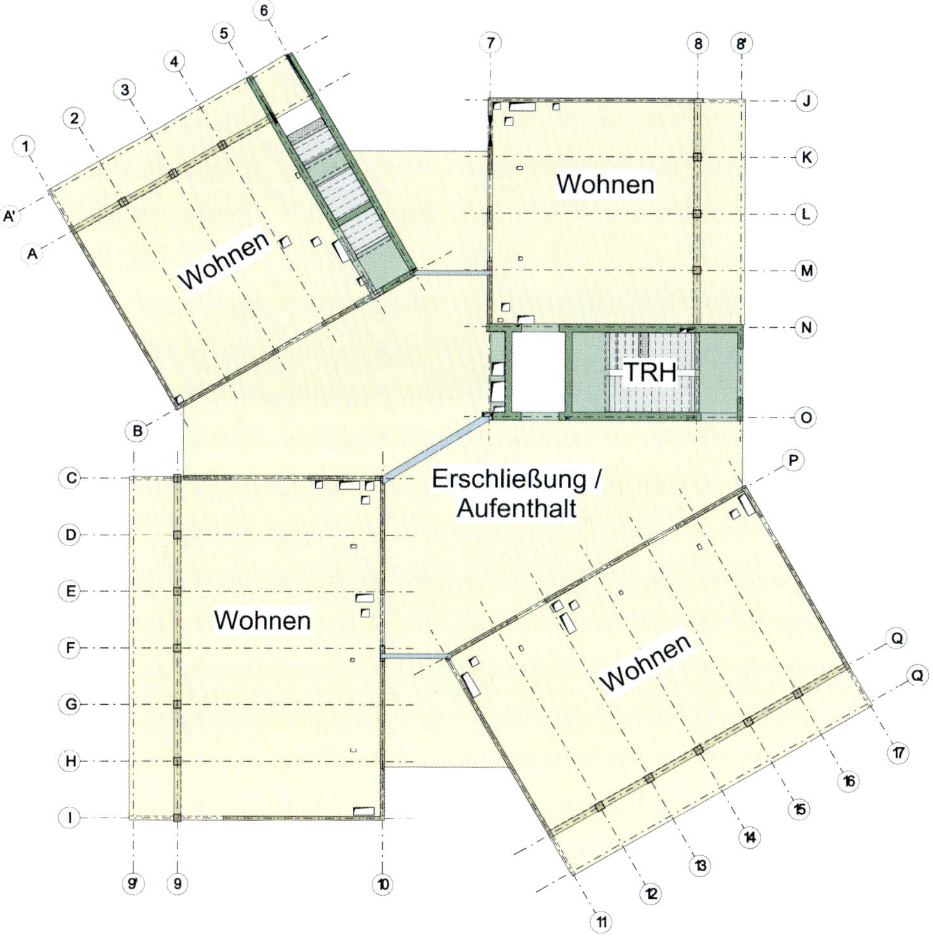

2

© Grafik: wh-p Ingenieure

2 Grundriss Erdgeschoss

3 Sichtbarer Holzbau im Innenbereich

© arnefotos | Arne Hartenburg

3

© wh-p Ingenieure

4

4 Aufrichten der Tragkonstruktion und Stellen der BSP-Wände im 3. Obergeschoss

Beim Entwurf wurde Wert darauf gelegt, die Tragkonstruktion als gestalterisches Element für die Wohnatmosphäre zu nutzen. Daher bleiben die Deckenuntersichten, die Stützen und die Träger in den Wohn- und Aufenthaltsbereichen frei sichtbar. Die verbauten Holzwerkstoffe wurden fast ausschließlich dem stiftungseigenen Waldbestand entnommen und in einem regionalen Abbundzentrum zugeschnitten und verarbeitet. Dies hatte kurze Transportwege und Fertigungsdauern zur Folge. Die modulare Bauweise und der hohe Vorfertigungsgrad sorgten für eine zügige Montage und ermöglichen eine gute Rezyklierbarkeit.

Herausforderungen aufgrund des Brandschutzes

Aufgrund der Größe der Nutzungseinheiten liegt die Gebäudeklasse 5 vor, wodurch sich ein erforderlicher Brandwiderstand über 90 Minuten ergibt. Dies wirkt sich maßgeblich auf die Bemessung der Holzbauteile und Anschlüsse aus. Weil die normativen Regelungen für das verwendete Brettsperrholz nur eine Feuerwiderstandsdauer von bis zu 60 Minuten abdecken, bedurfte es einer vorhabenbezogenen Bauartgenehmigung (vBG) durch die Landesstelle für Bautechnik. Bei einigen der verwendeten Verbindungsmittel war dies ebenfalls notwendig.

© Baulinie Architekten

5

© Baulinie Architekten

6

5 Holz-Beton-Verbundschrauben

6 Holzwände und Holz-Beton-Decken

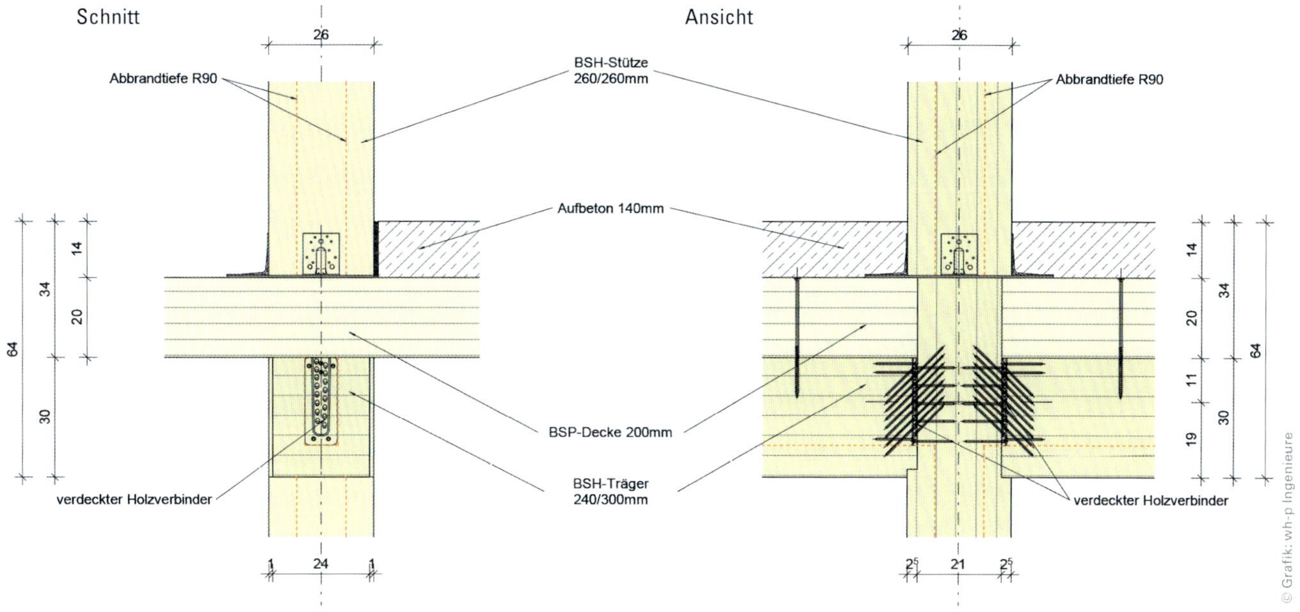

7 Verdeckte Holzverbinder

Bei der Brandbemessung wird die Abbrandtiefe infolge der einzuhaltenden Einwirkungsdauer ermittelt. Die Holzbauteile sind so dimensioniert, dass die nach Abbrand verbleibenden Querschnitte alle tragwerksrelevanten Anschlüsse beinhalten und tragfähig bleiben. Dadurch sind die Verbindungsmittel keiner direkten Brandeinwirkung ausgesetzt und beeinträchtigen nicht das Erscheinungsbild. Es wurden viele individuelle Lösungen entwickelt, die den gestalterischen, geometrischen und statischen Randbedingungen gerecht werden. Beim Anschluss der Träger an die Stützen wurden beispielsweise verdeckte Holzverbinder verwendet, die aus schräg verschraubten Stahlplatten bestehen und hohe Lasten übertragen können.

Trotz dieser Herausforderungen lag das Ziel darin, möglichst schmale Bauteilquerschnitte zu realisieren und somit Ressourcen einzusparen. Die Wände erhielten hierfür eine brandschutzwirksame Verkleidung aus Gipsfaserplatten und wurden in hochbelasteten Bereichen durch Buchenfurnierschichtholz mit hoher Tragfähigkeit unterstützt. Es wurden viele Erkenntnisse gewonnen, wie sowohl Holzwerkstoffe als auch Verbindungsmittel zukünftig besser für hohe Brandschutzanforderungen ausgelegt werden können.

Christian Sippel, Frithjof Korn, Martin Stumpf

OBJEKT
Gebäude F2 am Hospitalquartier Biberach
STANDORT
Biberach an der Riß
BAUZEIT
2022–2025
BAUHERR
Hospital zum Heiligen Geist in Biberach
INGENIEURE + ARCHITEKTEN
Tragwerksplaner: wh-p Ingenieure, Stuttgart
Architekten: huber staudt architekten, Berlin; Baulinie Architekten, Ravensburg
Haustechnik:
HLS: Ingenieurbüro Dieter Fischer, Biberach
ELT: KIENLE Beratende Ingenieure, Ostrach
BAUAUSFÜHRUNG
Rohbau: Grüner und Mühlschlegel Bauunternehmen GmbH & Co. KG, Biberach
Holzbau / Holz-Hybridbau: Fritschle Holzbau GmbH & Co. KG, Uttenweiler

8 Holzlamellenfassade

SCHWEBEND ÜBER DEM FLUSS – Die neue Regenbrücke in Roding

Mit dem Neubau der Brücke über den Regen in Roding entstand eine Verbindung des Ortsteils Mitterdorf mit dem historischen Zentrum. Sie verkürzt den Weg zwischen den Stadtteilen deutlich und stärkt das Wegenetz für Radfahrer und Fußgänger. Die flussnahen Bereiche werden aufgewertet und kombinieren zugleich die Anforderungen des historischen Stadtbilds mit dem erforderlichen Hochwasserschutz.

Entwurf und Gestaltung

Die Tragwerksform entwickelt sich konsequent aus dem Wegverlauf, der in Verlängerung der Straße Am Graben in Mitterdorf über den Regen führt, auf der Ostseite mit einem dezenten Knick nach Roding läuft und einen fließenden Übergang zwischen den beiden Anschlusswegen schafft.

Wesentliches Merkmal des Entwurfes ist die dreidimensionale Formgebung mit minimaler Silhouette über dem Fluss, welche den Kräfteverlauf im Bauwerk ablesbar macht und widerspiegelt. Die Symbiose von skulpturaler Form mit minimalistischem Tragwerk und einfacher Formensprache lassen Bauwerk und Landschaft nahezu selbstverständlich miteinander verschmelzen. Eine hölzerne Sitzbank an der aus dem Kraftfluss resultierenden Voute auf der Innenseite der Knickstelle lädt zum Verweilen ein. Mit minimalen Mitteln wird der Steg

1

1 Die schlanke Silhouette der Regenbrücke Roding integriert sich zurückhaltend in die Landschaft und öffnet neue Wege zwischen Stadt und Natur.

© FOTOGRAFIEIMRAUM

2

hier zum Ort und bietet dem Nutzer einen Aussichtspunkt auf die Stadt, den Regen, seine Auen und die gesamte Landschaftskulisse.

Sowohl aus gestalterischen Gründen als auch im Hinblick auf die Nachhaltigkeit wurde als Material wetterfester Stahl gewählt, der infolge Bewitterung eine Oxidschicht bildet, die diesen ohne weitere Korrosionsschutzbehandlung witterungsresistent erhält. Aufwand für Wartung und Erneuerung des Korrosionsschutzes im hochsensiblen Naturraum wird dadurch vermieden.

Die prägnante sowie einfache Silhouette bei Tag zeichnet sich auch im Dunkeln durch eine schlichte und zurückhaltende, linienförmige Beleuchtung im Handlauf der Geländer durch LEDs ab. Diese erzeugen einen indirekten, blendfreien, subtilen Lichtteppich auf dem Gehweg mit geringstmöglicher Abstrahlung nach oben und dadurch weitgehender Vermeidung von Beeinträchtigungen und Konsequenzen für Insekten und andere Tiere.

© FOTOGRAFIEIMRAUM

3

© FOTOGRAFIEIMRAUM

4

2 Die filigrane Brücke spannt sich mit Leichtigkeit über den Regen und verbindet dabei funktionale Struktur mit landschaftlicher Zurückhaltung.

3 An der Knickstelle lädt die hölzerne Bank auf der Voute ein zum Innehalten zwischen Architektur und Flusslandschaft.

4 Sanft fügt sich der Übergang in den topografischen Verlauf ein und macht die Verbindung zwischen Altstadt und Mitterdorf spürbar erlebbar.

5 Die klare Linienführung des Geländers und das indirekte Licht im Handlauf setzen zurückhaltende Akzente in der Abendstimmung.

© FOTOGRAFIEIMRAUM

5

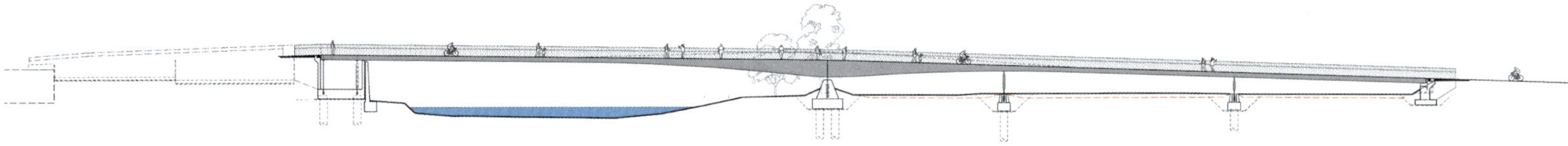

6a

© Grafik: DKFS/MLP

Das Tragwerk

Das Bauwerk überspannt den Regen in Form einer mehrfeldrigen Rahmenbrücke als integrales System mit einer Hauptstützweite von etwa 56 Metern über den Regen und rund 21 bis 27 Meter im Bereich der Rampe auf der Ostseite. Der Überbau besteht aus einem luftdicht verschweißten gevouteten Stahlhohlkasten, der monolithisch mit den Unterbauten verbunden ist. Um die gestalterisch gewünschte minimale Überbauhöhe von 55 Zentimetern im Feld der Hauptstützweite zu erzielen und auf eine Schlankheit von l/100 zu reduzieren, wird der Überbau am Widerlager Mitterdorf und am Pfeiler über Stahllamellen biegesteif angeschlossen. Das Brückentragwerk ist über Bohrpfähle elastisch im tragfähigen Kies und Tertiär gegründet. Die Widerlager, Pfeiler und Gründungsbauteile sind konventionell in Ortbeton hergestellt. Als Fahrbahnbelag dient ein 6 Millimeter dicker reaktionsharzgebundener Dünnbelag.

Hochwasserschutzplanungen

Auf der Westseite in Mitterdorf war ursprünglich die Ausführung eines Hochwasserschutzes entlang des Regens geplant, den das neue Brückenbauwerk überqueren sollte. Aufgrund der ufernahen Bebauung und der engen Platzverhältnisse kam als Hochwasserschutz nur die Ausführung durch Mauern in Massivbauweise in Frage. Im Zuge der weiteren Planung wurde jedoch vom Wasserwirtschaftsamt entschieden, dass der Hochwasserschutz unter anderem aus Kostengründen vorerst nicht ausgeführt werden soll.

Somit ergab sich für die weiterführende Rampe eine neue Planungssituation. Nach Untersuchung und Vergleich der Alternativen für die Ausführung wurde insbesondere aus Gründen der Nachhaltigkeit, aber auch aus wirtschaftlicher Sicht eine Ausführung in sogenannter „bewehrter Erde"-Bauweise gewählt: Durch lagenweise angeordnete Geotextilien wird der 3,50 Meter hohe Erdkörper versteift und entsprechend tragfähig. Der Aufbau der Rampe entstand innerhalb weniger Tage, sie kann vollständig recycelt und das Erdmaterial wiederverwendet werden.

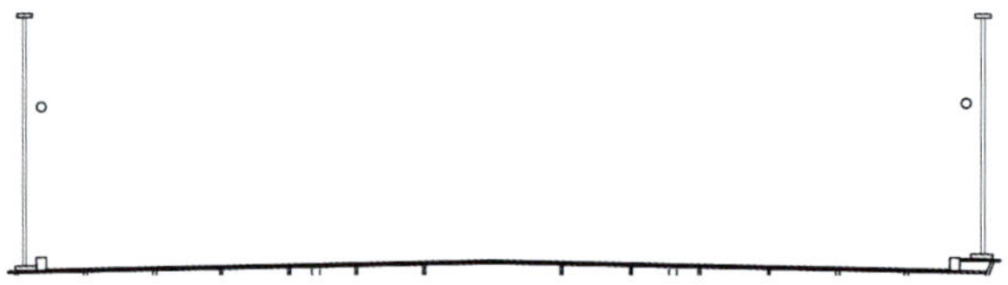

6b

© Grafik: DKFS/MLP

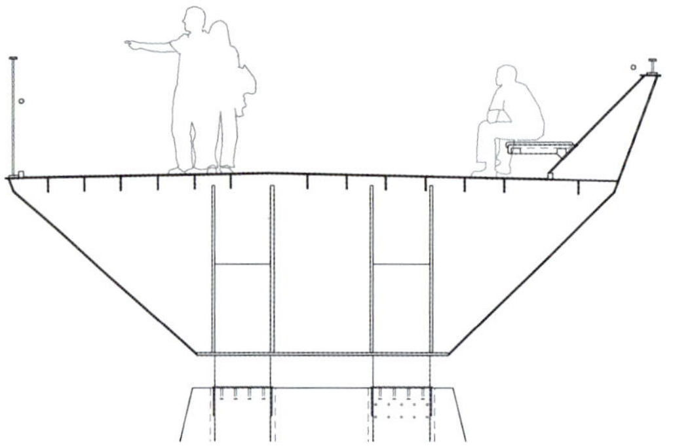

6c

© Grafik: DKFS/MLP

6 Längs- und Querschnitte der Brücke: Längsschnitt (a), Querschnitt im Feld (b), Querschnitt über Pfeiler (c)

Hydraulische Auslegung

Der hydraulische Einfluss des Brückenbauwerks wurde größtmöglich minimiert. Die Hauptspannweite über den Regen liegt inklusive Überbau und Freibord über dem 100-jährlichen Hochwasserereignis + 15 Prozent Klimaänderungszuschlag (HQ100+15 Kote). Die Rampe parallel zum Ufer schneidet allmählich in das Überschwemmungsgebiet des Regens ein. Die minimierte Stützenstellung und strömungsgerechte Form des Brückenüberbaus erlaubt dabei ein störungsfreies Abfließen des Wassers im Hochwasserfall ohne versperrende Wirkungen. Dammschüttungen wurden hier am Antritt auf ein Minimum reduziert.

OBJEKT
Regenbrücke Roding
STANDORT
Roding (OPf.)
BAUZEIT
2021–2023
BAUHERR
Stadt Roding
INGENIEURE + ARCHITEKTEN
Objektplanung, örtliche Bauüberwachung: Planungsgemeinschaft Mayr Ludescher Partner Beratende Ingenieure PartGmbB, DKFS Architects
Tragwerksplanung: Mayr Ludescher Partner Beratende Ingenieure PartGmbB, München
Landschaftsplanung: Lex Kerfers Landschaftsarchitekten, Bockhorn
BAUAUSFÜHRUNG
Unterbauten Brücke: Strabag AG, Direktion Bayern Nord, Roding
Stahlüberbau: Rädlinger Maschinen- und Stahlbau GmbH, Cham
Bewehrte-Erde-Rampe: Herbert Dankerl Bau-GmbH, Cham
AUSZEICHNUNGEN
1. Preis im Realisierungswettbewerb
Bayerischer Ingenieurpreis 2025: Anerkennung
Deutschen Brückenbaupreis 2025:
– Auszeichnung Kategorie „Fuß- und Radwegbrücken"
– Sonderpreis Nachhaltigkeit
Bridges Award 2025 International
ICONIC AWARDS 2025: Best of Best Kategorie ARCHITECTURE – Landscape and Public Space

Bauausführung

Die antransportierten sechs Teilschüsse wurden auf die Unterbauten sowie auf Montagejoche abgesetzt und zusammengefügt. Zum Einhub des Überbaus diente ein Autokran. Nach den Rampenschüssen und dem Pfeilersegment wurden der Widerlagerschuss und anschließend das Mittelfeld über dem Regen eingehängt und verschweißt. Direkt im Anschluss folgten die Ausbauarbeiten. Nach Fertigstellung der Weganschlüsse und Begrünung der Uferböschungen wurde die Brücke im August 2023 für den Verkehr freigegeben.

Fazit

Die minimale und elegante Silhouette des Bauwerks führt zu einer materialsparenden, hoch wirtschaftlichen Lösung, die zudem wartungsarm ist. Barrierefreie Nutzung für alle ist gegeben. Ingenieurbautechnische Eleganz und logische Form tragen zur Aufenthaltsqualität des Bauwerks bei, welche das Landschaftsbild des Regens und seiner Auen nicht nur ergänzt, sondern aufwertet und bereichert.

Hubert Busler, Dirk Krolikowski, Falko Schmitt

© FOTOGRAFIEIMRAUM

7

7 Was am Boden verschmilzt, wird aus der Luft sichtbar: die Brücke als feine Linie im Gefüge aus Natur, Stadt und Wasserlauf.

STROH, LEHM UND HOLZ IN GEBÄUDEKLASSE 4 – Die Mehrfamilienwohnanlage *querbeet* in Lüneburg

© Thorsten Scherz

Das Arbeiten an der Bauwende braucht Etappenziele und die Umsetzung alternativer Konstruktionsideen. Das Gemeinschaftswohnprojekt *querbeet* setzt neue Maßstäbe im nachhaltigen Geschosswohnungsbau. Trotz technischer und rechtlicher Hürden gelingt mit *querbeet* ein viergeschossiger Wohnungsbau in Holzskelettbauweise mit strohgedämmten, lehmverputzten Außenwänden. Die Kraft der Gemeinschaft – und eine Prise Idealismus – machen ihn zum Modell für das urbane Bauen von morgen.

© Dirk Scharmer

1

Die Wohnanlage *querbeet* in Lüneburg zeigt, wie konsequent ökologisches Bauen auch im städtischen Raum und in der Gebäudeklasse 4 umgesetzt werden kann. Zwei viergeschossige Baukörper wurden auf einer gemeinsamen Tiefgarage errichtet, mit strohgedämmten Holzrahmen-Außenwänden, Lehmputz innen und Kalkputz außen. Die Tragstruktur der oberirdischen Bauteile wurde aus einem Holzskelett aus Brettschichtholzstützen und -balken, massiven Decken und Wohnungstrennwänden aus Brettsperrholz sowie zwei Stahlbeton-Treppenhauskernen gebildet. Diese Stahlbetonkerne übernehmen die Hauptaussteifung und stellen die baurechtlich notwendigen Fluchtwege sicher.

Die Bauherrenschaft besteht aus 38 Baugemeinschaftsparteien, die mit viel Engagement und Durchhaltevermögen das erreichen, was vielen professionellen Entwicklern nur selten gelingt: Der konsequente Einsatz der Naturbaustoffe Holz, Stroh und Lehm setzt einen innovativen Maßstab im nachhaltigen Bauen. Wo Bauen doch so häufig Teil eines großen Problems erscheint, entwickelt es sich hier zu einem Teil der Lösung.

Die Entwicklungsarbeit zu dieser Lösung erstreckte sich über etwa 20 Jahre. Es gab viele Fragen zur technischen Klassifizierung dieser nachhaltigen Bauweise zu klären: Wie brennt der Dämmstoff Stroh? Wie viel Putz ist erforderlich? Wie lässt sich auf Überdämmungen, Verkleidungen oder zusätzliche Dampfbremsen verzichten? Mit der ETA-17/0247 wurde es 2014 möglich, Außenwände mit „Strohballen vom Acker von nebenan" so zu bauen, dass auf all das verzichtet werden konnte. Ein allgemeines bauaufsichtliches Prüfungszeugnis konnte schließlich als Verwendungsnachweis herangezogen werden.

Mit dem Architekten verpflichtete die Baugruppe einen ausgewiesenen Experten der mehrgeschossigen Strohballenbauweise. Er hatte schon 2005 ein dreigeschossiges, strohgedämmtes Wohnhaus im Ökodorf Siebenlinden in der Altmark geplant. Auch war er 2015 an der Planung des fünfgeschossigen Norddeutschen Zentrums für Nachhaltiges Bauen (NZNB) im niedersächsischen Verden beteiligt, seinerzeit Europas höchstes Strohballenhaus.

Aber auch die beiden Viergeschosser des hier vorgestellten Projekts stellten mit ihrer Größe von 6.547 Quadratmeter BGF und den Anforderungen der Gebäudeklasse 4 alle Planungsbeteiligten vor Herausforderungen. Immer wieder zeigte sich in der Planung, wie bedeutsam der integrale Planungsansatz bei solchen Pionierprojekten ist.

Die Außenwände durften aufgrund der brennbaren Strohdämmung keine tragende Funktion übernehmen. Die vertikale Lastabtragung erfolgt daher über ein Skelettsystem ohne die Außenwände. Dadurch können diese hinsichtlich des Raumabschlusses als feuerhemmend statt hochfeuerhemmend ausgebildet werden, was die Verwendung von brennbaren Dämmstoffen ermöglicht. Die Wohnungstrennwände aus Brettsperrholz wurden zweischalig ausgebildet und dienen sowohl der Lastabtragung als auch der Gebäudeaussteifung in Kombination mit dem Brettsperrholz-Deckenspiegel. Auf diese Weise konnten die horizontalen Verformungen durch Windlasten minimiert und eine insgesamt stabile Holzkonstruktion geschaffen werden, obwohl die Gebäudegrundrisse relativ breit ausgelegt sind.

Seiten 80/81
querbeet in Lüneburg: viergeschossiger Wohnungsbau in Holz, Lehm und Stroh

1 Stahlbetonkern, Holzbau mit tragenden Stützen, Unterzügen und Trennwänden sowie nichttragenden Außenwänden

2

2 Zwei nahezu gespiegelte Gebäude mit gemeinsamem Innenhof

Technische Herausforderungen und planerische Antworten

Die Kombination aus Holzskelettbau und strohgedämmten Wänden führte zu einigen planerischen und baukonstruktiven Herausforderungen. So stellte sich etwa die Frage, wie die sichtbaren Stützen und Balken in die Wohnungen integriert werden können. Typischerweise bilden die Stützen sichtbare Wandvorlagen und stellen die Bewohner vor die Herausforderung, dass sich Regale, Betten und Sofas nicht ohne Weiteres in den Raumecken positionieren lassen. Dies wurde durch eine elegante Integration einzelner Stützen in die seitlichen Außenwände und in die Innenwände gelöst, sodass nur wenige Stützen im Raum die flexible Nutzung und Platzierung von Möbeln beeinträchtigen.

Die tragenden und aussteifenden Holzbauteile werden mit einer 18 Millimeter dicken Gipsplattenbekleidung für die Dauer von 30 Minuten vor der Entzündung geschützt. Durch die Reduzierung der Kapselklasse $K_2$60 auf $K_2$30 besteht zwar die Gefahr, dass sich die Holzbauteile früher an einem möglichen Brandereignis beteiligen. Dieses Risiko wird jedoch durch die kleineren Nutzungseinheiten mit maximal 125 Quadratmeter Größe kompensiert, sodass ein Brandgeschehen selbst bei einem späten Eintreffen der Feuerwehr beherrschbar bleiben würde.

Eine brandschutztechnische Besonderheit stellt die schwer entflammbare Fassade dar, die im Regelfall über den Kalkzementputz erfüllt wird. Im Staffelgeschoss hingegen wurde eine Holzfassade umgesetzt, die gemäß der Muster-Holzbaurichtlinie 2020 mit vertikalen Verblockungen im Hinterlüftungsspalt an den Gebäudeecken ausgebildet wurde. Auch die Rauchweiterleitung über die Bauteilanschlüsse war ein zentraler Planungsaspekt im Projekt, bei dem neben den konstruktiven Mindestanforderungen aus der Muster-Holzbaurichtlinie auch Erkenntnisse aus neueren Forschungsvorhaben und Publikationen eingeflossen sind.

Überraschend positiv schlägt sich die Bauweise in Bezug auf die Bauakustik: Eigentlich verursachen hohe Schallschutzanforderungen zwischen zwei Wohneinheiten im Holzbau regelmäßig Kopfschmerzen bei den Schallschutz-Fachplanenden. Denn leichten Materialien wie Holz fehlt schlicht die Masse, um auch tiefere Frequenzen gut in den Griff zu bekommen. Beim Bauen mit Stroh-Lehm-Wänden kann Lehmputz helfen, der mit seinem Gewicht und der Zweischaligkeit der Trennwände ähnlich gut wie die Highperformer aus dem klassischen, gipsbekleideten Trockenbau funktioniert.

3 Strohoberfläche innen vor dem Verputzen mit Lehm

4 Konstruktion der Gebäudehülle

3

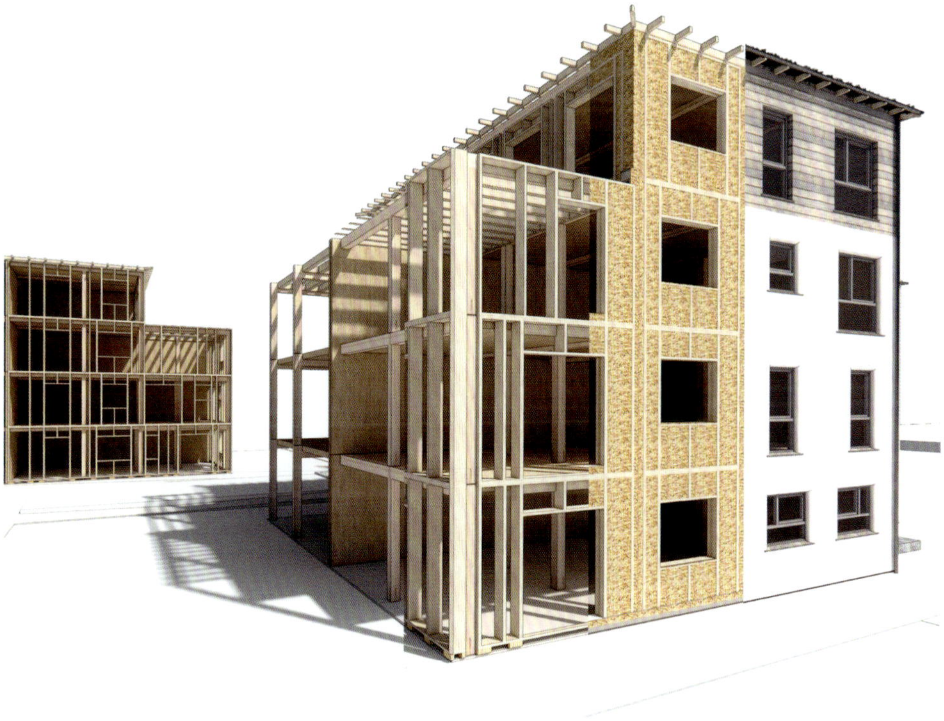

4

Bauen mit Stroh, Lehm und Gemeinschaft

Der Einbau der Strohdämmung war ein zentraler Moment im Projekt. Zwischen Juni und September 2023 beteiligten sich über 70 Personen – von Fachhandwerker:innen bis zu interessierten Laien und künftigen Bewohner:innen – aktiv an der Baustelle. Die handwerkliche Arbeit und das gemeinsame Ziel, eine klimafreundliche Wohnform zu realisieren, stifteten Identifikation und Zusammenhalt in der Baugruppe. Der Stroheinbau war nicht nur Teil der technischen Umsetzung, sondern auch Motor der sozialen Dynamik.

Die Verwendung von Lehm- und Kalkputz sorgt für ein angenehmes Raumklima und bietet sehr gute bauphysikalische Eigenschaften. Die gesamte passivhaustaugliche Gebäudehülle wurde luftdicht geplant und ausgeführt. In Kombination mit der Wärmeversorgung über ein nahe gelegenes Biogas-Fernwärmekraftwerk, Fußbodenheizung sowie großzügige PV-Anlagen und Batteriespeicher wurde der Energiestandard KfW 40 Plus erreicht.

Gesellschaftlicher Anspruch und politischer Impuls

Das Projekt steht für ein neues Verständnis von Bauen. Die Wohnanlage ist Ergebnis gemeinschaftlicher Planung, Entscheidungsprozesse im Konsensprinzip und eines ökologischen Anspruchs, der weit über die Materialwahl hinausgeht. Geteilt werden nicht nur Waschmaschinen und Werkstätten, sondern auch Verantwortung und Gestaltung. Der naturnah gestaltete Garten, die gemeinschaftlichen Räume und das soziale Miteinander im Hof machen *querbeet* zu einem Ort des gelebten Wandels.

Die größte bauliche und politische Kontroverse war die Tiefgarage, deren Errichtung laut damals geltender Bauordnung verpflichtend war, da für straßenbegleitende Parkierung und aufgrund der beengten Grundstücksverhältnisse schlicht der Platz fehlte. Die ressourcenverschwendende Tiefgarage wurde daher trotz Mobilitätskonzept mit Carsharing und Rädern gebaut, obwohl die dort geschaffenen Stellplätze von den Bewohner:innen nur zu einem Teil benötigt werden. Unbeabsichtigt floss dieses Beispiel dann sogar in den politischen Prozess ein, der zu einer Änderung der niedersächsischen Bauordnung führte. Stellplätze sind darin nun baurechtlich nicht verpflichtend vorgeschrieben.

5

6

5 Tragstruktur als Holzskelett

6 Wohnraum mit sichtbarer Holztragstruktur

7 Kalkputz-Fassade der nichttragenden Holzaußenwand mit Strohdämmung

7

OBJEKT
Neue Wohnanlage der Baugruppe *querbeet*
STANDORT
Lüneburg
BAUZEIT
September 2021 bis Januar 2024
BAUHERR
Baugemeinschaft *querbeet* GbR
INGENIEURE + ARCHITEKTEN
Architektur: deltagrün Architektur GmbH, Lüneburg
Tragwerksplanung: Assmann Beraten + Planen GmbH, Hamburg
Brandschutz: Dehne, Kruse Brandschutzingenieure GmbH & Co. KG, Gifhorn
Haustechnik: ingenieurbüro wenzel GmbH, Vastorf
BAUAUSFÜHRUNG
Beton- und Stahlbetonbau: Beecken Bau GmbH, Winsen (Luhe)
Holzbau: Ökologischer Holzbau Sellstedt GmbH, Sellstedt
Dachdecker: Schreiber Bedachungen, Adendorf
Haustechnik: Haustechnik Will GmbH, Melbeck
AUSZEICHNUNGEN
Holzbaupreis Niedersachsen 2024
Landespreis Grüne Hausnummer 2024/25 Niedersachsen „Zukunftshaus"

8

8 Sägeraue Holzschalung vor lehmverputzter Wand

Die Wohnanlage *querbeet* zeigt, wie klimagerechter Wohnungsbau mit Innovation, handwerklicher Tradition und sozialem Engagement gelingen kann. Und das mitten in einer Stadt, in der fast alles aus Backsteinen ist. Es ist ein Projekt, das mutig konventionelle Pfade verlässt und einen neuen Weg aufzeigt – für mehr Nachhaltigkeit, mehr Gemeinschaft und eine Architektur mit Haltung.

Lukas Muth, Henning Klattenhoff,
Dirk Scharmer

Literatur

Dirk Scharmer, Volker Holtermann, Eva Kern, Björn Kampmeier, Henning Klattenhoff, Adrian Nägel (2025) *Mehrgeschossig mit Stroh: Gemeinschaftswohnprojekt querbeet*, nbau 4, Heft 1, Ernst &. Sohn GmbH, Berlin. https://www.nbau.org/2025/02/25/mehrgeschossig-mit-stroh-gemeinschaftswohnprojekt-querbeet/

EIN BEGEGNUNGSRAUM FÜR JUNGE MENSCHEN – Das Kinder Kunst Labor St. Pölten

Das Kinder Kunst Labor (KKL) in St. Pölten, etwa 60 Kilometer westlich von Wien, hat das Ziel, Kindern und Jugendlichen zeitgenössische Kunst näherzubringen. Durch Workshops und Ausstellungen in Zusammenarbeit mit international renommierten Künstlerinnen und Künstlern macht es Kunst für Kinder erlebbar. Es ist ein experimenteller Raum, in dem junge Menschen – unabhängig von sozialem oder bildungspolitischem Hintergrund – spielerisch und sinnlich Kunst erfahren können.

Ein Entwurf mit Fokus auf sozialer Nachhaltigkeit

Der Entwurf für das Gebäude sieht eine zentral angeordnete Ausstellungsfläche mit einer Baumstütze in ihrer Mitte vor – das Herzstück des Raumprogramms. Um diese zentrale Fläche herum erstreckt sich ein Erschließungstrakt über die gesamte Gebäudehöhe. Hierin befindet sich eine breite Treppe, die einen großzügigen Ort zum Basteln, Toben, Werken und Ausstellen bietet. Die Räume können flexibel je nach Bedarf geöffnet oder abgetrennt werden. Die Holzlamellenfassade schafft im Inneren ein einzigartiges Spiel aus Licht und Schatten und bietet den Kindern eindrucksvolle Ausblicke in den Park. Von außen verleiht sie dem Gebäude Leichtigkeit und Offenheit.

Im Planungsprozess fand eine aktive Mitgestaltung durch einen Kinderbeirat aus Kindergarten- und Schulgruppen statt. So wurde eine partizipative Architektur geschaffen, die gezielt auf die Bedürfnisse von Kindern eingeht. Auf vier Ebenen bietet das Gebäude einen Indoorspielplatz, ein Foyer und ein Café (im Erdgeschoss) sowie oben Ausstellungsräume und Laborflächen. Büros und die Bibliothek befinden sich im obersten Stockwerk.

© Patrick Johannsen, Wien

1

1 Außenansicht: Die Fassade wird durch ihre vertikale Gliederung und die Betonung des Werkstoffs Holz geprägt.

© Patrick Johannsen, Wien

2

Hybrides Tragwerkskonzept

Der Grundriss des Gebäudes basiert auf der Form eines Dreiecks mit gekappten Ecken. Das Tragwerk ist eine hybride Konstruktion aus Stahlbeton und Holz. Die Aussteifung erfolgt über drei Wandscheiben mit einer Wandstärke von bis zu 20 Zentimetern. Diese weisen in Teilen große Wandöffnungen und Aussparungen auf. Der Kellerkasten ist als weiße Wanne ausgeführt. Der vertikale Lastabtrag am Gebäudeperimeter erfolgt durch eine Holzkonstruktion.

Auf Wunsch der Bauherren wurden nachwachsende Rohstoffe bei den Stützen und den Wandscheiben verwendet. Dadurch ergeben sich unterschiedliche Steifigkeiten beim vertikalen Lastabtrag. Da die Brettschichtholzstützen im Vergleich zu den Stahlbetonwandscheiben aber eine geringere vertikale Belastung aufweisen, ließen sich die Zwangsbeanspruchungen durch Sensitivitätsanalysen schon früh als unkritisch identifizieren.

Zwischen den Stützen spannen Randunterzüge aus Brettschichtholz, die zum einen als Auflager für die Stahlbetondecken und zum anderen als Unterkonstruktion für die Fassade dienen. Aufgrund der hohen Brandschutzanforderungen wurden die Verbindungsmittel so gewählt, dass entweder eine herstellerspezifische Zulassung vorlag oder der Brandschutz konstruktiv gewährleistet werden konnte. Der Anschluss der Randträger an die Stütze ist als nicht sichtbare Scherverbindung mit Einfräsung ausgebildet. Um die daraus resultierenden Toleranzen einzuhalten, wurde die notwendige Länge für jeden einzelnen Träger nach Aufmaß ermittelt, im Abbundprozess berücksichtigt und letztlich auf der Baustelle passgenau eingebaut.

2 Innenansicht: Die großzügigen Fenster schaffen gute Blickbeziehungen zum umliegenden Park.

3 Schnitt durch das Gebäude

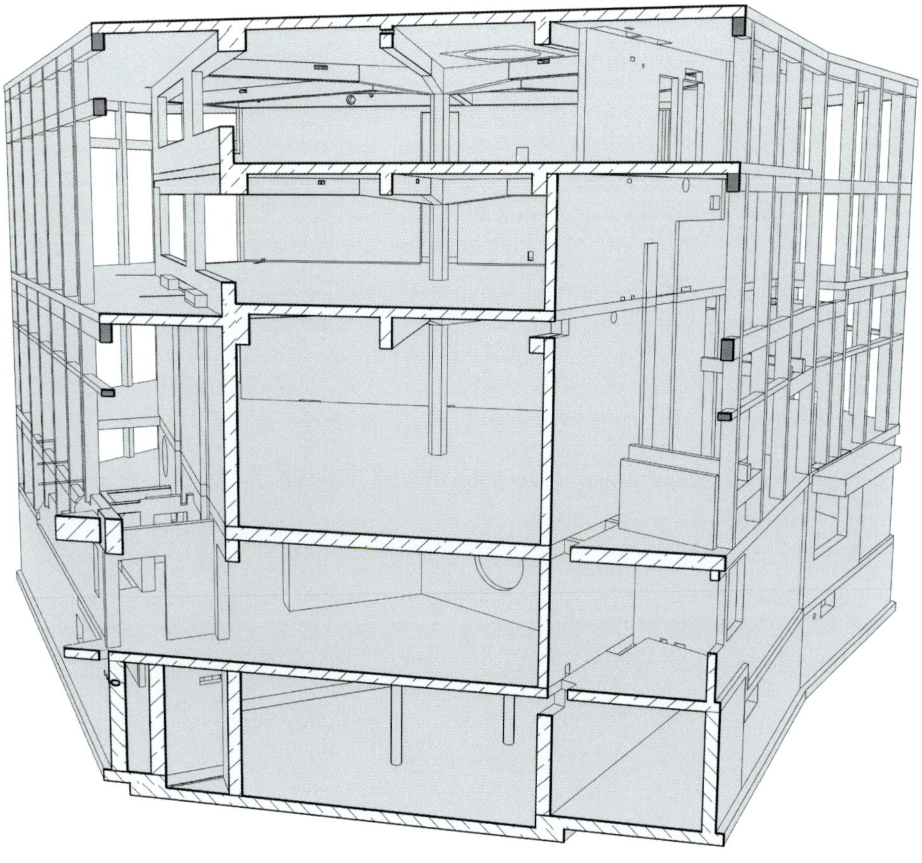

© Werner Sobek AG, Stuttgart

3

© Patrick Johannsen, Wien

4

Das Tragwerk ist wichtige Voraussetzung für die Realisierung des von den Architekten entworfenen Raumprogramms; eine besondere Rolle spielt hierbei die zentrale Stütze in der Mitte der Ausstellungsfläche. Diese polygone, baumartige Stütze aus Beton ist als Pendelstütze ausgebildet, über die drei Durchlaufträger verlaufen. Deren Abmessungen folgen dabei der Beanspruchung und werden im Bereich der Stütze größer. Die zentrale Stütze hat einen hexagonalen Querschnitt, um schalungs- und bewehrungstechnisch besser an die Durchlaufträger anzuschließen. Als vertikale Eckbewehrung für die Stütze wurden Stäbe mit einem Durchmesser von 30 Millimetern gewählt. Solche Durchmesser sind in Österreich ohne Einschränkungen möglich. Die Eckbewehrung der Stütze ist daher über eine einfache Übergreifung gestoßen.

Die Bewehrungsführung am Stützenkopf ist aufgrund der Anbindung der Durchlaufträger komplex. Dank einer bereits bei anderen Projekten bewährten dreidimensionalen Bewehrungsplanung konnte der Stützenkopf aber ohne größeren Planungsaufwand umgesetzt werden. Die Durchlaufträgerhöhen variieren aufgrund unterschiedlicher Beanspruchungen je nach Geschoss. Die gewählte Konstruktion ermöglicht es, mit einer Deckenstärke von 25 Zentimetern auszukommen und trotzdem Spannweiten von bis zu 12 Metern zu erreichen.

4 Die zentrale Pendelstütze und die angeschlossenen Durchlaufträger waren Voraussetzung für die Realisierung des vorgesehenen Raumkonzepts.

5 Bewehrungsführung im Bereich der zentralen Stütze

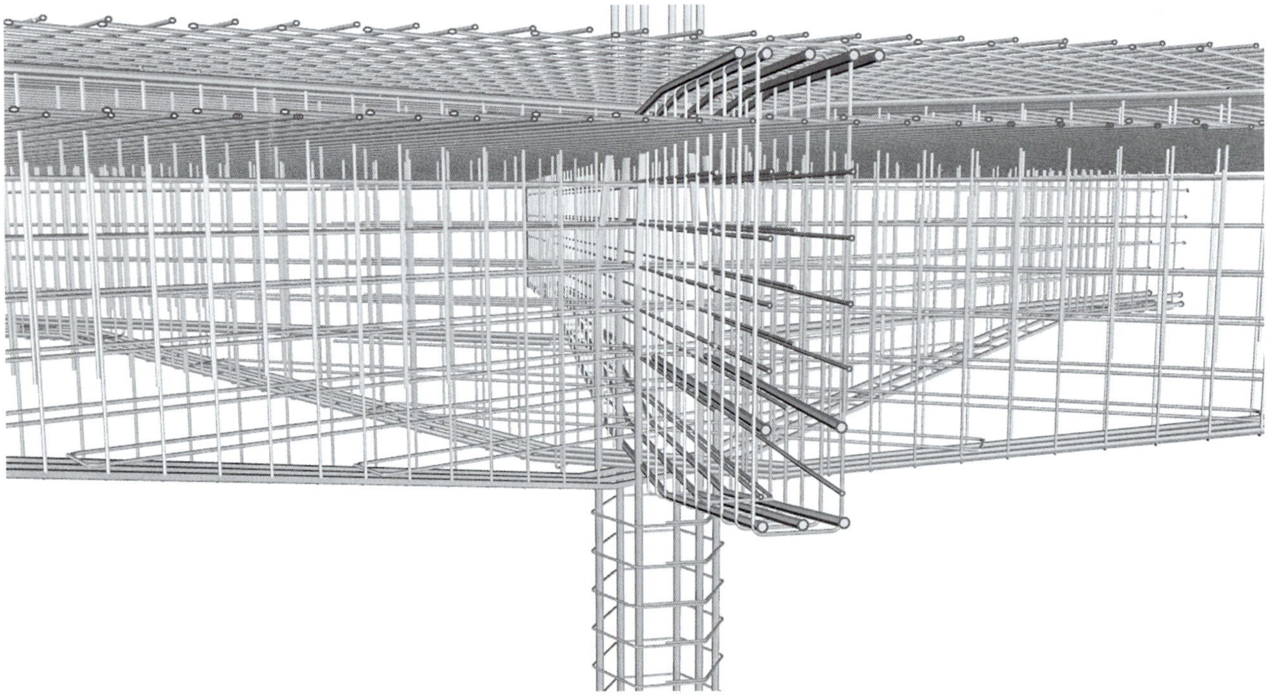

© Grafik: Werner Sobek, Stuttgart

5

6

6 Arbeitsräume in den oberen Geschossen

Zusammenfassung

Das Kinder Kunst Labor ist aufgrund seiner Gestaltung und seines Tragwerks ein einzigartiges Gebäude. Es zeigt, wie durch eine frühe Einbindung der späteren Nutzer in den Entwurfsprozess eine spannende und funktionsgerechte Architektur entstehen kann – und welch wichtige Rolle eine enge Zusammenarbeit zwischen Architektur und Tragwerksplanung bereits in frühen Entwurfsphasen spielt. Dank dieser engen Zusammenarbeit fügt sich das Tragwerk harmonisch in das Gesamtkonzept ein. Die zentrale Stütze im Gebäude ist ein wichtiges gestalterisches und funktionales Element. Die Annahme, dass Stützen keine flexible Raumgestaltung ermöglichen und von Nutzern als störend empfunden werden, wird vom KKL in bester Manier widerlegt.

Frederic Waimer

OBJEKT
Kinder Kunst Labor
STANDORT
St. Pölten, Österreich
BAUZEIT
2022–2024
BAUHERR
Stadt St. Pölten / Land Niederösterreich / Bundeskanzleramt
INGENIEURE + ARCHITEKTEN
Architektur: Schenker Salvi Weber Architekten ZT GmbH, Wien, Österreich
Tragwerksplanung (Leistungsphasen 1–8): Werner Sobek AG, Stuttgart
BAUAUSFÜHRUNG
Porr Bau GmbH, St. Pölten, Österreich
Zimmerei Wutzl GmbH, Frankenfels, Österreich
AUSZEICHNUNGEN
1. Preis
BAUHERR:INNENPREIS 2024

ALLES TRÄGT, ABER NICHTS TRÄGT NUR – Die Fuß- und Radwegbrücken über die Dalke in Gütersloh

Die Geländer der neuen Fuß- und Radwegebrücken in Gütersloh tragen über Spannweiten von bis zu 30 Metern. Ihre Formgebung folgt den einfachen Prinzipien von Bogen- und Seilstrukturen.

Als wichtige Grünverbindung entlang des Wasserlaufes verläuft die Dalkepromenade in Gütersloh vom Innenstadtkern in Richtung Westen bis in den angrenzenden Landschaftsraum und kreuzt dabei die Bundesstraße B61. Nach dem Abriss der nicht mehr sanierungsfähigen Fußgängerbrücke über die Bundesstraße war die Wegeverbindung seit 2018 unterbrochen.

Der Wettbewerb für den Ersatzneubau bot die Möglichkeit, für die barrierefreie, neue Verbindung ein innovatives Tragwerk zu entwickeln. Zugleich eröffnete er die Chance, die Wegeführung neu zu gestalten und den Landschaftsraum aufzuwerten.

Entwurf

Im Wettbewerbsteam mit den Landschaftsarchitekten wurde entschieden, eine weitere kleine Brücke über die Dalke zurückzubauen und stattdessen zwei neue Brücken zu errichten, um das Freizeitareal „Area 61" direkt an die Hauptwegeführung anzubinden. So ergibt sich ein klares Wegesystem, das die Grünräume östlich und westlich der Bundesstraße intuitiv miteinander verbindet.

1 Dalkebrücke über der B61

© Benno Schulz

1

© Martin Speth

2

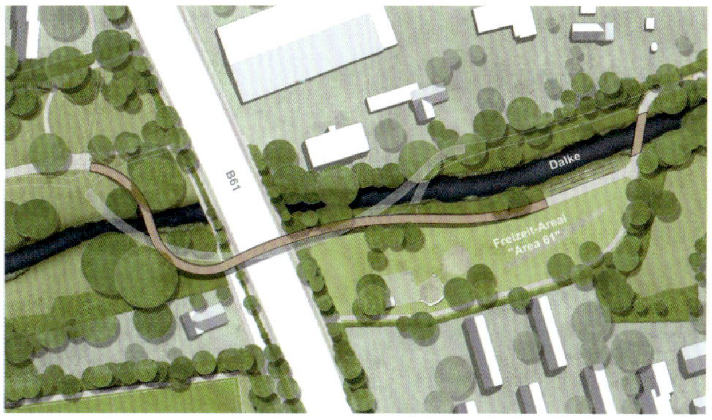

© Grafik: Lohaus Carl Köhlmos

3

Von Westen kommend, erreicht man zunächst die deutlich längere erste Brücke, welche barrierefrei vom Boden abhebt, sich über die Dalke und an den Baumbeständen vorbeischlängelt, um anschließend in ihrem Hochpunkt die Bundesstraße zu überqueren und sich südlich der Dalke langsam wieder auf das Geländeniveau abzusenken. Am Freizeitareal angekommen, führt der Weg Richtung Osten weiter über die zweite, kurze Brücke erneut über die Dalke hin zum nördlichen Uferweg.

Es wurde eine Lösung gesucht, bei der sich das Bauwerk dezent in die Umgebung eingliedert, ohne dabei als „rein technisches Gebilde" das Landschaftsbild zu irritieren. Auch wegen der insgesamt geringen Spannweiten wurden spektakuläre Ansätze mit Pylonen und Seilkonstruktionen verworfen und stattdessen das einfache statische System eines Durchlaufträgers mit Trogquerschnitt gewählt. Mit der Gestaltung der Brüstungen wurden die Funktionen der Absturzsicherung, der Beleuchtung sowie des Tragwerks vereint und dem Bauwerk seine einzigartige Erscheinung gegeben.

Formgebung und Detail

Vom Überbau bis hin zum notwendigen Geländer sind alle Bauteile integraler Bestandteil des Primärtragwerks. Dem Prinzip „Alles trägt, aber nichts trägt nur" getreu, übernimmt das Tragwerk aber nicht nur statische Aufgaben, sondern gleichermaßen die Gewährleistung der Funktionalität sowie die Gestaltung der Brücken. Die Formgebung der Geländer sollte daher sowohl nach statischen als auch nach gestalterischen Gesichtspunkten plausibel sein. Anstelle massiver Stegbleche wurden mit Öffnungen durchsetzte, statisch effiziente Brüstungen entwickelt. Sie bilden ein Stabgeländer, welches von Bogen- und Seilstrukturen durchzogen wird. Das Lineament folgt den typischen Tragwerksbeanspruchungen und stellt zugleich den Bezug zum Naturraum des überquerten Gewässers her. Die schon im Zuge der Wettbewerbsbearbeitung durchgeführte Strukturanalyse übertraf alle Erwartungen: Die Brüstungen konnten mit Stärken von nur 40 Millimetern im Regelbereich und 50 Millimetern im Bereich der größten Spannweite realisiert werden. Die formale „Verschmelzung" der Geländerpfosten, Gurte, Seil- und Bogenstrukturen unterschiedlicher Breite und Form zu der den Entwurf bestimmenden glatten, prägnant mit Ausschnitten durchsetzten Ansichtsfläche ist allein durch die Technik des digital gesteuerten autogenen Brennschneidens wirtschaftlich möglich. Die Ausschnitte wurden als Schrottwert direkt zurück in die Stahlerzeugung geführt.

2 Dalkebrücke Gütersloh

3 Lageplan – neue Wegeführung (alte Wegeführung weiß hinterlegt)

4 Brückenansicht bei Nacht

© Benno Schulz

4

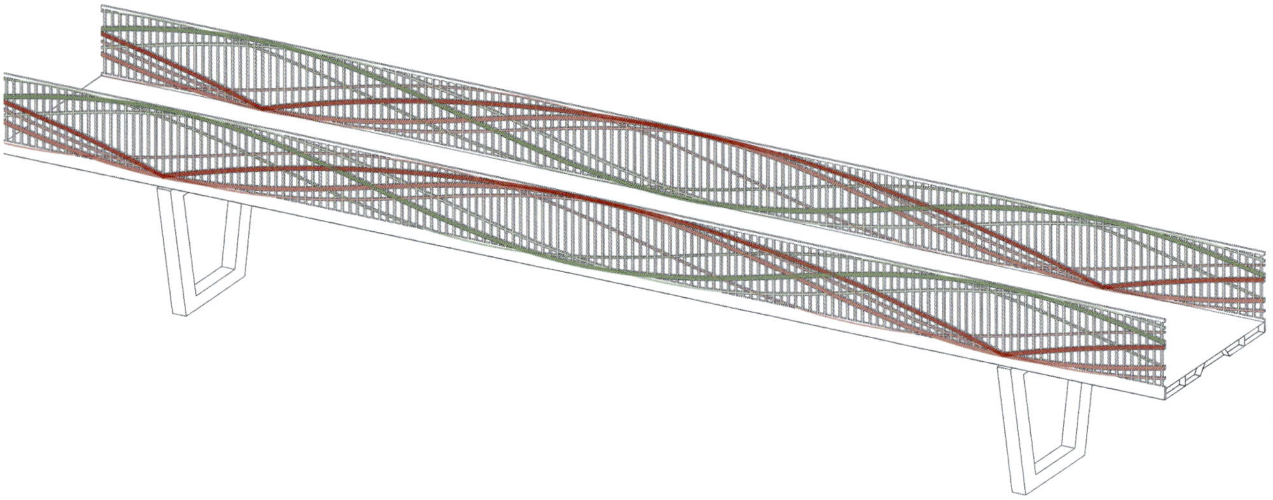

© Grafik: DREWES + SPETH

5

5 Tragprinzip Geländer mit Seil- und Bogenlinien

Ausführung

Als Durchlaufsystem über insgesamt neun Felder mit Spannweiten von 14,55 bis 30,00 Meter und im Grundriss gekrümmter Form besitzt die lange Brücke eine Gesamtlänge von 200,70 Metern. Der Querschnitt ist als Trogquerschnitt mit einer Gesamthöhe von 1,57 Metern ausgeführt, bei dem die absturzsichernden Geländer die Stege bilden. Die Gehwegplatte wurde als torsionssteifer Hohlkasten mit einer Höhe von nur 20 Zentimetern ausgebildet. Sie bildet den Flansch des Querschnitts und stabilisiert die tragenden Geländer.

Die kurze Brücke wurde nach dem gleichen Prinzip entwickelt und besitzt bei einer Gesamtlänge von 17,0 Meter einen parallelogrammförmigen Grundriss. Die Pfeiler der langen Brücke wurden als trapezförmige Stahlbetonrahmenstützen aus Ortbeton hergestellt. Durch die anthrazitfarbene Durchfärbung des Betons und ihre schräge Anordnung verschwinden die Stützen visuell im Schatten der Brücke und unterstützen somit die schwebende Wirkung der Wegeführung. Die Gründung erfolgte auf Rammpfählen.

© Hannes Gerber

6

© Heinrich Rohlfing GmbH

7

6 Geländerstruktur mit Seil- und Bogenlinien

7 Musterstück im autogenen Brennschneidverfahren

8 Übersichtsplan Lange Brücke – Grundriss und Schnitt

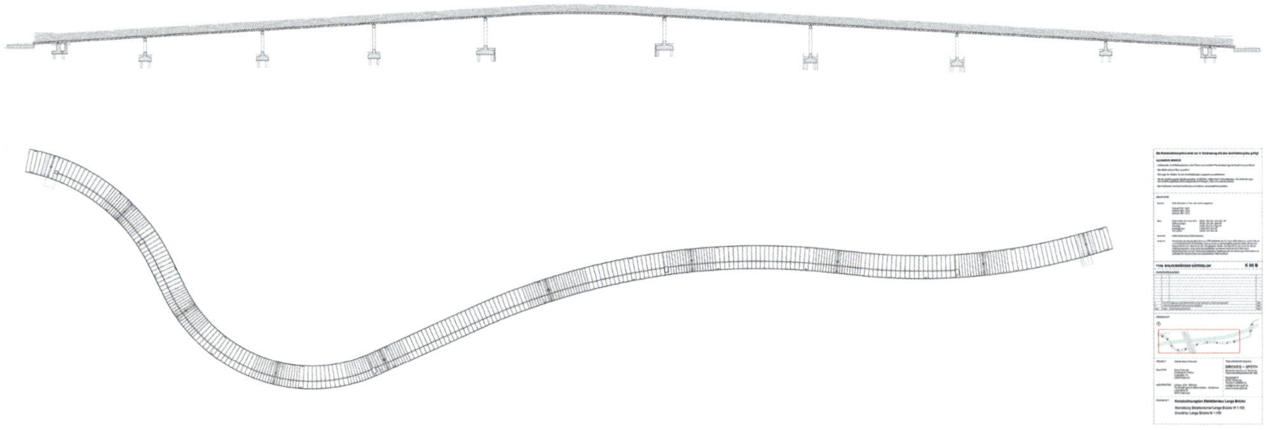

© Grafik: DREWES + SPETH

8

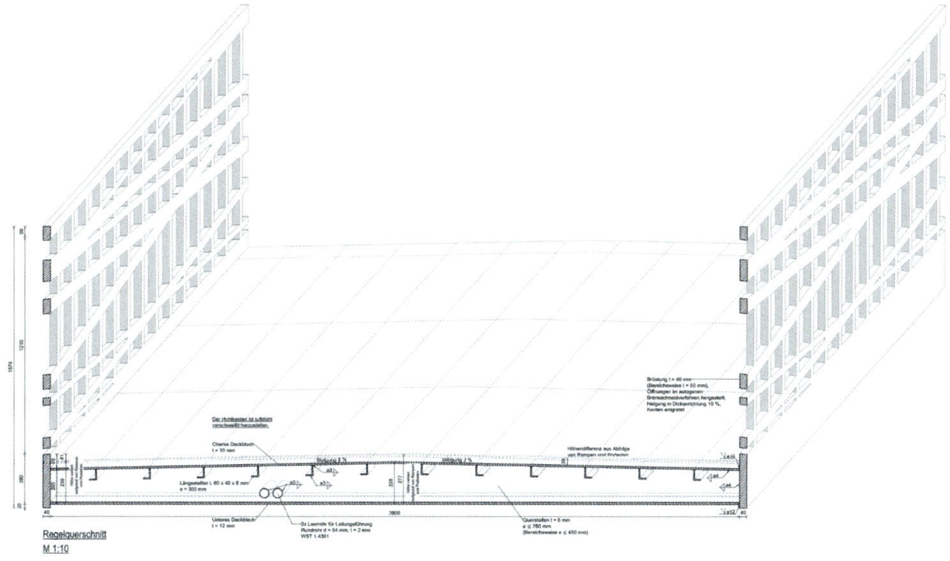

© Grafik: DREWES + SPETH

9

9 Trogquerschnitt

10 Blick auf die kurze Brücke entlang der Dalke

© Benno Schulz

10

OBJEKT
Ersatzneubau zweier Fuß- und Radwegbrücken
STANDORT
Gütersloh
BAUZEIT
2021–2023
BAUHERR
Stadt Gütersloh
INGENIEURE + ARCHITEKTEN
Tragwerksplanung: DREWES + SPETH Beratende Ingenieure im Bauwesen
Objektplanung: Lohaus Carl Köhlmos Landschafts-architekten Stadtplaner
Ausschreibung und Bauleitung: GRBV Ingenieure im Bauwesen
Lichtplanung: Schmitz Schiminski Nolte Mathee Design
BAUAUSFÜHRUNG
Hauptauftragnehmer: Fechtelkord & Eggersmann GmbH
Nachunternehmer Stahlbau: Heinrich Rohlfing GmbH
AUSZEICHNUNGEN
Ingenieurpreis des Deutschen Stahlbaus 2024

Resümee

Das wesentliche Merkmal der Brücken besteht in der Gestaltung und Konstruktion der tragenden Brüstungen. Konturen bogen- und seilförmiger Strukturen sowie Geländerpfosten und -gurte sind hier in einer ebenen Oberfläche „eingebrannt“. Sie bilden – dank gezielter Formgebung – ein effizientes Tragwerk. Das prägnante Erscheinungsbild verleiht Ort und Bauwerk seine unverwechselbare Identität.

Martin Speth, Wiebke Vogelsang

SCHWEBENDER BETON –
Das Museum Reinhard Ernst in Wiesbaden

Der Museumsneubau der Reinhard & Sonja Ernst-Stiftung macht seit dem Frühjahr 2024 die zeitgenössische Kunst aus der Sammlung Reinhard Ernst der Öffentlichkeit zugänglich. Aufgrund der beachtlichen Größe mancher Werke war ein gut durchdachtes Tragwerkskonzept gefragt.

Der dreigeschossige Gebäudekörper beherbergt im Wesentlichen in den beiden oberen Geschossen die für ein Museum notwendigen introvertierten Räume. Verkleidet mit schlichtem, weißem Granitstein scheint der Kubus über dem stützenfreien Erdgeschoss geradezu schwerelos zu schweben. Die Ausstellungsbereiche auf rund 2.000 Quadratmetern Grundfläche zeichnen sich durch Deckenhöhen von bis zu 14 Metern, variable Raumgrößen sowie gezielt angelegte Sichtachsen mit Ausblicken auf Wiesbaden aus. Um maximale Flexibilität in der Raumgestaltung zu ermöglichen, wurde im gesamten Museumsbereich auf tragende Stützen verzichtet. Hinzu kommt, dass alle Ausstellungssäle unterschiedliche Dimensionen haben – keine Wand steht auf der anderen. Die statische Lastabtragung erfolgt durch ein hochkomplexes Tragwerk. Entscheidende Knotenpunkte werden exemplarisch anhand eines Rundgangs durch das Museum erläutert.

1 Das Museum an der Wilhelmstraße, 2024

© Helbig Marburger

1

Tragwerkskonzept: Strukturelle Herausforderungen und Lösungen

Das Erdgeschoss besticht durch seinen offenen stützenlosen Eingangsbereich und das vollverglaste, nach oben offene Atrium. Um den Innenhof verläuft eine Glasfassade, die von allen Seiten den Blick auf dieses zentrale Element ermöglicht. Zu diesem Zweck wurden alle Wände, die den Innenhof umgeben, hochgehängt, um die Lasten über Balken in die Kerne zu leiten.

An der Gebäudeecke Wilhelmstraße/Rheinstraße kragt der Ausstellungsraum 3, die Kathedrale, mit einer lichten Spannweite von 13,27 x 13,27 Metern weit über das Sockelgeschoss hinaus. Zur Minimierung des Eigengewichts der 50 Zentimeter dicken Decke wurde diese mit Cobiax-Elementen ausgestattet und damit auf 60 Prozent des Gewichts einer Vollbetondecke reduziert. Die Lasten aus der allseitig gelagerten Platte werden über die Wandscheiben aufgenommen und über die seitlichen, auf der Rheinstraßenseite auskragenden Wandscheiben abgetragen. Diese massiven Außenwände übertragen die Lasten wiederum auf die Kernwände an der Rückseite der Kathedrale zum benachbarten Ausstellungsraum. Dabei verläuft die Außenwand an einer Seite durch den Einschnitt nicht in voller Höhe, sodass nur eine statische Höhe von 5,9 Metern zur Abfangung der Auskragung zur Verfügung steht. Der Rücksprung des Kernes vom 1. Obergeschoss zum Erdgeschoss, an dem die Lasten hochgehängt werden, um dann in der Wand abgeleitet zu werden, machte aufgrund der Größe der Lasten den Einsatz von Einbauteilen notwendig.

© Helbig Marburger

2

2 Blick auf das verglaste Atrium

Auch auf der benachbarten Gebäudeecke kragt ein Ausstellungsraum um 6,75 Meter über dem Erdgeschoss zur Wilhelmstraße aus, darunter befindet sich ein Restaurant. Zwei von drei auskragenden Wandscheiben leiten dabei die Lasten direkt in die Kellerwände ab. Dem architektonischen Wunsch eines fließenden Übergangs vom Eingangsbereich zur Gastronomie geschuldet, liegt die innenliegende Wandscheibe über dem Eingangsbereich jedoch nicht direkt auf den Wänden des Erdgeschosses. An dieser Stelle wurde ein Verbundträger eingesetzt, der die Lasten in die Wandscheibe im Erdgeschoss überträgt.

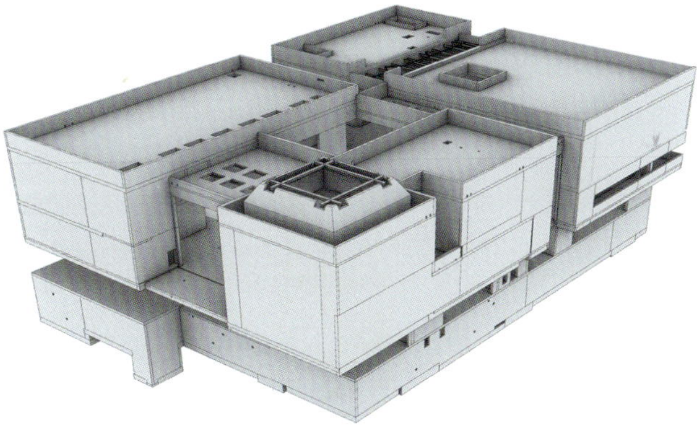

© Grafik: B+G

3a

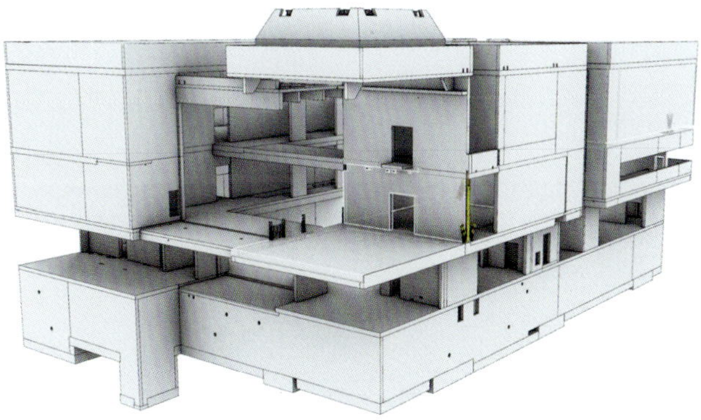

© Grafik: B+G

3b

3 3D-Modell inklusive Außenwänden (a), Darstellung der Stahleinbauteile (gelb markiert) im Bereich des Rücksprungs des Kerns vom 1. Obergeschoss zum Erdgeschoss (b)

Gleichzeitig übernimmt dieser Träger die Lasten der Unterzüge unter der angrenzenden Erschließungsbrücke zur Kathedrale und der Dachterrasse, womit auch an dieser Position der Eindruck eines schwebenden Gebäudes ermöglicht wird.

Im hinteren Gebäudeteil befindet sich ein 18 x 13 Meter großer Vortragssaal. Über dem Raum befinden sich drei weitere Ausstellungsräume. Auch hier reduzieren eingesetzte Cobiax-Elemente das Gewicht der Decke. Zusätzlich wurde sie auch an die darüberliegende nördliche Trennwand eines Ausstellungsraums hochgehängt. Außerdem übernehmen die nahezu monolithischen Außenwände einen Großteil der Deckenlasten und leiten diese über Einbauteile in die inneren Wände weiter.

Statische Berechnung

Angesichts des großen Lösungsraums durch die Annahme unterschiedlicher Steifigkeiten von gerissenem und ungerissenem Beton wurde entschieden, neben einem FE-Modell zusätzlich ein Fachwerkmodell zu erstellen, um einen klaren Lastabtrag und präzise Schnittgrößen an den Einbauteilen zu erhalten.

Bei der Modellierung wurden die Decken mit 2D-Schalenelementen dimensioniert. Die vertikalen Lasten, welche sowohl ständige als auch veränderliche Beanspruchungen beinhalten, wurden zunächst auf die Schalenelemente aufgebracht. Anschließend wurden die resultierenden Lagerreaktionen ermittelt. Diese Reaktionen wurden schließlich als Lasten auf das Aussteifungsmodell übertragen. Das Modell wurde aus verbundenen Fachwerken modelliert, um die Last an den einzelnen Knotenpunkten ermitteln zu können.

4

5

4 3D-Darstellung der auskragenden Wandscheiben und des Verbundträgers

5 Decke über dem Vortragsraum mit Cobiax-Elementen und Einbauteil zur Hochhängung der Last

Fazit

Aus der Vision des Stifters Reinhard Ernst, seine über die Jahre gesammelten Werke der Öffentlichkeit zugänglich zu machen, ist ein eindrucksvolles Gebäude entstanden, das sich in Wiesbadens Kulturachse einreiht. Das Entwurfskonzept diente als wesentliche Inspirationsquelle, die schwebende Wirkung des Gebäudes statisch aufzugreifen und in die Planung zu integrieren. Dadurch konnte die angestrebte Offenheit, insbesondere zur Wilhelmstraße, konsequent umgesetzt werden.

Mark Fahlbusch

© Helbig Marburger

6

6 Eine besondere Herausforderung für das Planungsteam stellten die über 6 Meter hohen Skulpturen von Tony Cragg dar, die erst während der laufenden Baustellenarbeiten in Auftrag gegeben wurden und noch während der Bauphase mittels Kran eingehoben werden mussten.

OBJEKT
Museum
STANDORT
Wiesbaden
BAUZEIT
2019–2024
BAUHERR
Reinhard & Sonja Ernst-Stiftung, Wiesbaden
INGENIEURE + ARCHITEKTEN
Tragwerksplaner: Bollinger+Grohmann, Frankfurt
Architekt: Maki and Associates, Tokyo (Entwurf), schneider+schumacher, Frankfurt (Generalplanung)
Haustechnik: FC-Planung, Eschborn
BAUAUSFÜHRUNG
Rohbau: ARGE Karl Gemünden, Ingelheim am Rhein mit Wolff & Müller, Karlsruhe
Fassade Metallbau: Rupert App, Leutkirch im Allgäu
Fassade Naturstein: Hofmannn Naturstein, Frankfurt

SCHWUNGVOLLE HYBRIDKONSTRUKTION – Die neue Saaletalquerung bei Bad Kösen

© K+K/Toralf Zeißler

Das Herzstück der neuen Ortsumgehung von Bad Kösen ist eine Großbrücke mit über 1,2 Kilometern Länge, welche das Saaletal in bis zu 65 Metern Höhe überspannt. Das Bauwerk wurde mit einer außergewöhnlichen Montagetechnologie hergestellt: Zwei talwärts eingeschobene Stahlverbundüberbauten und ein im Freivorbau errichteter Spannbetonüberbau wurden zu einem hybriden Tragwerk verbunden.

© K+K/Toralf Zeißler

1

1 Gesamtansicht

Die Saale-Unstrut-Region im Süden Sachsen-Anhalts ist durch idyllische Weinberge, Muschelkalkfelsen und historische Burgen geprägt. Eines der touristischen Zentren ist der Kurort Bad Kösen. Die Stadt wird derzeit durch den Verkehr auf der Bundesstraße B 87 erheblich belastet und erhält deshalb eine Umgehung. Die Trassenführung gestaltete sich äußerst schwierig, weil insbesondere die Querung des tief eingeschnittenen Saaletals einen erheblichen Eingriff in die Kulturlandschaft darstellt. Als Vorzugslösung der Vorplanung ergab sich eine Brückentrassierung, welche das Tal nördlich der Saale schwungvoll mit 6 Prozent Längsneigung in einem Bogen quert und sich anschließend bis zum Wannentiefpunkt am südlichen Widerlager geradlinig fortsetzt. Damit die Großbrücke das Tal nicht übermäßig dominiert, wurde der Überbau als klassisches Balkentragwerk mit Regelstützweiten von circa 90 Metern und einem parabolisch gevouteten Hauptfeld mit 130 Metern Stützweite über der Saale konzipiert.

Entwurfskonzept der Talbrücke

Wegen der speziellen Randbedingungen wurde die Bauwerksgestaltung maßgeblich durch die Montagetechnologie beeinflusst. Die Hauptöffnung überspannt ein sensibles Naturschutzgebiet. Hilfsstützen oder ähnliche Baubehelfe waren hier tabu. Bedingt durch die Lage in einem Klothoidenbereich der Bundesstraße bot sich für diesen Mittelteil der Talbrücke die Herstellung als gevouteter Spannbetonhohlkasten im Freivorbau an. Die jeweils circa 450 Meter langen nördlichen und südlichen Bereiche des Überbaus waren hingegen für das Taktschiebeverfahren geometrisch ideal geeignet. Aus der notwendigen Überbrückung von zwei in Parallellage verlaufenden Eisenbahnstrecken ergab sich für das Taktschieben eine freie Auskragung von 94 Metern. Außerdem war für den Verschub wegen der großen Hangabtriebskräfte eine Gewichtsbegrenzung notwendig. Durch diese beiden Kriterien war ein schwerer Spannbetonüberbau für das Taktschieben ausgeschlossen. Stattdessen wurde ein Hybridsystem mit zwei von den Widerlagern talwärts einzuschiebenden Stahlverbundüberbauten und einem im Freivorbau herzustellenden Spannbetonmittelteil konzipiert. Um die Biegebeanspruchung an den hybriden Koppelstellen so niedrig wie möglich zu halten, wurden die Kopplungen annähernd in den sich unter Eigenlasten ergebenden Momentennullpunkten der beiden Spannbetonseitenfelder angeordnet. Gestalterisch sollten diese Koppelstellen möglichst unauffällig sein, sodass der Überbau nach der Fertigstellung in seiner Ansicht fast wie aus einem Guss wirkt.

Beide Stahlverbundüberbauten bestehen jeweils aus einem begehbaren Stahlhohlkasten, welcher durch eine schubfest angeschlossene Fahrbahnplatte aus Stahlbeton komplettiert wird. Damit die Blechdicken in wirtschaftlich vertretbaren Grenzen bleiben, wurde eine Konstruktionshöhe des Überbaus von 4 Metern gewählt. Diese korrespondiert mit der kleinsten Bauhöhe des Spannbetonhohlkastens. In den Pfeilerbereichen neben der Saale wurde die Bauhöhe des Spannbetonüberbaus auf 8 Meter verdoppelt, um das Hauptfeld

2 Schräge Untersicht Stahlverbundüberbau Nord

© K+K/Toralf Zeißler

2

© K+K/Toralf Zeißler

3 Ansicht Spannbetonüberbau mit Doppelpfeilern

kräftig zu betonen. Durch die große Bauhöhe werden auch die herstellungsbedingten Schnittgrößenumlagerungen reduziert und die Robustheit erhöht. Für die Stege der Kastenträger wurde eine konstante Neigung von 1:10 vorgesehen. Damit ergeben sich im gevouteten Bereich variable Bodenplattenbreiten und eine optisch interessante Brückenuntersicht.

Einheitliche Pfeilergestaltung

Eine Besonderheit der Saaletalquerung ist die einheitliche Gestaltung der schlanken Pfeiler. Obwohl bei der Brücke zwei völlig unterschiedliche Bauverfahren zum Einsatz kamen und damit auch die Pfeilerbeanspruchungen stark differieren, weisen alle 16 Pfeiler bis zur Taille eine identische Geometrie auf. Es handelt sich in der Grundform um einen Rechteckquerschnitt, welcher durch Aussparungen sowie abgeschrägte Ecken gegliedert wird. An der Pfeilertaille beträgt die Querschnittsbreite 4,5 Meter und die kleinste Querschnittsdicke 2 Meter. Durch einen linearen Anlauf (längs) und einen parabolischen Anlauf (quer) erhalten die Pfeiler ihre dem Kraftfluss folgende elegante Form.

Um das Konzept der einheitlichen Pfeilergestaltung auch beim Spannbetonmittelteil der Brücke umsetzen zu können, wurde hier eine Lösung mit monolithisch angeschlossenen Doppelpfeilern entwickelt. Mit dem gewählten Pfeilerabstand von 9 Metern ergab sich ein ausreichend großer Hebelarm zur Stabilisierung des Freivorbaus. Gleichzeitig sind die schlanken Doppelpfeiler für Beanspruchungen in Brückenlängsrichtung ausreichend nachgiebig. Es entstehen wesentlich kleinere Zwangsschnittgrößen im Vergleich zu einem System mit gedrungenen Einzelpfeilern. Durch die markanten Doppelpfeiler wird das Hauptfeld über der Saale auch gestalterisch wesentlich stärker betont als bei einer Einzelpfeilerlösung. Die Doppelpfeiler sind etwas breiter als der Hohlkasten des Überbaus und werden deshalb seitlich als Lisenen bis zur Fahrbahnplatte nach oben verlängert. Diese Pfeilerlisenen tragen zur Gliederung der großen Überbauansichtsflächen in den Stützbereichen bei und prägen wesentlich das Erscheinungsbild der Talbrücke.

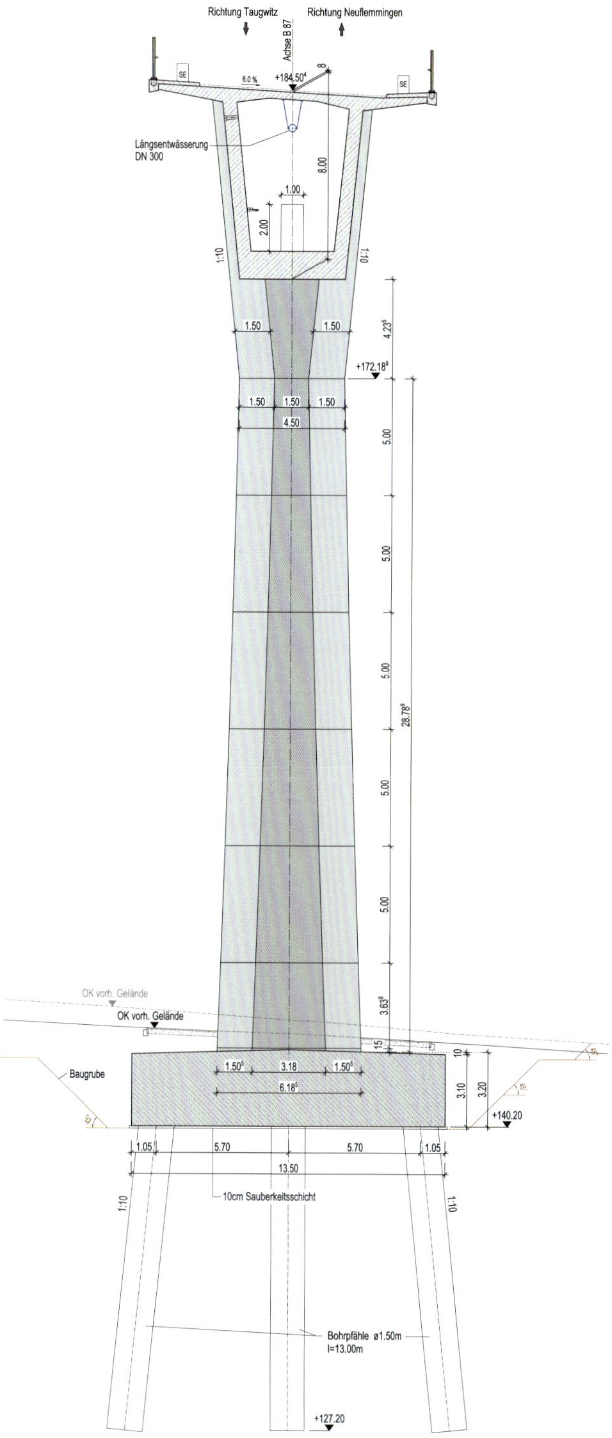

© Grafik: K+K

4 Querschnitt Spannbetonüberbau am Doppelpfeiler Nord

5a

5b

5 Innenansicht Stahlverbundüberbau Nord (a), Innenansicht Spannbetonüberbau (b)

Bauausführung der Stahlverbundüberbauten

Der Einschub der beiden Stahlhohlkästen erfolgte von März 2023 bis Februar 2024 nahezu synchron in jeweils sechs Takten. Zur Reduzierung der Biegebeanspruchung des über 90 Meter weit auskragenden Überbaus wurde ein 25 Meter langer Vorbauschnabel montiert. Durch die gekrümmte Ausbildung der Unterseite dieser Stahlfachwerkkonstruktion konnten die bis zu 2,9 Meter großen Kragarmverformungen beim Auflaufen auf die Pfeiler problemlos kompensiert werden.

Aufgrund der exponierten Lage der Talbrücke traten erhebliche Windlasten beim Verschub auf. Zur Vermeidung übermäßiger windinduzierter Schwingungen mussten aerodynamische Verkleidungen, sogenannte „Störstreifen“ an den Verschubträgern bereits im Bauwerksentwurf geplant und im Windkanal getestet werden. Die bauliche Umsetzung erfolgte in Form von Trapezblechen, welche auf leichte Stahlhohlprofilrahmen aufgeschraubt wurden. Die über eine Länge von insgesamt 95 Metern am Stahlhohlkasten befestigten Störstreifen erwiesen sich bei Verschüben an windigen Tagen als äußerst wirksam.

Beim Endeinschub waren jeweils circa 2500 Tonnen bergauf (Südseite) oder bergab (Nordseite) zu bewegen. Auf der mit konstant 6 Prozent geneigten Nordseite musste der Überbau permanent gebremst werden, weil die Reibung beim Verschub mit maximal 4 Prozent deutlich unter der Hangabtriebskraft lag. Die Längsfesthaltung erfolgte während des Verschubs über ein Litzenbündel, welches mittels hydraulischem Litzenheber an einem pfahlgegründeten Bremsbock aus Stahlbeton am Ende des Taktkellers verankert wurde.

Nach dem Einschub erfolgte die abschnittsweise Herstellung der Fahrbahnplatte mittels Schalwagen. Es waren jeweils 20 Bauabschnitte mit Längen von maximal 25 Metern annähernd im Wochentakt zu betonieren.

Freivorbau und Hybridlückenschluss

Parallel zum Einschub der Stahlhohlkästen wurde der Spannbetonmittelteil der Talbrücke im Freivorbau errichtet. Für das Betonieren der bis zu 5,75 Meter langen Takte kamen zwei Freivorbaugeräte zum Einsatz, mit welchen zunächst der Waagebalken südlich der Saale und anschließend der nördliche Waagebalken hergestellt wurden.

Nach Fertigstellung und Lückenschluss der Waagebalken im 130 Meter überspannenden Hauptfeld mussten noch die 22 Meter langen Lücken bis zum Stahlverbundüberbau in den Seitenfeldern geschlossen werden. Hierfür war die Errichtung einer Hilfsstütze je Seitenfeld

6 Ansicht Hybridbereich Nord

7 Querschnitt Stahlverbundüberbau am Hybridquerträger

6

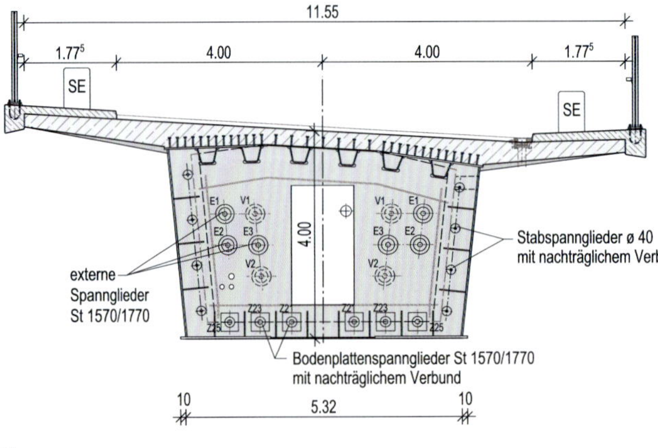

7

© K+K/Toralf Zeißler

8

© PERI Deutschland

9

© K+K/Toralf Zeißler

10

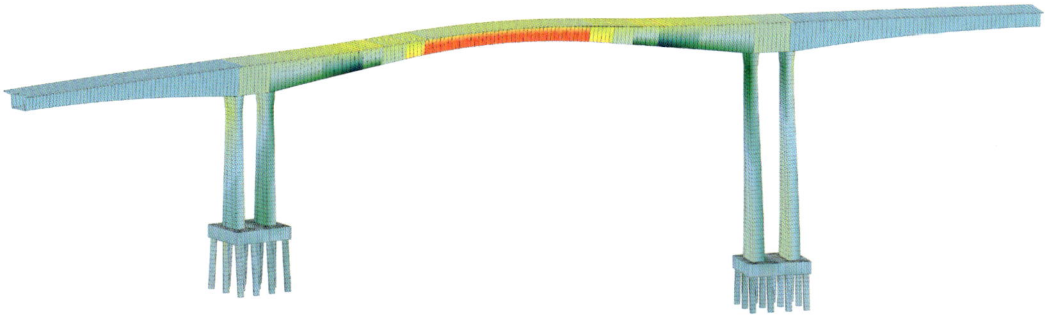

© Grafik: K+K

11

8 Synchroner Einschub der Stahlhohlkästen

9 Freivorbau Waagebalken Süd

10 Herstellung Verbundplatte Nord und Freivorbau Waagebalken Nord

11 FE-Modell Freivorbau: Spannungen und Verformungsfigur infolge Vorspannung der Bodenplattenspannglieder nach dem Lückenschluss im Hauptfeld

notwendig. Die Hilfsstützen wurden als bis zu 50 Meter hohe Stahlfachwerktürme ausgebildet und mit hydraulischen Pressen ausgestattet.

Für die Herstellung der Hybridlückenschlüsse war eine temporäre druck- und zugfeste Verspannung der Überbauenden auszubilden, um Relativverformungen beim Erhärten des Betons zu vermeiden. Die Übertragung der Schnittkräfte an den Koppelstellen erfolgt vorwiegend über flächig an den Innenseiten des Stahlhohlkastens befestigte Kopfbolzendübel. Diese Verbindungsmethode bedingt eine circa 3 Meter lange Übergreifung des Baustahls mit dem Spannbetonhohlkasten. Die Zuggurtkräfte werden zusätzlich über eine durchlaufende Bewehrung in der Fahrbahnplatte (Obergurt) sowie über im Stahlhohlkasten verankerte Bodenplattenspannglieder (Untergurt) übertragen. Zur Erzielung einer maximalen Robustheit wurden die Koppelstellen außerdem durch Stabspannglieder im Stegbereich verspannt. Insgesamt waren an jeder Hybridkopplung 14 interne Spannglieder und maximal 10 externe Spannglieder im Hohlkasten zu verankern, was planerisch und ausführungstechnisch sehr herausfordernd war.

Fazit

Die neue Saaletalquerung zeigt eindrucksvoll die konstruktiven Möglichkeiten auf, welche sich bei einer sinnvollen Kombination der Werkstoffe und Bauverfahren im Großbrückenbau ergeben. Die Tragstruktur der Straßenbrücke wurde in gestalterischer, bautechnischer und wirtschaftlicher Hinsicht optimal an die besonderen Randbedingungen angepasst. Alle tragenden Bauteile sind konsequent nach dem Kraftfluss geformt. Auf grenzwertige Bauteilschlankheiten wurde bewusst verzichtet und stattdessen eine Hybridkonstruktion in robuster Bauweise realisiert.

Toralf Zeißler, Bastian Jung, Lars Dietz

OBJEKT
Saaletalquerung im Zuge der B 87
STANDORT
Bad Kösen
BAUZEIT
2022–2025
BAUHERR
Landesstraßenbaubehörde Sachsen-Anhalt, Regionalbereich Süd, Halle (Saale)
INGENIEURE + ARCHITEKTEN
Entwurfsplanung und Prüfstatik: KREBS+KIEFER Ingenieure GmbH, Erfurt und Leipzig
Vorplanung: Ingenieurbüro für Verkehrsanlagen GmbH, Halle (Saale)
Ausführungsplanung: SRP Consult GmbH, Kronach und W&S PartG mbB, Wunstorf
Werkstattplanung: PIS PECHAL s.r.o., Brno (Tschechien)
Windgutachten: Niemann Ingenieure GbR, Bochum
Baugrundgutachten: vgs InGeo GmbH, Erfurt
BAUAUSFÜHRUNG
Arbeitsgemeinschaft Saaletalquerung Bad Kösen: STRABAG AG, Bereich Brückenbau Süd-Ost, Dresden (Massivbau)
Plauen Stahl Technologie GmbH, Plauen (Stahlbau)

© K+K/Toralf Zeißler

12

12 Lückenschluss über der Saale und Beginn Montage Hilfsstützen

MATERIALBEWUSST UND ZUKUNFTSORIENTIERT – Einfeldhalle am Standort der 49. Grundschule

Mit dem Neubau der Sporthalle am Standort 49. Grundschule in Dresden wurde ein Pionierprojekt für das ressourcenschonende Bauen mit Beton unter realen Bedingungen realisiert. Erstmals in Europa kamen vorgespannte Carbonbetonträger und filigrane vorgespannte Carbonbetonplatten in einem Praxisprojekt zum Einsatz – kombiniert mit einem sehr hohen Grad an Vorfertigung. Im Mittelpunkt stehen neue Tragstrukturen, Mut aller Beteiligten, erste kreislauffähige Konzepte im Massivbau und ein zukunftsweisender Umgang mit Materialien im Betonbau.

Projekthistorie

Die Landeshauptstadt Dresden ist bestrebt, die Ressourceneffizienz beim Neubau von Sporthallen zu verbessern. Ziel war zudem eine zügige Errichtung mit möglichst geringen Einschränkungen für den Schul- und Vereinssport. Als Pilotprojekt wurde die neue Einfeldsporthalle der 49. Grundschule in Dresden ausgewählt, die als Ergänzung zur bestehenden Bestandshalle neu errichtet wurde.

Im Fokus des Projekts standen insbesondere neue Konstruktionsansätze mit Carbonbeton und nichtmetallischer Bewehrung. Die weitgehende Vorfertigung der Bauteile sollte die Grundlage für eine Übertragbarkeit auf baugleiche oder ähnliche Schulsporthallen schaffen und dabei in Zukunft die Bauzeit erheblich verkürzen. Ergänzend wurden erste Konzepte des kreislaufgerechten Bauens erprobt. Das Projekt wurde nicht im Rahmen eines klassischen Forschungsvorhabens, sondern unter realen Bedingungen mit konkretem Zeit- und Budgetrahmen geplant und umgesetzt.

Ziel war es, eine ressourcenschonende, langlebige und flexible Bauweise zu entwickeln.

© CARBOCON

1 Die Sporthalle im Bau

© Ilka Meffert

2

2 Blick zwischen die vorgespannten schlanken Carbonbetonbinder

Konzept

In vorbereitenden Studien wurden verschiedene Tragwerks- und Bauteilvarianten unter Berücksichtigung realer Randbedingungen hinsichtlich ihrer Eignung für Carbonbeton geprüft. Dabei kristallisierten sich insbesondere die Dachkonstruktion sowie die Außenschalen der Wände als geeignete Anwendungsbereiche heraus, da hier die Brandanforderungen geringer sind und merklich Beton eingespart werden kann.

Herzstück der Konstruktion ist jedoch die Dachtragstruktur: eine europaweit erstmals in dieser Kombination umgesetzte Lösung aus extrem schlanken, vorgespannten Carbonbetonbindern mit einer Spannweite von 16,5 Metern. Darauf liegen vorgespannte Carbonbetonplatten mit einer Dicke von lediglich 4 Zentimetern – ausgelegt für die Lasten eines begrünten Daches sowie einer Photovoltaikanlage. Zehn vorgespannte Carbonlitzen sind in der Zugzone jedes Trägers integriert und ermöglichen trotz der geringen Bauhöhe von nur 60 Zentimetern und einer Breite von 10 Zentimetern (Zugzone mit 100 Tonnen Vorspannkraft) und 20 Zentimetern (Druckzone) eine hohe Tragfähigkeit und Steifigkeit. Im Bereich der Lasteinleitung beträgt der Querschnitt 60 x 20 Zentimeter. Zur Feldmitte hin verjüngen sich die Träger ab einer Entfernung von einem Meter zu den Auflagern auf 10 Zentimeter in der Untersicht, was zu einer besonders filigranen Erscheinung in der Hallenansicht führt.

Die Binder verlaufen zueinander im Abstand von 1,4 Metern und tragen die darauf liegenden Platten, welche ohne statisch wirksame Verbindung aufliegen. Zur Sicherstellung der Lagesicherheit wurde ein ergänzendes Stahlbauteil zwischen den Platten und Bindern entwickelt. Dies ermöglicht eine spätere Demontage und Wiederverwendung der Elemente und stabilisiert gleichzeitig die filigranen Binder ohne sichtbare Aussteifungen.

Das Stahlbauteil wird auf die Binder aufgelegt und mit Verbindungselementen an den Trägern fixiert. Die Deckenplatten werden auf Elastomeren in das Stahlblech eingelegt. An den Enden der CPC-Elemente sind Enthaftungsstreifen angebracht, damit sich die Platten bei unterschiedlichen vertikalen Verformungen spannungsfrei bewegen können und die Demontage erleichtern. Der Zwischenraum wird mit einem sehr weichen Material verfüllt, das Toleranzausgleiche zulässt und geringe Druckkräfte zur Stabilisierung aufnimmt. Diese Konstruktion sichert die Stabilität der dünnen Binder und erlaubt eine spätere Demontage.

Die Auflagerung der Carbonbetonbinder erfolgt auf einer Seite auf Stahlbetonstützen, auf der anderen in Wandtaschen. Aufgrund der Spannweite, der geringen Querschnittshöhe und der filigranen Ausbildung war eine Vorspannung unerlässlich – sowohl zur Sicherstellung der Tragfähigkeit als auch der Gebrauchstauglichkeit hinsichtlich Verformungen.

© Ilka Meffert

3a

© CARBOCON

3b

3 Blick von der Halle (a) sowie Darstellung der 4 Zentimeter dünnen vorgespannten Platten (b) auf den Bindern während des Einbauzustands

Stützen und tragende Wände bestehen, insbesondere aus Brandschutzgründen, aus Stahlbeton, da keine ebenerdige Entfluchtung aufgrund der Anordnung der Halle im Untergeschoss möglich war. An der Außenseite der Wände sind 4 Zentimeter dünne, vorgefertigte Carbonbeton-Vorsatzschalen als 3-Schicht-Elemente angebracht, die gegenüber herkömmlichen Stahlbetonfassaden Materialeinsparungen ermöglichen. Für die Genehmigung nicht geregelter Bauweisen waren mehrere Zustimmungen im Einzelfall oder vorhabenbezogene Bauartgenehmigungen notwendig.

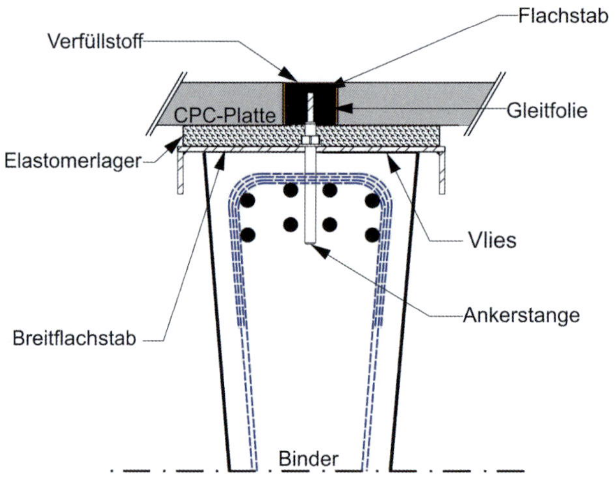

4

© Grafik: CARBOCON

4 Auflagerdetail der 4 Zentimeter dünnen vorgespannten Dachplatten auf den schlanken, vorgespannten Bindern

Herausforderungen und Ausführung

Die Ausführung erfolgte durch getrennte Gewerke – einerseits für den konventionellen Bau, andererseits für die Carbonbetonbauteile.

Während der Bauausführung wurden die sich aus den Schlankheiten ergebenden Herausforderungen und damit verbundenen Anforderungen an die Qualitätssicherung sichtbar. Aufgrund der filigranen Bauweise waren höchste Präzision und sehr geringe Toleranzen notwendig, die eher an den Stahl- als an den Betonbau erinnerten.
Auch der Transport erforderte eine sorgfältige Planung, um Schäden an den Fertigteilen zu vermeiden. So wurden die Binder beispielsweise speziell geschützt. Die dünnen Platten mussten präzise auf die vorgekrümmten Binder aufgelegt werden – bei sehr geringen Auflager- und Verankerungslängen.

Fazit

Eine enge Koordination und viele Absprachen aller Beteiligten waren für den Erfolg unerlässlich. Das Projekt zeigt, wie sich Ressourceneffizienz, schnelle Bauausführung und Prinzipien des kreislaufgerechten Bauens in einem realen Vorhaben erfolgreich vereinen lassen. Der Einsatz von Fertigteilen ermöglicht bei zukünftigen Projekten eine schnelle Umsetzung mit minimalen Beeinträchtigungen und verdeutlicht das Potenzial moderner Betonbauweisen für eine ressourcenschonende Transformation der Baubranche.

Mit dem erfolgreichen Einsatz vorgespannter Carbonbetonelemente unter Praxisbedingungen wurde ein bedeutender Schritt in Richtung eines effizienteren und nachhaltigeren Betonbaus vollzogen – ein Leuchtturmprojekt mit Vorbildcharakter für zukünftige Bauvorhaben.

Alexander Schumann, Juliane Wagner, Melchior Thieme, Sebastian Wilhelm, Bernard Isfort, Susanne Isfort, Konrad Höfer, Sabrina Jürgensen, Sebastian Küfner

OBJEKT
Neubau einer Einfeldhalle am Schulstandort 49. Grundschule
STANDORT
Dresden
BAUZEIT
2023–2025
BAUHERR
Treuhänderischer Sanierungsträger und Treuhänderischer Entwicklungsträger der Landeshauptstadt Dresden
INGENIEURE + ARCHITEKTEN
Tragwerksplaner: CARBOCON GmbH, Dresden; IBB Wilhelm & Zobel PartG mbB, Dresden
Architekt: Isfort Architekten, Wildberg
Prüfstatiker: Landesstelle für Bautechnik des Freistaates Sachsen, Leipzig
BAUAUSFÜHRUNG
Hentschke Bau GmbH (Bauteile mit nichtmetallischer Bewehrung), Bautzen; Döhnert Hoch-, Tief- und Ingenieurbau GmbH & Co. KG, Tharandt
Wandelemente: Betonwerk Oschatz GmbH, Oschatz
Vorgespannte Dachelemente: Holcim Fertigteile (CPC), Moormerland

5

5 Blick von der Galerie in die Sporthalle mit der Decke aus Carbonbetonbindern

NEUE WEGE GEHEN –
Die Stadtgrabenbrücke in Lübeck

Der Weg zu einem innovativen und ästhetischen Bauwerk ist durch ein kontinuierliches Wechselspiel zwischen allen Planungsbeteiligten geprägt und kann aufgrund der entstehenden Dynamik komplexe Züge annehmen. Baumeister entwerfen seit jeher Bauwerke für nachfolgende Generationen, die für eine lange Nutzungsdauer konzipiert sind, was einen wesentlichen Schritt zur Nachhaltigkeit darstellt. Bei der Stadtgrabenbrücke wurde dies erreicht, indem neben der Auswahl geeigneter Materialien auf eine wartungsarme und robuste Konstruktion gesetzt wurde.

Die Aufgabenstellung war eindeutig: Es soll eine Geh- und Radwegbrücke entstehen, welche den Stadtgraben überspannt und den direkten Weg vom Hauptbahnhof auf die Wallhalbinsel ermöglicht. Insbesondere der Unfallschwerpunkt Lindenteller war zu entlasten, um eine sichere Alternative für den Radverkehr zu bieten. In der Variantenstudie zeigte sich, dass aufgrund der örtlichen Gegebenheiten und der besonderen Stellung des Bauwerks nicht jeder Brückentyp infrage kommen konnte.

Bauwerksentwurf und Gestaltung

Es galt einen Höhenunterschied von 3 Metern auf einer Strecke von etwa 100 Metern zu überwinden. Mit einem konstanten Gefälle von 3 Prozent wurde der Verkehrsweg barrierefrei gestaltet, zeitgleich musste jedoch das

1

1 Perspektive vom Westufer

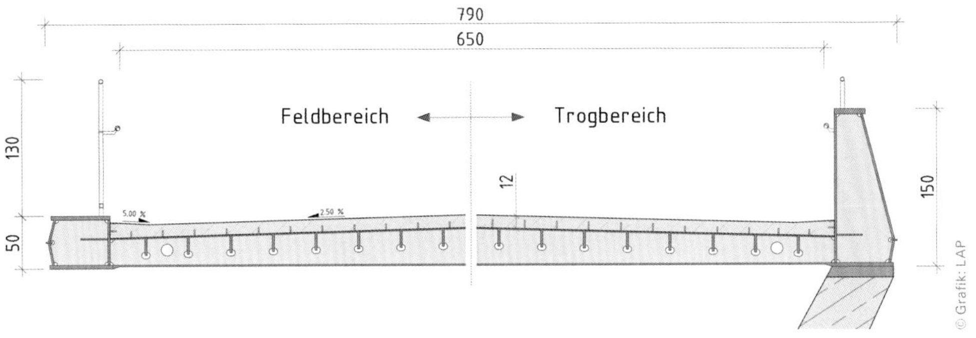

2

2 Veränderlicher Querschnitt des Überbaus

Lichtraumprofil des Stadtgrabens für die Ausflugs- und Freizeitschifffahrt freigehalten werden. Die Vorzugslösung ist als Durchlaufträger mit veränderliche Bauhöhe konzipiert. Die außenliegenden Hauptträger mit Kastenquerschnitt sind dabei teils nach oben, teils nach unten gevoutet. Dies liefert eine Antwort auf den optischen Widerspruch von geneigter Gradiente und horizontalem Gewässer.

Neben den gestalterischen und strukturellen Anforderungen an das Tragwerk musste die Verträglichkeit mit dem historischen Stadtensemble geprüft und erörtert werden. Der Stadtkern gilt seit 1987 als UNESCO-Welterbe. Der Stadtgraben selbst ist ein FFH-Schutzgebiet. Durch die Anordnung der Beleuchtungsmasten an den Bauwerksenden in Kombination mit einer eigens angefertigten Handlaufbeleuchtung wird die Brückenfläche verkehrssicher ausgeleuchtet, ohne eine Streuung in die umgebende Natur hervorzurufen.

Tragwerk und Konstruktion

Als integrales Bauwerk gedacht und umgesetzt, wird die monolithische Verbindung der Unterbauten mit dem Überbau genutzt, um die unausgewogenen Stützweitenverhältnisse auszugleichen. An den Widerlagern wird die Einspannwirkung mittels Schraubmuffenverbindung erzeugt, wodurch sich der Überbau in Feldmitte schlanker konstruieren lässt. Negative Einflüsse aus Interaktion zwischen Bauwerk und Hinterfüllung sind durch geringe Widerlagerhöhen auf ein Minimum begrenzt. Auch an den Pfeilern ist eine monolithische Verbindung mit dem Stahlüberbau realisiert. Ein gelenkiges Federblech zwischen dem Untergurt aus Stahl und dem Betonquerschnitt der Stütze überbrückt die Schnittstelle. Die Übertragung der einzuleitenden Lagerkräfte erfolgt mittels angeschweißter Kopfbolzendübel und engmaschiger Bewehrung.

Einbautechnologie und Betonrezeptur wurden insbesondere wegen der beengten Platzverhältnisse aufeinander abgestimmt. Qualität und Dauerhaftigkeit der Betonoberfläche wurden durch den Einsatz einer saugenden Schalungstafel gesteigert.

Die nur 12 Zentimeter schlanke Fahrbahnplatte wurde unter Verzicht auf eine Abdichtung hergestellt. Diese ist mit nichtmetallischen Verbundstäben aus Carbonfaser und Vinylester-Harz bewehrt, welche mit einer geringen notwendigen Betondeckung von ≥ 2 Zentimeter auskommen.

So ließen sich 33 Prozent des in der Fahrbahnplatte verbauten Betons einsparen und die Primärtragstruktur aus Stahl sowie die Gründungsstruktur aus verpressten Mikropfählen ressourcenschonender konstruieren. Die Fahrbahnplatte wird durch Verbunddübelleisten schubfest mit dem Stahl verbunden. Die Orthoverbund-Platte stellt den lokalen Lastabtrag sicher und ist in Verbindung mit der nichtmetallischen Bewehrung maßgeblich für die Rissbreitenbegrenzung ausgelegt. Der Schutz vor Beschädigung infolge Frost-Tausalz-Wechseln wird beim eingesetzten Beton durch Zugabe von Mikrohohlkugeln gewährleistet und gleichzeitig unter Verwendung eines CEM III/A (Hochofenzement mit reduziertem Klinkeranteil) nachhaltig gestaltet.

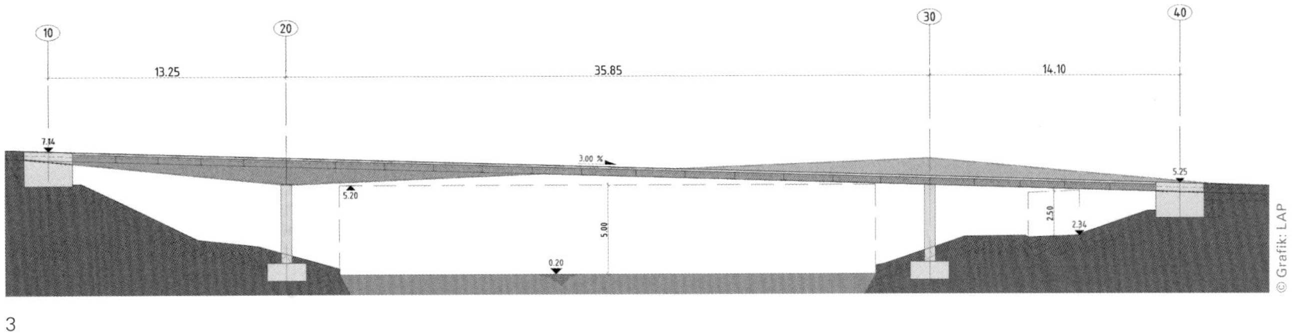

3

3 Längsschnitt durch das Tragwerk

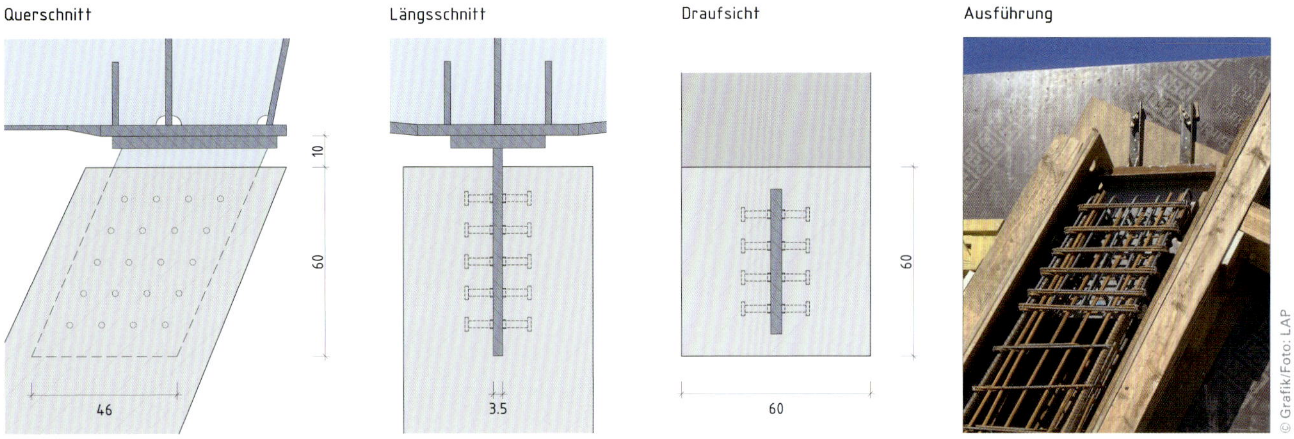

4

5

6

4 Geplante und ausgeführte Detailausbildung des monolithischen Stützenanschlusses

5 Schlankes Brückendeck mit nichtmetallischer Bewehrung in der Fahrbahnplatte

6 Kranmontage des Stahlbaus

Der Korrosionsschutz der Stahlkonstruktion wird im Duplex-System bestehend aus Spritzverzinkung, Zwischen- und Deckschicht garantiert. International genießt die Spritzverzinkung aufgrund ihrer Dauerhaftigkeit und Selbstheilung bereits hohes Ansehen.

Im Rahmen des Bauwerksentwurfes zeigten die berechneten Eigenfrequenzen die Notwendigkeit eines Schwingungstilgers. Der dafür notwendige Platz wurde eingeplant und die Konstruktion vor dem Einhub montiert. Eine schlussendliche Abstimmung auf die kritische Eigenfrequenz erfolgte am fertigen Bauwerk.

7

7 Luftbild mit MuK (Musik- und Kongresshalle) im Hintergrund

8 Ansicht von Süden (S. 109)

© LAP

8

Projektfazit

Aufgrund der besonderen Gegebenheiten ist die kurze Gesamtprojektlaufzeit von dreieinhalb Jahren hervorzuheben. Ermöglicht wurde dies unter anderem durch die fruchtbare Zusammenarbeit von Auftraggeberin, architektonischer Beratung und planenden Ingenieuren sowie den an der Ausführung Beteiligten. Als Ergebnis steht ein klar definiertes Tragwerk, welches sich in das Lübecker Brückenensemble einfügt und wie die übrigen Bauwerke den jeweils geltenden Stand der Technik widerspiegelt. Mit der neuen Wegeführung wird ein wichtiger Beitrag in der baulichen Weiterentwicklung der städtischen Infrastruktur vollzogen.

Constantin Schäfer

OBJEKT
Geh- und Radwegbrücke über den Stadtgraben
STANDORT
Lübeck
BAUZEIT
11/2023–04/2025
BAUHERR
Hansestadt Lübeck, Bereich Stadtgrün und Verkehr, Abteilung Brückenbau
INGENIEURE + ARCHITEKTEN
Tragwerks- und Objektplaner sowie Bauüberwachung: Leonhardt, Andrä und Partner Beratende Ingenieure VBI AG, Hamburg
Architekt: gmp Architekten von Gerkan, Marg und Partner, Berlin
Verkehrsanlagenplanung: Sellhorn Ingenieurgesellschaft mbH, Hamburg
BAUAUSFÜHRUNG
Generalunternehmer: Becker GmbH & Co. KG, Meppen

ENERGIEEFFIZIENZ TRIFFT AUF ENERGIEFORSCHUNG – Die Fassade des Vagelos Laboratory for Energy Science and Technology

Die University of Pennsylvania erweitert ihre Forschungsinfrastruktur im Bereich Energie mit dem neuen Vagelos Laboratory for Energy Science and Technology (VLEST). Das siebenstöckige Gebäude mit einer Fläche von 10.500 Quadratmetern befindet sich an der Ostseite des Campus in unmittelbarer Nähe zur Innenstadt von Philadelphia. Aufgrund der Nähe zu einer Bahnlinie war eine besonders sorgfältige Planung erforderlich, um die Lärmbelastung sowie Vibrationen der empfindlichen Laborausrüstung zu minimieren.

Die hochfunktionale und außergewöhnliche Zusammensetzung der Gebäudehülle aus Aluminium, Glas sowie vorgesetzten Stahlrahmen mit ETFE-Segeln verkörpert den innovativen Geist der im Gebäude betriebenen Forschung und Entwicklung im Bereich der Nachhaltigkeit.

Gebäudestruktur und Formentwicklung

Die Form des Gebäudes reagiert auf das städtebaulich und topologisch komplexe Grundstück und umfasst passive, energieeffiziente Strategien in der Entwicklung des Gebäudevolumens und der Fassadengestaltung, die durch den Sonnenverlauf und die Ausrichtung beeinflusst werden.

© Jack-Zigon-Photography

1 Blick auf das Gebäude von der erhöhten Walnut Street

1

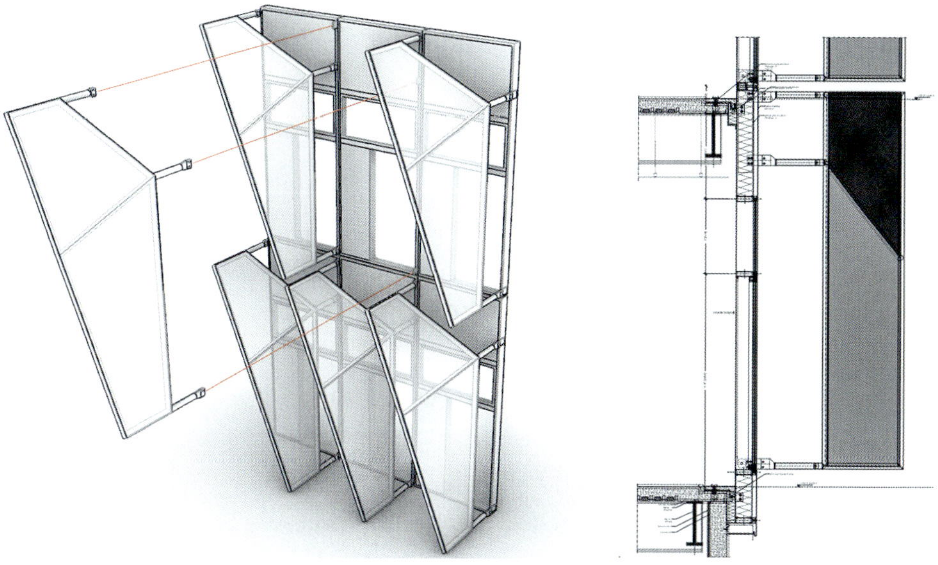
© Grafik: knippershelbig

2

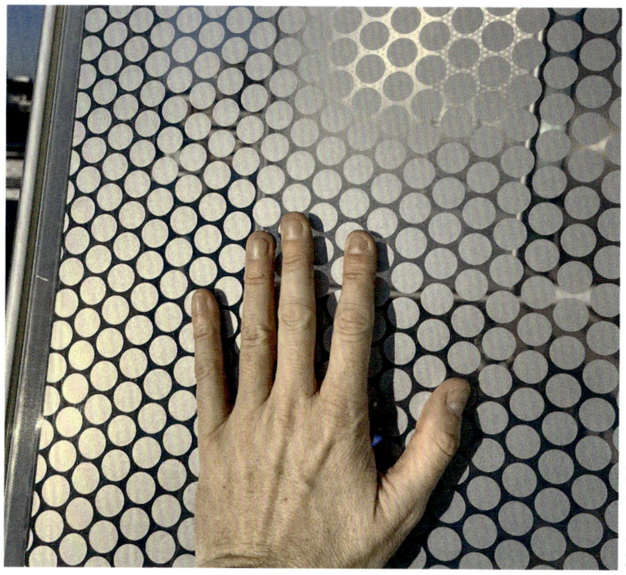
© knippershelbig

3

Die typischen Grundrisse der Geschosse des Gebäudes sind als parallele Riegel in einem 8,5-Meter-Stützenraster organisiert, mit Laborräumen auf der Ostseite und gemeinsamen Räumen, Büros und offenen Atrien mit Treppen auf der Westseite. Es gibt keine sich wiederholenden Grundrisse, aber die gemeinsamen überlappenden Bereiche der unterschiedlichen Etagen bilden ein Parallelogramm von etwa 52 mal 25 Metern. Das architektonische Design rotiert und erweitert die westliche Hälfte des Grundrisses in zweigeschossigen Abschnitten, wodurch dynamische, bis zu 7,6 Meter weit spannende Auskragungen entstehen.

Die Begrenzung der Schwingungen der weitspannenden Decken ist entscheidend, damit empfindliche Laborgeräte ordnungsgemäß funktionieren. Das Tragsystem wurde so bemessen, dass die Deckenschwingungen auf den oberen Etagen dem Kriterium VC-A entsprechen beziehungsweise sogar VC-D (vgl. VDI-Richtlinie 2038) für Hochleistungs-Labore im Erdgeschoss.

Entwurf und Konstruktion der Fassade

Die Fassade des Gebäudes ist ein zentrales architektonisches Element, das sowohl ästhetische als auch funktionale Anforderungen vereint. Sie ist Ausdruck der Innovationskraft des Projekts.

Die thermische Fassade des Gebäudes besteht weitestgehend aus modernen Aluminium-Elementen mit Dreifach-Isolierverglasung, vor der an Ost- und Westseite jeweils 267 Verschattungselemente angeordnet wurden. Als diese sind robuste Stahlrahmen mit zwei unterschiedlichen ETFE-Folien bespannt. Ziel dieser Konstruktion ist es, unerwünschte Energieeinträge zu minimieren und gleichzeitig im oberen Bereich ausreichend Tageslicht tief in das Gebäudeinnere zu lenken. Dies wurde mit unterschiedlichen Bedruckungen der Folie erreicht. Die Geometrie der Elemente wurde mittels Simulationen optimiert, um eine ideale Balance zwischen Verschattung und Tageslichtnutzung der Innenräume zu erreichen.

2 Konstruktionsprinzip Fassade

3 Nahaufnahme Materialmuster ETFE

4 Montage der Fassade

5 BIM Globalmodell Tragwerk

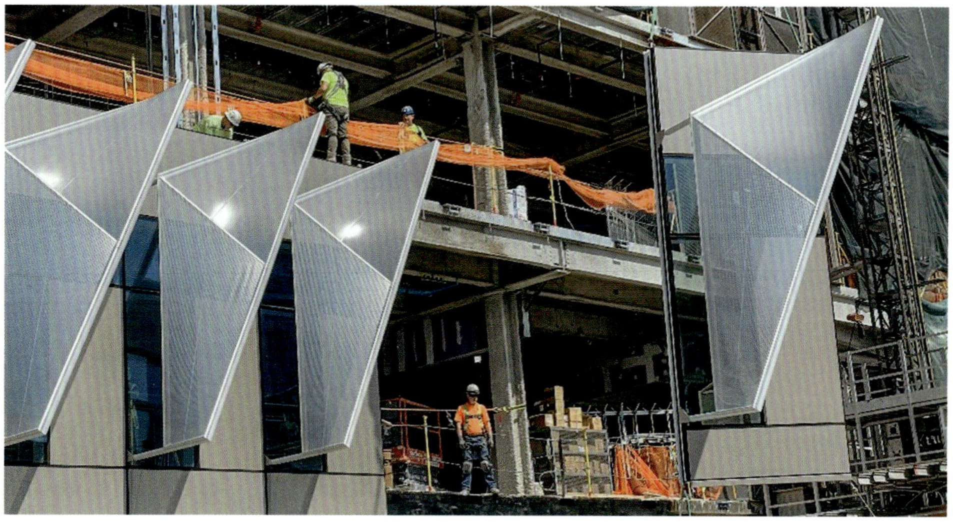
© Lindner Group

4

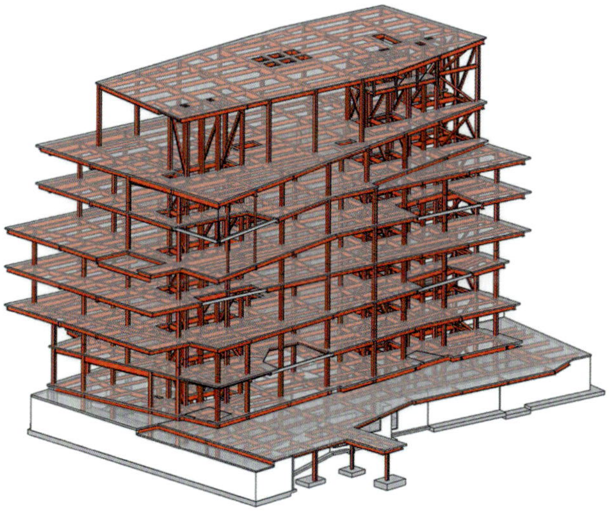
© Grafik: knippershelbig

5

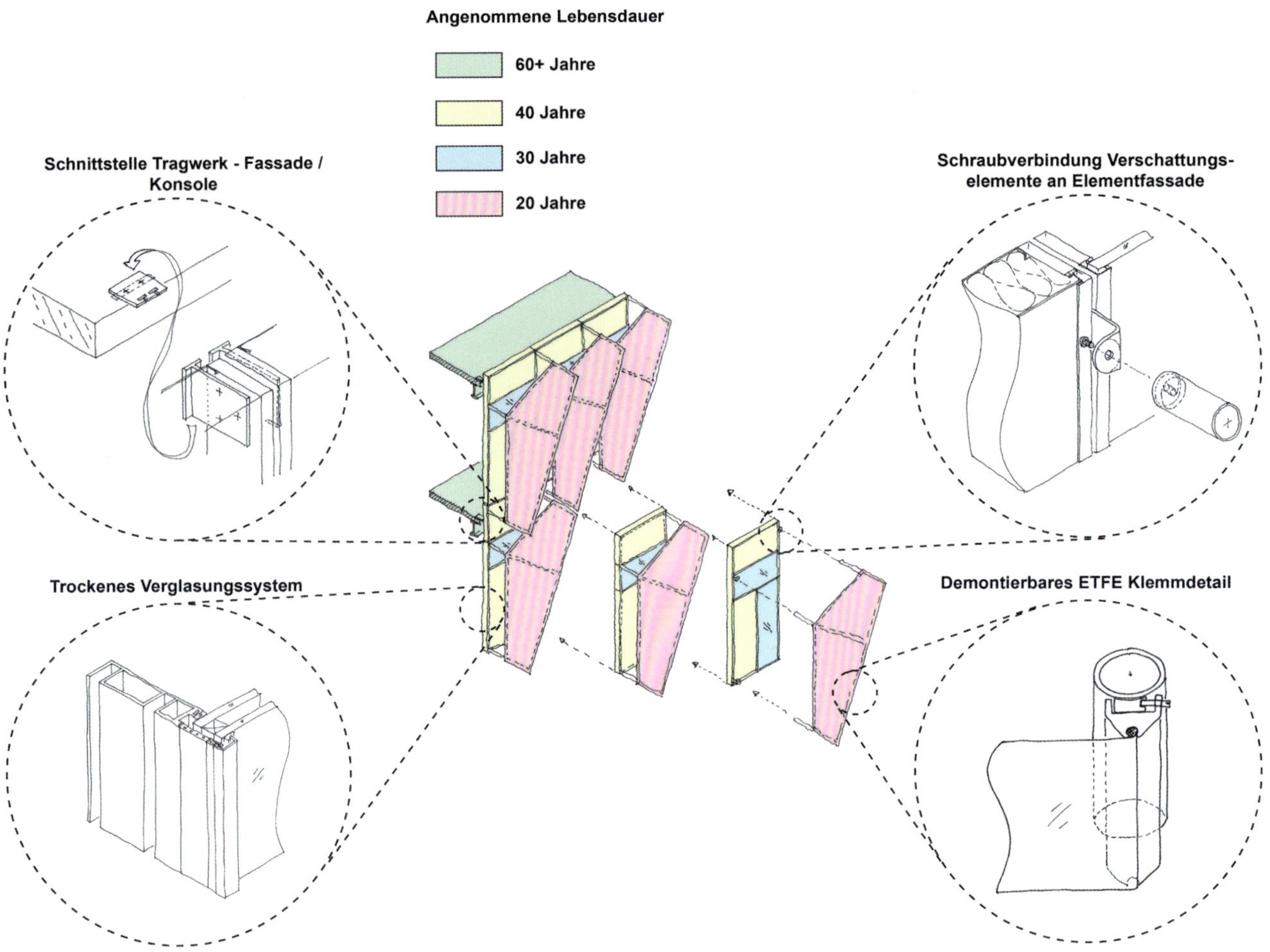

6

© knippershelbig

6 Diagramm zum Lebenszyklus der unterschiedlichen Bestandteile der Fassade

Die Verschattungselemente sind mittels lösbarer Verschraubung an in die Elementfassade integrierten Schwertern befestigt. Die Lastübertragung zur Primärstruktur des Gebäudes erfolgt über die Fassadenprofile, die durch präzise eingepasste Stahleinschieblinge verstärkt werden.

Fassaden- und Verschattungselemente wurden separat gefertigt und miteinander verschraubt, bevor sie montiert und an den Konsolen der Primärstruktur befestigt wurden.

Dauerhaftigkeit der Fassade und zirkulärer Entwurfsansatz

Die Konstruktion der thermischen Gebäudehülle sowie der externen Verschattungselemente folgt den Prinzipien des zirkulären Bauens. Im Entwurfsprozess lag der Fokus darauf, den Ressourcenverbrauch zu minimieren, die Wiederverwendbarkeit der Materialien zu maximieren und so die Umweltbelastung sowie den CO_2-Fußabdruck deutlich zu reduzieren.

Bereits in der Planungsphase wurden Materialien gezielt so ausgewählt, dass sie am Ende ihres Lebenszyklus recycelt oder wiederverwendet werden können. Entscheidend dabei ist eine durchdachte Konstruktion, die es ermöglicht, die einzelnen Komponenten mit minimalem Aufwand zu demontieren und sortenrein zu trennen.

Konkret wurde dabei berücksichtigt, dass die verschiedenen Baumaterialien der Primärstruktur und der Fassade eine unterschiedliche Lebensdauer aufweisen.

Die Tragkonstruktion wurde aufgrund ihrer Robustheit für eine Lebensdauer von über 60 Jahren ausgelegt. Im Gegensatz dazu wird für die Isolierverglasung – insbesondere aufgrund der Alterung des Randverbunds und der Primärdichtung – eine Lebensdauer von lediglich 30 bis 35 Jahren erwartet.

Die Stahlstruktur der Verschattungselemente ist grundsätzlich äußerst langlebig, erfordert jedoch eine regelmäßige Erneuerung des Korrosionsschutzes, spätestens nach 20 bis 25 Jahren. Die ETFE-Folien, die auf diesen Stahlrahmen gespannt sind, haben mit etwa 20 Jahren eine vergleichsweise geringe Dauerhaftigkeit. Allerdings sind sie vollständig recycelbar, sodass sie am Ende ihres Lebenszyklus stofflich weiterverwendet oder durch neue Materialien ersetzt werden können.

OBJEKT
Forschungs- und Laborgebäude Vagelos Laboratory for Energy Science and Technology
STANDORT
University of Pennsylvania, Philadelphia, USA
BAUZEIT
2022–2024
BAUHERR
University of Pennsylvania
INGENIEURE + ARCHITEKTEN
Architekt: Behnisch Architekten, Boston
Tragwerksplaner: knippershelbig, Stuttgart / New York / Berlin
Fassadenplanung: knippershelbig, Stuttgart / New York / Berlin
BAUAUSFÜHRUNG
Generalunternehmer: LF Driscoll Co., Bala Cynwyd, PA
Gründung und Massivbau: Madison Construction, Malvern, PA
Stahlbau: Berlin Steel, West Chester, PA
Fassade: Lindner Group, Conshohocken, PA

7

© Vincent Fillon, Paris

7 Nahaufnahme Fassadenkonstruktion

Bereits im Entwurfsprozess wurde berücksichtigt, dass zukünftige technologische Entwicklungen möglicherweise neue oder verbesserte Materialien hervorbringen, die sich ebenso auf die bestehenden Stahlrahmen spannen lassen. Dadurch bleibt die Konstruktion flexibel und nachhaltig, was die Idee des zirkulären Bauens weiter stärkt.

Roman Schieber, Florian Meier

NEUES LICHT IN ALTEN HALLEN –
Die Sanierung der Hallendächer des Berliner Ostbahnhofs

ZECH
ZECH
ZECH
ZECH
6 G

Der historische Berliner Ostbahnhof blickt auf eine reiche Geschichte zurück, stellt einen zentralen Verkehrsknotenpunkt dar und gehört zu den wichtigsten Bahnhöfen Deutschlands. Somit war bei der Sanierung eine Vollsperrung ausgeschlossen und besondere Sicherheitsmaßnahmen und eigens entwickelte Konzepte für die Umsetzung waren notwendig.

Historischer Hintergrund

Der Berliner Ostbahnhof ist einer der traditionsreichsten Bahnhöfe Deutschlands. Er wurde 1842 als Frankfurter Bahnhof eröffnet und entwickelte sich über die Jahrzehnte zu einem bedeutenden Verkehrsknotenpunkt im Osten Berlins. Nach mehrfachen Umbauten, Kriegsschäden und umfassenden Sanierungen wurde der Ostbahnhof dann in den 1980er Jahren weitgehend neugestaltet. Trotz der Eröffnung des Berliner Hauptbahnhofs behält der Ostbahnhof seine zentrale Bedeutung im Nah- und Fernverkehr mit einer täglichen Frequentierung von etwa 100.000 Fahrgästen.

Projektumfang, technische Ausgangslage und Herausforderungen

Im Rahmen der jüngsten Sanierungsmaßnahme wurde die Erneuerung der beiden Gleishallen (Nord- und Südhalle) vorgenommen. Die Nordhalle misst circa 207 Meter in der Länge, 54 Meter in der Breite und 18 Meter in der Höhe. Die Südhalle weist eine identische Länge, jedoch eine geringere Breite von 38 Metern und eine Höhe von 16 Metern auf. Beide Hallen waren durch Alterung, Korrosion und bauliche Mängel erheblich beeinträchtigt. Ziel der Maßnahme waren die umfassende Instandsetzung der Tragstruktur, die Erneuerung der Dacheindeckung sowie die Modernisierung der Fassadenverglasung.

Die Arbeiten erfolgten unter laufendem Betrieb, wobei nur begrenzte Sperrzeiten zur Verfügung standen. Die Maßnahme war entsprechend hochkomplex und erforderte eine besonders präzise Planung und Ausführung. Weitere Schwierigkeiten ergaben sich durch unzureichende Bestandspläne und Untersuchungen. So musste beispielsweise die Schutzbrücke auf dem Dach des Bahnhofs nach detaillierten Berechnungen zur Tragfähigkeit der sogenannten Wartburgwand, die trotz ihrer Dicke viel geringer war als zunächst angenommen, komplett neu konzipiert werden. Auch die teilweise Belastung des Stahls durch Asbest wurde erst während der Maßnahme festgestellt. Für die Erneuerung des Korrosionsschutzsystems an den Hallendachbindern kamen eigens konzipierte, gedämmte und verfahrbare

1

1 2. Bauabschnitt im Oktober 2023

Korrosionsschutzwagen zum Einsatz. In der Hochphase mussten über 100 Arbeiter aus verschiedenen Gewerken auf begrenzten Raum und in hoher Abhängigkeit voneinander ihre Leistungen ausführen.

Rückbau und Erneuerung der Stahlkonstruktionen

Der Rückbau umfasste den Abbruch von insgesamt circa 795 Tonnen Stahlkonstruktionen. Ebenfalls entfernt wurden die alten Dacheindeckungen und Dachschalungen auf einer Fläche von etwa 5.200 Quadratmetern (Südhalle) beziehungsweise circa 6.200 Quadratmetern (Nordhalle) sowie die alten Oberlichtkonstruktionen aus Drahtglas. Zusätzlich erfolgte der Rückbau sämtlicher alter Befahranlagen, horizontaler und vertikaler Zugbänder sowie Pfetten.

Im Zuge der Erneuerung wurden folgende Stahlbauelemente neu eingebaut:

- jeweils 27 neue Zugbänder in der Süd- und Nord halle (88 Tonnen),
- neue Fahrschienen für die Befahranlagen (230 Tonnen),
- neue Dachpfetten (360 Tonnen),

2 Schutzbrücke mit integriertem Hebezeug

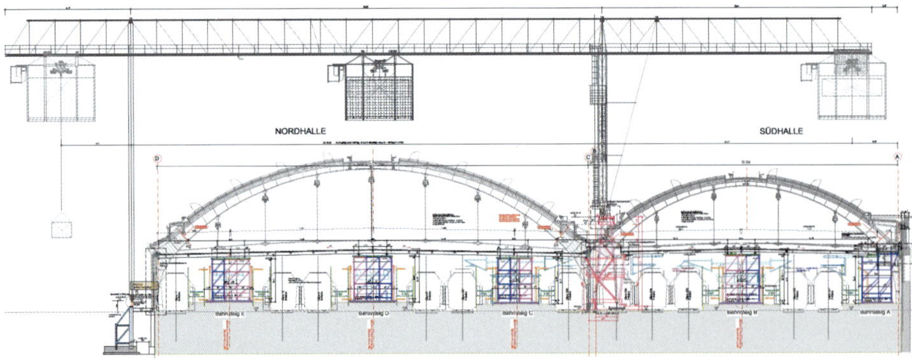

2

© SEH

3

© Marius Schwarz

4

3 Montage der Schutzbrücke Oktober 2021

4 Arbeits- und Schutzplattform

- neue Wand- und Dachverbände (95 Tonnen),
- sonstige Konstruktionen (100 Tonnen),

Die Summe des neu verbauten Stahls beträgt 873 Tonnen.

Erneuerung der Dacheindeckung und Verglasungen

Die Dacheindeckungen wurden vollständig erneuert. Dabei wurde ein gedämmtes Aluminium-Stehfalzsystem auf einer Gesamtfläche von 11.200 Quadratmetern installiert, welches die bauphysikalischen Eigenschaften, insbesondere Schutz vor Kondensat, optimiert. Zusätzlich wurden 8.300 Quadratmetern Dachoberlichter neu verglast, wodurch die natürliche Belichtung der Gleishallen signifikant verbessert wurde. Die freundliche Atmosphäre wird durch die Wahl von hellen Trapezblechen als Tragschale für die Eindeckung unterstützt.

Die Giebelfassaden erhielten auf einer Gesamtfläche von 1.120 Quadratmeter neue Profilsysteme mit VSG-Verglasung. Für Wartungszwecke wurden verfahrbare innere und äußere Befahranlagen installiert. Die Verfahrwagen sind mit Akku betrieben. Auf dem Dach wurden komfortable Wartungsstege mit Sicherheitsvorrichtungen sowie Dachüberstiege installiert.

Logistikkonzept: Arbeits- und Schutzplattform sowie Schutzbrücke

Die Durchführung der Arbeiten unter laufendem Betrieb erforderte ein speziell entwickeltes Logistikkonzept:

Zur Durchführung der Dacharbeiten und um die Maßnahme unter laufenden Betrieb zu gewährleisten, wurde eine über 70 Meter verfahrbare Arbeits- und Schutzplattform errichtet. Dafür kamen 300 Tonnen Stahlträger zum Einsatz.

Ein weiteres zentrales Bauelement war die sogenannte Schutzbrücke mit integriertem Hebezeug. Sie ermöglichte unter Einhaltung höchster Sicherheitsstandards die Materialversorgung parallel zum laufenden Eisenbahnbetrieb. Die Brücke wies eine Spannweite von

© Marius Schwarz

5

© SEH

6

5 Der Rückbau der Plattform im Dezember 2024

6 Auf dem neuen Dach des Ostbahnhofs im November 2024

7

8

7 Rückbau der Schutzbrücke, Hauptträger

8 Rückbau der Schutzbrücke, Hauptträger Teil 2

59 Metern auf, mit einem Kragarm Nord mit 26 Metern, einem Kragarm Süd mit 36 Metern und einem Gesamtgewicht von etwa 130 Tonnen. Der Fahrweg entlang der Hallenlängsachse betrug 200 Meter. Durch die Schutzbrücke konnte der Bedarf an Sperrungen des gesamten Bahnhofes auf ein Minimum reduziert werden.

Nachhaltigkeit und Wiederverwendung von Stahlbauteilen

Der Nachhaltigkeitsgedanke kommt bei diesem Bauvorhaben auch nicht zu kurz. Im Gegensatz zu klassischen Rückbaumaßnahmen wurde ein erheblicher Teil der demontierten Stahlbauteile nicht verschrottet. Die 300 Tonnen Stahlträger der Arbeits- und Schutzplattform sowie weitere demontierte Bauelemente wurden eingelagert und werden in Teilen für neue Bauvorhaben vorbereitet.

Der Gedanke dahinter: Funktionsfähige Stahlbauteile sollen nicht eingeschmolzen werden, da die Stahlerzeugung sehr energieintensiv ist und erhebliche Mengen CO_2 freisetzt. Die Wiederverwendung spart nicht nur Ressourcen, sondern reduziert laut aktuellen Berechnungen die CO_2-Emissionen gegenüber der Neuproduktion um bis zu 60 %. Damit wird ein aktiver Beitrag zur Reduzierung der grauen Energie und zur Erreichung der Klimaziele im Bauwesen geleistet.

Besonderheiten der Ausführung

Bei der Sanierung unter laufendem Betrieb ergaben sich nicht nur logistische Herausforderungen, sondern es war auch höchste Präzision bei der Montage der neuen Bauelemente notwendig.

Die Arbeiten wurden in strikter Abstimmung mit den Betriebszeiten der Deutschen Bahn ausgeführt und erforderten exaktes Zeitmanagement bei der Durchführung der Sperrpausen.

Insbesondere die Herstellung der Passgenauigkeit des in die Jahre gekommenen Bauwerks stellte eine größere Herausforderung dar: Für die Oberlichtverglasung und für die Stehfalzeindeckung waren lediglich Toleranzen von 15 Millimetern zugelassen. Die vorhandene Stahlkonstruktion musste auf diese erhöhten Anforderungen hin feinjustiert werden. Auch musste in der Nordhalle der Zugbandtausch vorgezogen werden, da die Standsicherheit der Halle unter Schneelast gefährdet war. Dafür mussten das Raumgerüst in der kompletten Halle aufgebaut (anstatt der vorgesehenen

9 Demontage Feststütze Teil 2

10 In den neuen Gleishallen

9

10

OBJEKT
Sanierung der Hallendächer Berlin Ostbahnhof, 2. BA
STANDORT
Berlin
BAUZEIT
2020–2025
BAUHERR
DB InfraGO
INGENIEURE
Planung: Klähne BUNG Beratende Ingenieure im Bauwesen, Berlin
BAUAUSFÜHRUNG
Generalunternehmer: SEH Engineering, Hannover
Stahlbau (Engineering und Fertigung): SEH Engineering, Hannover
Stahlbau Montage: Zagreb-Montaza, Düsseldorf
Korrosionsschutz: EnBeKo, Hamburg
Dacheindeckung: Zambelli RIB-ROOF, Stephansposching
Glas und Fassade (Planung und Profilsystem): Velux Commercial Deutschland, Hüllhorst
Montage Oberlichter- und Giebelverglasung: Osmani Montagen, Recklinghausen
Gerüstbau: Gerüstbau Brodersen, Neustadt-Glewe
Taubenvergrämung: Anticimex, Berlin

© WMS Web Media

11

11 Dachaufsicht

Drittel-Taktung) und der Bauablauf entsprechend angepasst werden. Eine ebenso große Herausforderung bestand darin, die im Zuge des Umbaus gewonnenen Erkenntnisse aus den Schädigungen des Bestandsbauwerks im Bauablauf unter Berücksichtigung der jeweiligen Sperrpausenfenster zu integrieren.

Ergebnis und Ausblick

Mit Abschluss der Sanierungsmaßnahme ist der Berliner Ostbahnhof baulich und betrieblich für die kommenden Jahrzehnte gesichert. Durch die neue Dacheindeckung und Verglasung ist ein ästhetischer, heller und einladender Bahnhof entstanden. Das Projekt ist ein Exempel für das erfolgreiche Verwirklichen komplexer Sanierungsprojekte unter laufendem Bahnbetrieb sowie für innovative Ansätze im Bereich der Nachhaltigkeit im Stahlbau. Das Konzept zur Wiederverwendung von Bauteilen setzt neue Maßstäbe und wird auch in künftigen Bauvorhaben fortgeführt.

Heinz Geske, Miroslav Jelisic, Jörg Lühring, Johanna Geske

NACHHALTIGKEIT IM BESTAND UND BEISPIEL INNOVATIVER BAUKULTUR – Aufstockung des Hamburger Hochbunkers

Das Tragwerkskonzept ist einzigartig in seiner Verbindung von historischer Bausubstanz und moderner Ingenieurskunst. Durch den Einsatz teilvorgespannter Zugbänder, hochsteifer Verbundstützen und Stahlbeton-Scheibenelementen ergibt sich eine effiziente und zugleich nachhaltige Bogentragwerksstruktur. Ergänzt wird dieses System durch die markante Bergpfadkonstruktion, die sich als begrünte Rampe um das Bauwerk windet.

Der Hochbunker an der Feldstraße in Hamburg-St. Pauli, ursprünglich 1942/43 als Luftschutzbunker mit bis zu 2,5 Meter dicken Stahlbetonwänden und 3,8 Meter dicker Stahlbetondachdecke errichtet, wurde im Rahmen eines innovativen Umnutzungs- und Aufstockungsprojekts zu einem „Grünen Bunker" transformiert. Heute steht er als Symbol für nachhaltige Stadtentwicklung und ingenieurtechnische Exzellenz im Umgang mit denkmalgeschütztem Bestand. Die sechsgeschossige Aufstockung in Stahlbetonbauweise integriert ein Hotel, Gastronomie, eine Sport- und Veranstaltungshalle und einen öffentlichen Dachgarten, ergänzt durch großflächige Fassadenbegrünungen. Die Herausforderung bestand darin, die massive Bestandskonstruktion statisch optimal zu nutzen und die ökologische sowie funktionale Aufwertung ohne Substanzverlust umzusetzen. Das interdisziplinär geplante Projekt gilt als herausragendes Beispiel für die zeitgemäße Transformation historischer Bauwerke zu resilienten und multifunktionalen Stadtbausteinen.

1 Hamburger Hochbunker

1

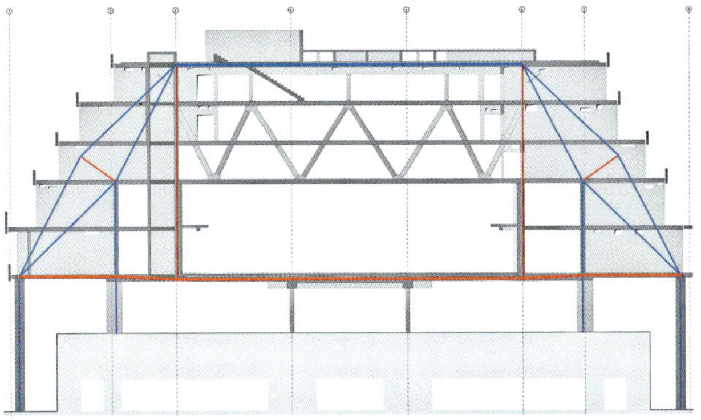

© Grafik: Wetzel & von Seht

2

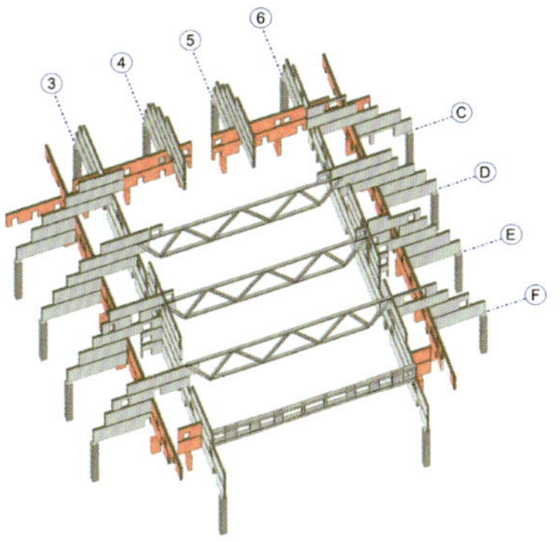

© Grafik: Wetzel & von Seht

3

2 Veranschaulichung des Bogentragwerkes

3 Übersicht der Hauptscheiben und Stützen

Allgemeine Konstruktionsbeschreibung der Aufstockung

Auf dem Heiligengeistfeld in Hamburg wurde das bestehende Bunkergebäude um sechs Geschosse (Level 00 bis Level 05) sowie einen öffentlich zugänglichen Dachgarten aufgestockt. Die gestaffelt ausgebildete Aufstockung erreicht eine Höhe von rund 23 Metern über der bestehenden Bunkerdecke und bildet in ihrer architektonischen wie funktionalen Ausprägung eine signifikante Erweiterung des historischen Bauwerks.

Die gesamte Aufstockung in Level 00 wurde auf die vorhandene Bunkerdecke gestellt. Die Lastabtragung erfolgt über ein Stützenraster, das abhängig von den bestehenden Innenwänden des Bunkers organisiert wurde. Die neuen Wände in diesem Bereich wurden konstruktiv entkoppelt und als nichttragende, abgefugte Bauteile ausgeführt, sodass keine nennenswerten Vertikallasten das bestehende Bunkerdach auf Biegung belasten.

Insbesondere wegen der zentral im Baukörper positionierten Sport- und Freizeithalle sowie der Anordnung der lastabtragenden vertikalen Bauteile des Bestandes wurde ein effizientes Rahmen-/Bogentragwerk mit einer statischen Höhe von fünf Geschossen geplant.

Die Zugkräfte des Bogens in Deckenebene über Level 00, welche aus der Lasteinleitung aus den Stahlbeton-Wandscheiben in die Verbundstützen entstehen, schließen sich als Zugband mit dem Gegenüber kurz. Zur Aufnahme der hohen Zugkräfte aus den Druck-Zug-Knoten wurden die Deckenbereiche je Knoten lokal mit bis zu acht Stabspanngliedern Ø 40 Millimeter vorgespannt. Oberhalb der Sporthalle lösen sich die tragenden Stahlbetonscheiben in den Hauptachsen D, E und F in zweigeschossige Fachwerke (Level 03 und 04) auf.

Zur Überspannung des Hallenbereichs wurde an der südlichen Fassade im Level 03 ein eingeschossiger Vierendeelträger mit circa 28,5 Metern Spannweite eingebaut. Die Flachdecken in Ortbetonbauweise tragen die Lasten bis zu den vertikalen Scheiben ab, wobei in den zentralen Hallenbereichen Hohlkörperdecken zur Gewichtsreduzierung verwendet wurden. Der Hauptlastabtrag erfolgt über die Hauptscheiben in den Achsen C bis F und 3 bis 6, die auf den Verbundstützen und Abfangewandscheiben über den Auflagerachsen des Levels 00 ruhen.

Die Stützen der oberen Aufstockungsgeschosse wurden konventionell ausgeführt und spielen eine untergeordnete Rolle im Gesamttragwerk. Die massiven Stahlbeton-Kragstützen im Level 00 bilden die Schnittstelle zum Bestand und tragen einen Großteil der Lasten der Aufstockung. Die Aussteifung erfolgt in den Geschossen 01 bis 05 durch zahlreiche massive Wände, die als steifer Kasten horizontale Lasten in die Decke über Level 00 ableiten und diese an die Kragstützen übergeben. Das Moment kann über den großen Hebelarm durch die Verbundstützen aufgenommen werden.

Die Auflagerung des Bogentragwerks auf den Verbundstützen stellte eine besondere Herausforderung dar. Die Verteilung der Auflagerlastanteile des statisch überbestimmten Systems hängt von der Steifigkeit des Zugbandes in Decke über Level 00 ab. Darüber hinaus entstanden hochbelastete Druck-Zug-Knoten an den Auflagern der Verbundstützen, welche unter anderem die Zugbänder in den lokalen Bereichen der Decke stark beanspruchen.

4 Einbauteil des Druck-Zug-Knotens (a), Einbauteil des Druck-Zug-Knotens im Modell (b)

© Wetzel & von Seht

4a

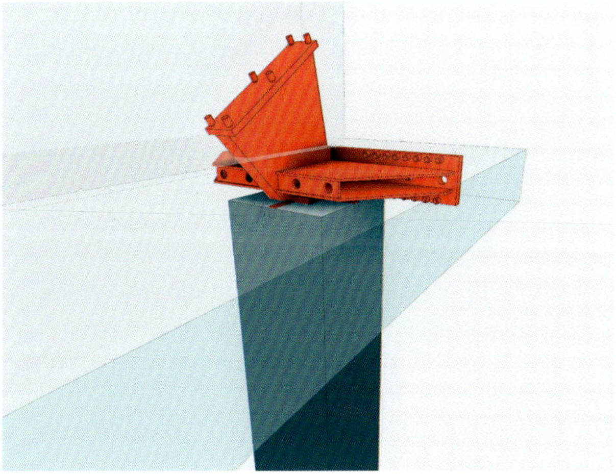

© Grafik: Wetzel & von Seht

4b

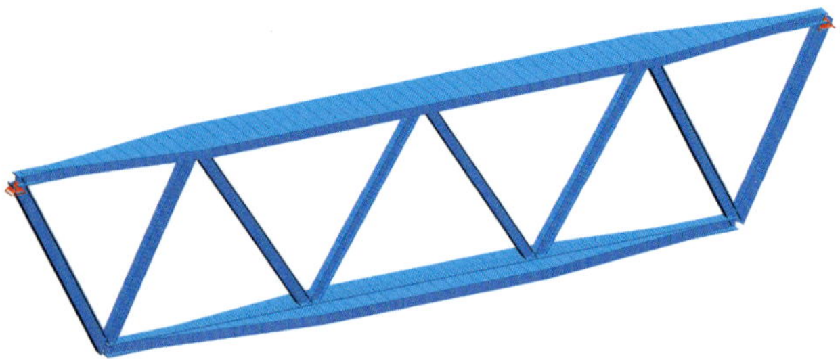

5

© Grafik: Wetzel & von Seht

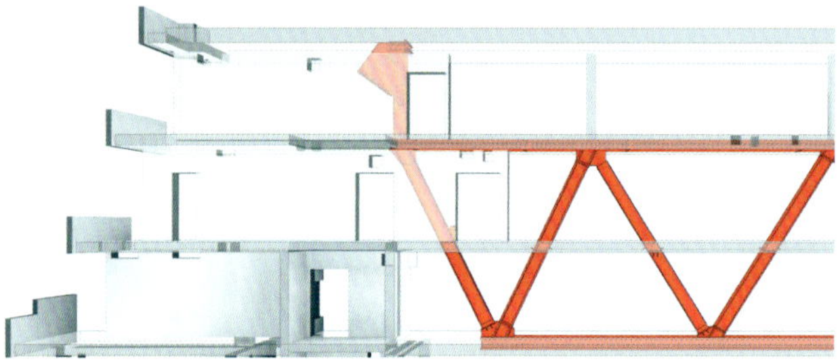

6

© Grafik: Wetzel & von Seht

7

© Wetzel & von Seht

5 Berechnungsmodell des Verbundfachwerkes

6 Hochhängung der Fachwerke im Modell

7 Montage des Vierendeeluntergurtes

Zur Lösung dieser Herausforderung wurde ein vorgespannter Druck-Zug-Knoten so bemessen, dass er die hohen Kräfte sicher aufnehmen kann. Gleichzeitig sorgt die Vorspannung dafür, dass das Zugband im hochbelasteten Bereich überdrückt bleibt. So werden ein Aufreißen und die damit verbundene Reduzierung der Steifigkeit im Bereich der Decke über Level 00 wirksam verhindert.

Die im zentralen Bereich angeordnete Sport- und Freizeithalle wird durch Fachwerke bzw. einen Vierendeelträger mit einer Spannweite von je circa 28,50 Metern überspannt.

Die zweigeschossigen Fachwerke in den Achsen D, E und F haben eine statische Höhe von etwa 6,50 Meter. Die Abstände der Trägerkonstruktionen betragen dabei rund 9,50 Meter.

Die Bemessung der Fachwerke sah vor, dass der Ober- und der Untergurt Teile der Normalkräfte mittels Kopfbolzen an die ebenengleichen Stahlbeton-Geschossdecken abgibt, welche auf diesen Gurten aufliegen. Biegemomente und zugehörige Querkräfte der Gurte aus den Deckenbelastungen werden nur durch die Stahlquerschnitte des Verbundsystems aufgenommen. Auf den Fachwerkdiagonalen liegt die mittlere Geschossdecke punktförmig auf.

Circa 11,5 MN ergaben sich als maximale Gesamtnormalkraft in den Gurten, die im Zustand I zu bis zu maximal 75 Prozent von den Stahlbeton-Querschnitten aufgenommen wurden. Im Zustand II war das Aufteilungsverhältnis für den Untergurt ein anderes: Hier nahm der Stahlquerschnitt an der maximalen Stelle circa 8 MN von den 11,5 MN auf, was circa 70 Prozent entspricht.

Die Fachwerkauflagerkräfte mit 10 MN wurden durch massive Stahlquerschnitte hoch bis ins Dach gehängt, um von dort dem Lastabtrag des Bogentragwerkes zu folgen.

Bergpfadkonstruktion

Eine besondere architektonische Lösung dieses Bauvorhabens stellt die Bergpfadkonstruktion dar, die sich entlang des Gebäudes erstreckt. Sie übernimmt die Haupterschließung der aufgestockten Bunkerebene und wird durch ein begrüntes Rampenbauwerk realisiert. Als durchgehendes Band windet sie sich um das Bauwerk und verbindet den nördlich gelegenen Vorplatz über den Kragen hinweg mit der Dachfläche des Bunkers.

Wie in Bild 8 dargestellt, lässt sich die Bergpfadkonstruktion in drei unterschiedliche Konstruktionsbereiche gliedern.

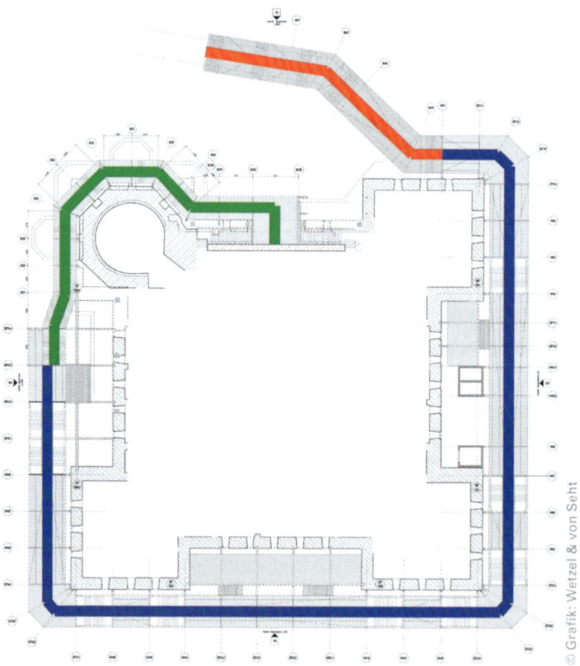

8

© Grafik: Wetzel & von Seht

8 Konstruktionsbereiche des Bergpfades

9

9 Ikonen der Umnutzung und Technik: der begrünte Hochbunker und der Fernsehturm im goldenen Schein der Dämmerung

Auf dem Vorplatz im Norden (rot in der Abbildung) des Bunkers beginnt das Rampenbauwerk mit einer Überbaubreite von 6,50 Metern als eine auf Stützen aufgeständerte Konstruktion. Nach Querung der Zufahrt geht die Konstruktion in eine am Bunker befestigte Kragkonstruktion (blau in der Abbildung) über. Diese wird durch Stahl-Vollwandträger ausgebildet, welche in einem regelmäßigen Raster an der Bunkeraußenwand angebracht werden. Diese Träger tragen den Überbau des Bergpfades an der Ost-, Süd- und Westseite. In den Rücksprüngen der Bunkeraußenwände zwischen den Eck-Flaktürmen werden die jeweiligen Kragträger durch zusätzliche Quer-Fachwerkträger gestützt, welche die Rücksprungbereiche überspannen. Der Überbau verläuft kontinuierlich mit einem Meter Abstand zur Bunkeraußenwand und besitzt eine Breite von 5,50 Metern an der Südseite und 6,50 Metern an West- und Ostseite.

Am oberen Ende der Westseite geht die Kragträgerkonstruktion in eine auf den Bunkerkragen aufgeständerte Konstruktion (grün in der Abbildung) über. Die Überbaubreite beträgt hier lediglich 4,0 Meter.

Herausforderungen

Die Bauphase des Projekts war von einer Vielzahl technischer und logistischer Herausforderungen geprägt, die sich sowohl aus der Komplexität des Bestands als auch aus den hohen architektonischen und städtebaulichen Ansprüchen ergaben.

Zum einen lagen nur unvollständige Bestandsunterlagen vor, sodass die tatsächlichen Bewehrungsmengen der massiven Stahlbetonwände zunächst unbekannt waren und zudem ein umfassendes Gutachten zur Betondruckfestigkeit erforderlich wurde. Zum anderen zwang die enge Lage zwischen Millerntorstadion und Wohnquartier auf dem Heiligengeistfeld zu einer präzisen Logistikplanung, bei der Kräne und Fertigteile in minimalen Platzverhältnissen zu manövrieren waren, ohne den umliegenden Betrieb zu stören. Die statische Konzeption musste darüber hinaus sicherstellen, dass die neue Aufstockung primär mit Drucknormalkräften in den Bestand eingespeist und Biegemomente auf ein Minimum begrenzt werden – eine Herausforderung, die durch das effektive und weitspannende Bogentragwerk elegant gelöst wurde.

Bernd von Seht, Manuel Boensch

OBJEKT
Bunkeraufstockung
STANDORT
Hamburg
BAUZEIT
10/2019–03/2024
BAUHERR
Matzen Immobilien GmbH und Co. KG, Hamburg
Ingenieure + Architekten
Inter+-Pol Studios, Hamburg (Architektur und Konzept: LPH 1–4); phase10 Architekten, Freiberg (Architektur LPH 5–8); WTM Engineers, Hamburg (Tragwerksplanung LPH 1–2); schlaich bergermann partner, Stuttgart (Tragwerksplanung LPH 1–3); Wetzel & von Seht, Hamburg (Tragwerksplanung LPH 3–8); Landschaftsarchitektur+ Holzapfel-Herziger & Benesch, Hamburg (Begrünungskonzept, Planung und bauliche Realisierung, LPH 2–8); George Bähr, Dresden (Bau)

NUTZUNGSDAUERVERLÄNGERUNG MIT GROSSER NACHHALTIGKEIT –
Die Alzbrücke Seebruck

© WTM Engineers / Markus Lederwascher

Verkehrliche Randbedingungen und die Limitierung der Bauzeit auf ein Jahr erlaubten lediglich eine Teilerneuerung des Brückenbauwerks am Chiemsee. Moderne Diagnosemethoden und innovative Konstruktionen machten den Erhalt der 90 Jahre alten Unterbauten möglich. Für die Nachhaltigkeit der Baumaßnahme erwies sich dies als großer Impuls.

Die Alzbrücke Seebruck befindet sich im Landkreis Traunstein in der Ortsdurchfahrt von Seebruck, unmittelbar am nördlichen Ufer des Chiemsees. Das Bauwerk überführt die Staatsstraße St 2095 über die Alz, in die in diesem Bereich der Chiemsee mündet. In der näheren Umgebung stellt die Brücke die einzige Alzquerung auch für Fußgänger und Radfahrer dar.

Der Überbau des bestehenden Bauwerks wies erhebliche Schäden auf, was einen Brücken(teil)neubau erforderlich machte. Zum Planungszeitpunkt war langfristig vorgesehen, eine Ortsumgehung für die St 2095 zu errichten und die Alzbrücke Seebruck in eine reine Fuß- und Radwegbrücke umzuwidmen. Bis dahin musste aber auf jeden Fall eine uneingeschränkte Nutzung als Straßenbrücke aufrechterhalten werden. Der zumindest absehbar temporäre Charakter der Erhaltungsmaßnahme eröffnete daher überhaupt erst planerische Wege, die bei Straßenbrücken am Ende ihrer Lebensdauer üblicherweise gar nicht beschritten werden.

Ingenieurtechnische Randbedingungen

Für die Erneuerung des Bauwerks durfte die St 2095 aufgrund ihrer erheblichen Bedeutung sowohl für den überörtlichen Verkehr wie auch für die Mobilität innerhalb der Gemeinde maximal eine Bausaison lang gesperrt werden. Da im Bereich der Brücke aufgrund der anstehenden Seetone und zu erwartender Gründungshindernisse eine ungünstige Baugrundsituation vorliegt, war eine vollständige Erneuerung der Bauwerksgründung in Bestandslage im genannten Zeitrahmen nicht umsetzbar. Eine intensive geotechnische Begutachtung konnte jedoch zeigen, dass die vorhandenen Gründungskonstruktionen (Flachgründungen, Holzpfähle) aus dem Jahr 1933 noch uneingeschränkt tragfähig sind. Vor diesem Hintergrund wurde entschieden, nur den Überbau zu erneuern und die vorhandenen Unterbauten nach statisch-konstruktiver Ertüchtigung weiterhin zu nutzen.

Landschaftliche Randbedingungen

Die Alzbrücke Seebruck liegt in einem landschaftlich äußerst attraktiven Umfeld. Von der Brücke aus bietet sich nach Süden ein geradezu malerischer Ausblick über den Chiemsee auf die Alpen. Die Alz und ihre Uferzonen gelten als ökologisch hochwertig und sensibel. Bei solch einem Umfeld kann die grundlegende Gestal-

Seiten 126/127

Neue Brücke mit den Alpen im Hintergrund

1 Umgebung der Brücke mit Yachthafen und Ortszentrum Seebruck

1

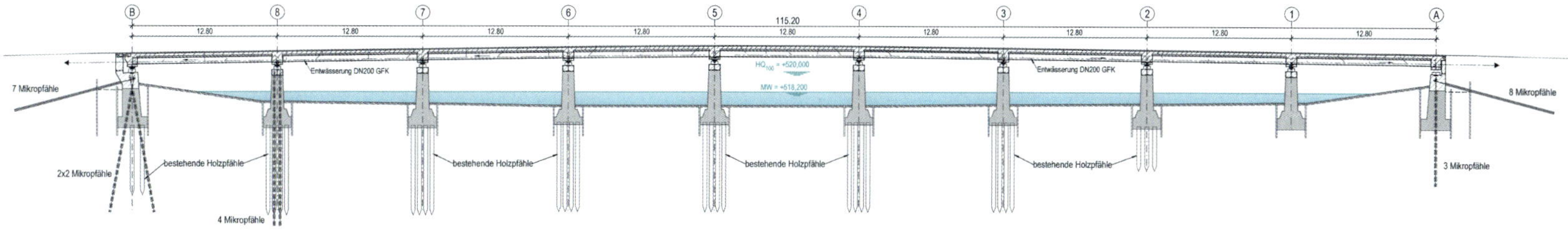

2

2 Längsschnitt der Brücke

tungsidee nur heißen, die Brücke selbst möglichst schlicht zu halten, damit sie hinter die benachbarten „Naturschönheiten" zurücktritt. Es galt also, mit den geometrischen und konstruktiven Randbedingungen, die die Weiternutzung der bestehenden Unterbauten vorgibt, den neuen Überbau in seiner Form als schlankes und funktionales Band zu konzipieren. Bereits die bestehende Brücke hatte gestalterisch den Charakter einer Hafen- oder Pierbrücke. Auch diese Assoziation sollte wegen der Nachbarschaft zum nahen Freizeithafen erhalten bleiben.

Entwurf und Gestaltung

Zur Weiternutzung der Unterbauten mussten darüber hinaus zusätzliche Belastungen oder Setzungen der Gründungselemente ausgeschlossen werden. Vor dem Hintergrund der gestiegenen Verkehrslasten nach Eurocode 1 war deshalb eine Minimierung des Gewichts des Teilneubaus erforderlich. Eine zusätzliche Herausforderung erfuhr dieses gestalterische Ziel durch die verkehrsplanerische Festlegung, dass zur Verbesserung der Fuß- und Radwegverbindung über die Alz der neue Brückenüberbau eine größere Breite aufweisen soll.

Letztendlich entstand unter Berücksichtigung aller geometrischen und konstruktiven Randbedingungen ein farbig hervorgehobener Stahlverbundüberbau, welcher sich durch eine minimalistische Formensprache auszeichnet. Ein hoher Vorfertigungsgrad ermöglichte für die über neun Felder durchlaufende, gewichtssparende Stahlverbundkonstruktion eine Minimierung der erforderlichen Bauzeit. Der Regelquerschnitt des neuen Überbaus besteht aus vier Verbundfertigteilträgern mit schlaff bewehrter Ortbetonergänzung. Offene geschweißte Stahlträger bilden die vier Stege des Plattenbalkenquerschnitts. Entsprechend den Standorten der vorhandenen Unterbauten weist der neue, 116,5 Meter lange Überbau Einzelstützweiten von je 12,80 Metern auf. Bei einer mittleren Konstruktionshöhe von 0,85 Metern ergibt sich eine Schlankheit L/H von 15. Zur weiteren Gewichtsreduktion wurden die Fertigteilplatten (LC35/38) sowie die Kappen (LC25/28 LP) mit Leichtbeton hergestellt, welcher lediglich eine Wichte von γ = 16 kN/m³ besitzt. Für den Einsatz des Leichtbetons musste baurechtlich eine Zustimmung im Einzelfall (ZiE) erwirkt werden.

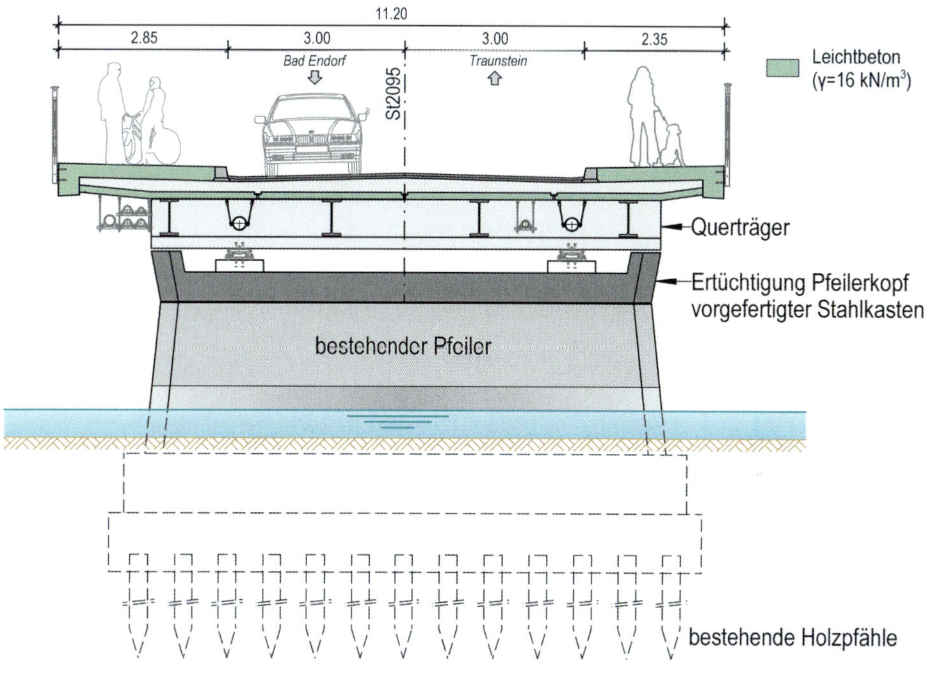

3

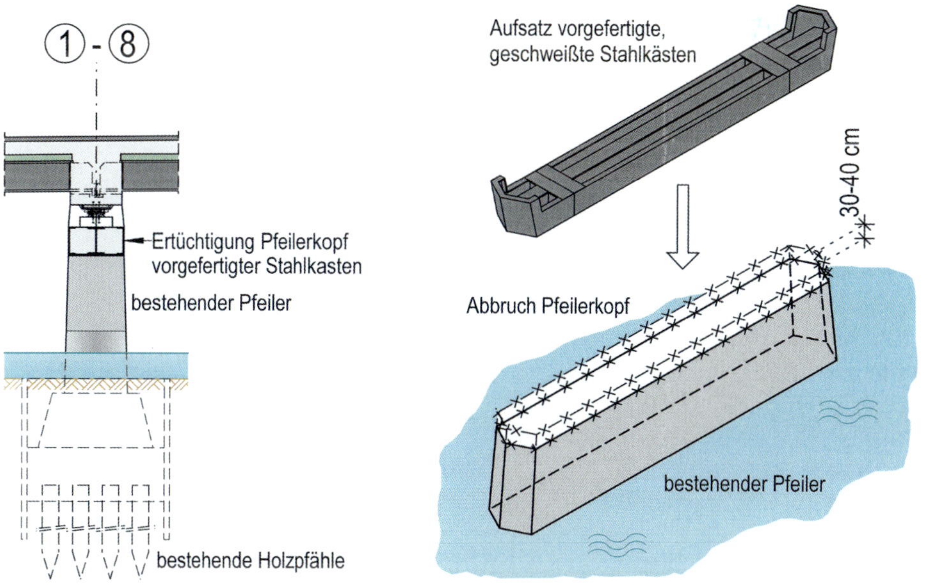

4

3 Regelquerschnitt Überbau mit Ansicht Pfeiler

4 Pfeiler Querschnitt, Isometrie

© WTM Engineers / Markus Lederwascher

5

© WTM Engineers / Markus Lederwascher

6

5 Ansicht von Süden

6 Untersicht der Brücke

Zur Aufnahme der Auflagerkräfte aus dem Überbau wurden die bestehenden Pfeilerköpfe mit vorgefertigten Stahlkonstruktionen ertüchtigt. Aus gestalterischen Gründen wurden die aufgesetzten Pfeilerköpfe durch einen Anzug an die Außenkanten der Querträgerenden angepasst. Die tragende Konstruktion der Pfeilerkopfertüchtigung aus Stahl besteht aus Trägerrosten, die die Lagerlasten aus dem Überbau gleichmäßig auf die unbewehrten Bestandspfeilerschäfte verteilen. Dazu wurden die Stahlkästen bei der Montage in ein Mörtelbett gesetzt, die Hohlräume im Inneren bauseits bewehrt und ausbetoniert. Zusätzlich eingebohrte und eingeklebte Bewehrung gewährleistet die kraftschlüssige Verbindung zwischen neuem Pfeilerkopf und bestehendem Pfeilerschaft. Zur Verstärkung der Pfeilergründung wurden außerdem in Achse 8 im Zuge der Pfeilerkopfertüchtigung Mikropfähle durch den Pfeiler in den Baugrund eingebracht.

Auch die Auflagerbänke der beiden Widerlager wurden zur Aufnahme der Beanspruchungen aus dem Überbau ertüchtigt. Zusätzliche Mikropfähle verankern die Längskräfte am westlichen Widerlager (Achse A, Festpunkt) im anstehenden Baugrund.

Die teilerneuerte Brücke zeichnet sich durch ein elegantes und minimalistisches Erscheinungsbild aus, wozu insbesondere ihre Form- und Farbgestaltung beiträgt.

Bei der Gestaltung der Geländer stand eine große Transparenz im Vordergrund, um die Wahrnehmung der umgebenden Landschaft möglichst wenig einzuschränken. Auch das Lichtkonzept entspricht dem Prinzip von Minimalismus und Funktionalität. Es gewährleistet bei Dunkelheit und Dämmerung ein sicheres Überqueren der Brücke und entfaltet reizvolle Perspektiven.

Kleine Eingriffe – Große Wirkung auf die Nachhaltigkeit

Mit dem Erhalt der bereits über 90 Jahre alten Unterbauten und deren Gründungen wurde ein bedeutender Beitrag für nachhaltiges Bauen geleistet. Der noch immer einwandfreie Zustand der Bestandsbauteile konnte mit dem Einsatz modernster zerstörungsfreier Untersuchungsmethoden nachgewiesen werden. Eine konsequente Minimierung des Gewichts des neuen Überbaus durch die Konzeption einer leichten und leistungsfähigen Stahlverbundkonstruktion und die innovative Verwendung von Leichtbeton ermöglichten die Weiternutzung der Unterbauten trotz der über die Lebensdauer des Bauwerks deutlich gestiegenen Verkehrsbelastung. Dadurch wurden Eingriffe in das sensible Ökosystem der Alz auf ein Minimum begrenzt und ein nennenswerter Teil der im Bestand vorhandenen grauen Energie erhalten. Die Reduktion der Bauzeit, die neben der Weiterverwendung der bestehenden Unterbauten durch einen hohen Vorfertigungsgrad bei der Bauausführung ermöglicht wurde, beschränkte die notwendige Vollsperrung des Straßenverkehrs auf 13 Monate. Damit wurde der Umleitungsverkehr zeitlich stark begrenzt und die daraus resultierenden zusätzlichen CO_2-Emissionen wurden auf ein Minimum reduziert. In

© WTM Engineers / Markus Lederwascher

7

© WTM Engineers / Yaser Heideri

8

7 Spiegelungen im See

8 Brücke in der Blauen Stunde und Lichtkonzept

OBJEKT
Brücke
STANDORT
Seebruck am Chiemsee
BAUZEIT
2021–2023
BAUHERR
Staatliches Bauamt Traunstein
INGENIEURE + ARCHITEKTEN
Objekt- und Tragwerksplaner: WTM Engineers München GmbH, München
Architekt (Geländer- und Lichtgestaltung): Architekturbüro Landbrecht, München
Geotechnik: Dipl.-Ing. Bernd Gebauer Ingenieur GmbH, Traunstein
BAUAUSFÜHRUNG
Bauunternehmen: Josef Rädlinger Ingenieurbau GmbH, Winsdorf

9

Summe konnten mit diesem Vorgehen etwa 8.000 Tonnen CO_2 eingespart werden. Auf die Einwohnerzahl von Seebruck umgerechnet, entspricht diese CO_2-Einsparung je Einwohner 40 Hin- und Rückfahrten München–Berlin mit der Bahn und 13 mit dem Kfz.

Nicht zu unterschätzen ist auch die Wirkung, die die Teilerneuerung der Alzbrücke Seebruck auf die nachhaltige Veränderung des Mobilitätsverhaltens von Anwohnern und Touristen haben kann. Durch die Verbreiterung des Überbaus konnte eine erhebliche Verbesserung der Geh- und Radwegverbindung über die Alz erreicht und eine Lücke im Chiemsee-Radrundweg geschlossen werden. Dies ist gelungen, indem der Radweg künftig separat auf der Nordseite der Brücke geführt wird und der Gehweg auf der Seeseite. Insbesondere die Interaktion von Fußgänger- und Radverkehr konnte auf diese Weise konfliktfreier für die Zukunft gestaltet werden. Es ist nun genügend Platz auf der Brücke, damit Fußgänger wie Radfahrer auch an den touristisch hoch frequentierten Wochenenden einmal verweilen können, um von der Brücke aus das großartige See- und Alpen-Panorama zu genießen.

Nach einer Bauzeit von knapp 14 Monaten wurde die teilerneuerte Alzbrücke Seebruck am 21.12.2022 wieder für den Straßenverkehr freigegeben. Bis Ende Mai 2023 erfolgten noch Restarbeiten an angrenzenden Stützwänden. Das teilerneuerte Brückenbauwerk fügt sich heute harmonisch in seine besondere landschaftliche Umgebung ein und bietet ohne Einschränkungen die Leistungsfähigkeit einer modernen Verkehrsinfrastruktur.

Otto Wurzer, Florian Paukner

10

9 Neuer Verkehrsraum auf der Brücke

10 Blick auf die Alzbrücke von Südwesten

EINE RUNDE SACHE –
Die Umgestaltung und Sanierung der Sankt Hedwigs-Kathedrale in Berlin

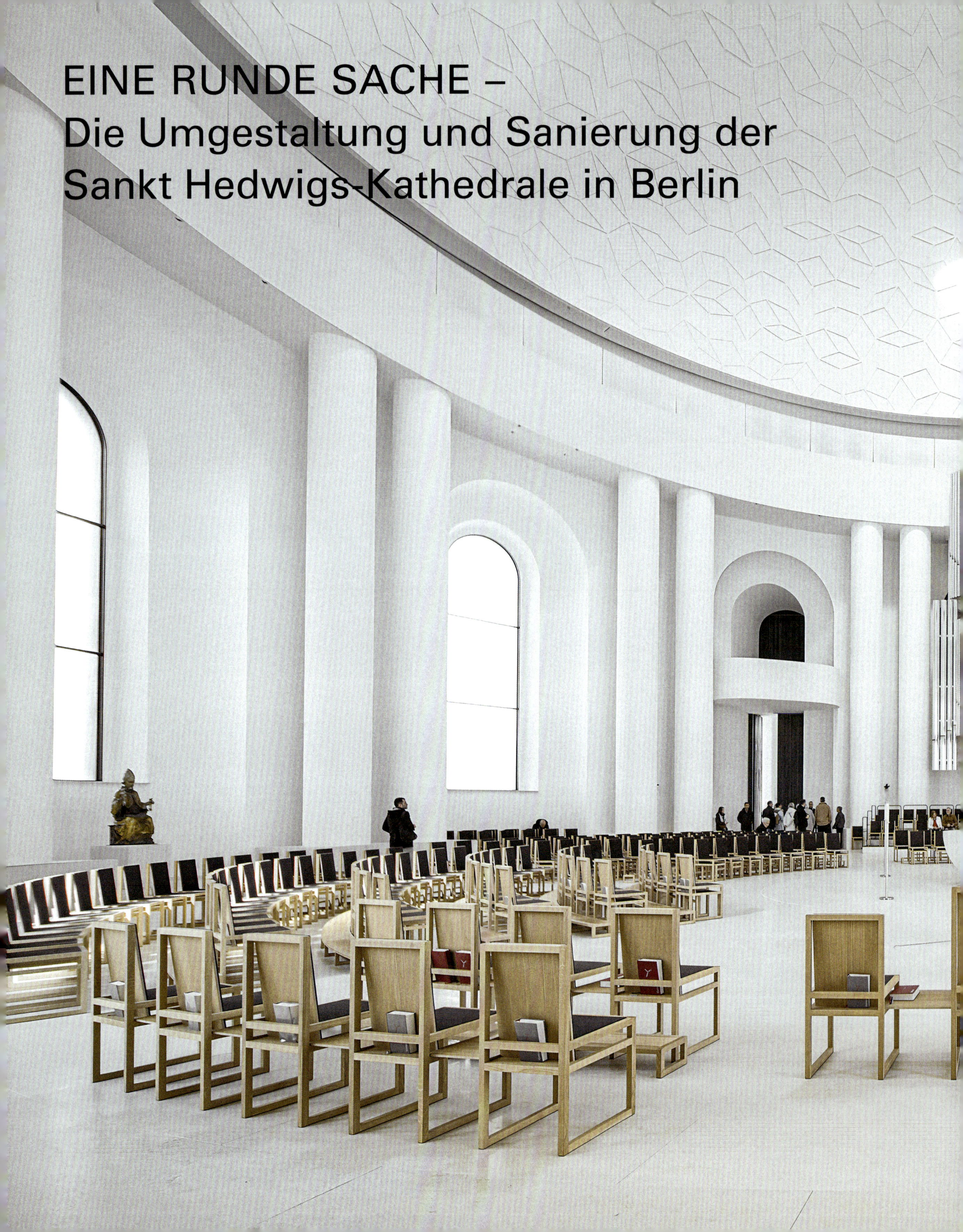

„Es ist eine runde Sache" – mit diesen Worten charakterisierte der Berliner Erzbischof *Heiner Koch* anlässlich des feierlichen Pontifikalamtes zur Wiedereröffnung der Sankt Hedwigs-Kathedrale das Ergebnis: eine neue, von einem kreisförmigen Opaion (Lichtauge) abgeschlossene, halbkugelförmige Innenkuppel in der Hauptkirche mit dem zentral darunter angeordneten halbkugelförmigen Altar, um den kreisförmig die Bestuhlung angeordnet ist. Bis dahin waren unter anderem auch große tragwerksplanerische Herausforderungen im historisch sensiblen und denkmalrelevanten Umfeld teils auch mit innovativen Konstruktionen zu lösen.

Baugeschichte und Projektidee

Die Kirche wurde vor über 250 Jahren im Auftrag des Königs von Preußen, *Friedrich der Große*, in Anlehnung an das Pantheon in Rom als runder Mauerwerkbau mit Holzkuppel und Laterne mit Kreuz sowie einem runden Annexbau als Sakristei errichtet und in den 1880er Jahren erstmals restauriert. Mit der Erhebung zum Bischofssitz im Jahre 1930 wurde die Kirche zur Kathedrale ausgebaut. Die infolge der Kriegsereignisse bis auf die Außenmauern und die Unterkirche abgebrannte Ruine wurde ab den 1950er Jahren mit neuer Stahlbetonkuppel über dem neu konzipierten Hauptraum, der einen großen, offenen Treppenabgang zur Unterkirche erhielt, wieder aufgebaut. Als oberen Kuppelabschluss gab es eine verglaste Stahlkonstruktion mit aufgesetztem Kreuz. Im Zuge des nun vollendeten Umbaus wurde ab 2020 neben einer generellen Sanierung die Innenraumgestaltung unter Berücksichtigung der liturgischen Anforderungen neu gefasst. Hierzu waren die Einbauten aus den 1950er Jahren nahezu komplett rückzubauen.

Die Rückkehr zur Trennung von Ober- und Unterkirche, verbunden mit einer wieder geschlossenen Unterkirchendecke und zentralem Altar, wurde in der Öffentlichkeit kontrovers diskutiert; das Ergebnis findet inzwischen allerdings sehr großen Zuspruch.

historische Zeichnung

1

© Erzbistum Berlin – Erzbischöfliches Ordinariat

2

© Erzbistum Berlin – Erzbischöfliches Ordinariat

3

© Erzbistum Berlin – Erzbischöfliches Ordinariat

4

1 Bauzustand vier Jahre nach der Weihe 1773, noch unvollendet

2 Außenansicht nach der Restaurierung von 1884/1887 (Aufnahme von 1932)

3 Zustand des Innenraumes nach den Kriegsereignissen

4 Wiederaufbau der Kuppel aus Stahlbeton-Fertigteilen 1953

Besonderheiten zum Planungs- und Bauablauf

Als Grundlage lag zum ersten Entwurf des Objektplaners eine Entwurfsplanung zum Tragwerk vor, die jedoch aus Kostengründen bereits mit erheblichen Änderungen fortgeschrieben worden war. Diverse weitere Variantenuntersuchungen zur Kostenoptimierung und ergänzende Bestandserkundungen führten dann zu weiteren umfangreichen Überarbeitungen und Ergänzungen.

Komplexe Umbauten im historischen Bestand erfordern durch spezifische Herausforderungen oft ein Abweichen von der üblichen tragwerksplanerischen Strukturierung, um eine effiziente Planung und Bearbeitung zu ermöglichen. Nach Studium der vorliegenden, teils überholten Entwurfsplanungen des Architekten und der bis dahin tätigen Tragwerksplaner wurden deshalb gleich zu Beginn die geplanten Änderungen und Umbauten am Rohbau in einzelne geschossübergreifende Maßnahmen gegliedert, die später zusammenhängend in einem Zug sowohl in der statischen Berechnung als auch in der Ausführungsplanung und Ausschreibung bearbeitet wurden. Ein entsprechender Maßnahmenkatalog wurde erstellt, fortgeschrieben und ergänzt oder aus Kostengründen oder nachlaufenden Bestandserkundungen auch teils reduziert. Aus ursprünglich 22 Maßnahmen wurden so im Laufe der Planung insgesamt 30 Maßnahmen.

Integration der technischen Gewerke in den Bestand

Der tragwerksplanerische Erstentwurf wurde auf Basis weniger Bestandserkundungen erstellt. Darauf aufbauend erfolgten zusätzliche Planrecherchen und es wurden umfangreiche Bauteil- und Materialerkundungen veranlasst. Nach Erkundung der Unterkanten der Bestandsfundamente nahm man von der bis dahin geplanten Tieferlegung der Bodenplatten in der Unterkirche und im Untergeschoss der Annexkapelle Abstand. Bereits im Zuge des Wiederaufbaus der Kathedrale wurden Anfang der 1960er Jahre Lüftungskanäle unter dem Unterkirchenboden verlegt und für die Ober- und Unterkirche getrennte Belüftungssysteme in die aufgehenden Mauerwerkswände integriert. Die ursprüngliche Absicht, diese Kanäle weiterhin zu nutzen, konnte in den Wänden teilweise realisiert werden, die bestehenden Kanäle unterhalb des Bodens waren jedoch infolge ihres baulichen Zustands, neuen Brandschutz- und Querschnittsanforderungen nicht mehr verwendbar. Lediglich vorhandene Fundamentquerungen konnten nach interdisziplinärer Abstimmung weiterverwendet werden, um den Verlust an historischer Bausubstanz und an Tragfähigkeit zu minimieren. So entstanden im neuen Bodenaufbau zwei übereinander liegende Lüftungsringe, die Ober- und Unterkirche brandschutztechnisch getrennt be- und entlüften.

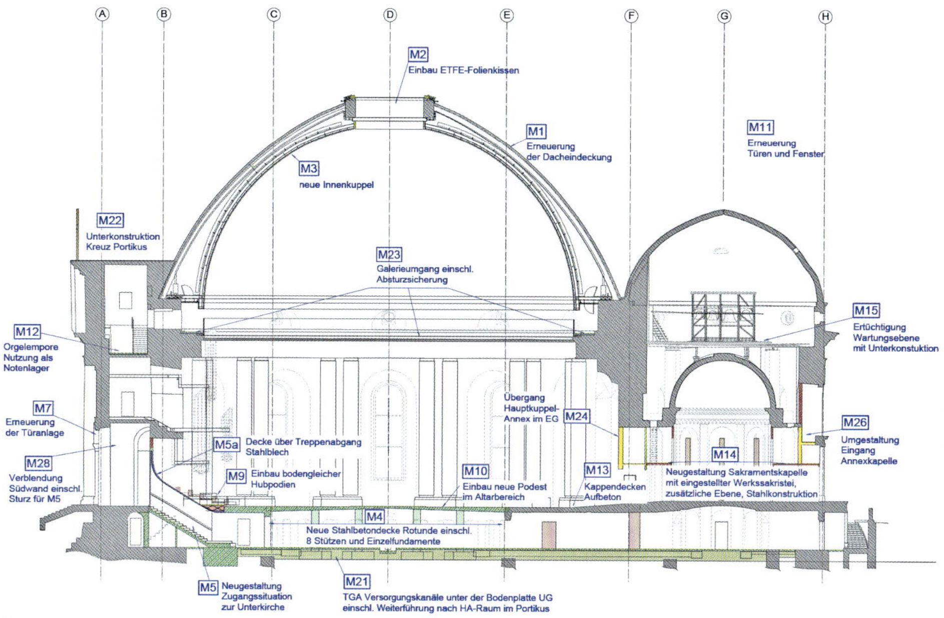

5

5 Schnitt Kathedrale und Annexbau mit Darstellung der Einzelmaßnahmen

6 Aufbau der neuen Bodenplatte, Prinzipschnitt der Lüftungsführung mit Arbeitsabläufen

Prinzipieller Arbeitsablauf

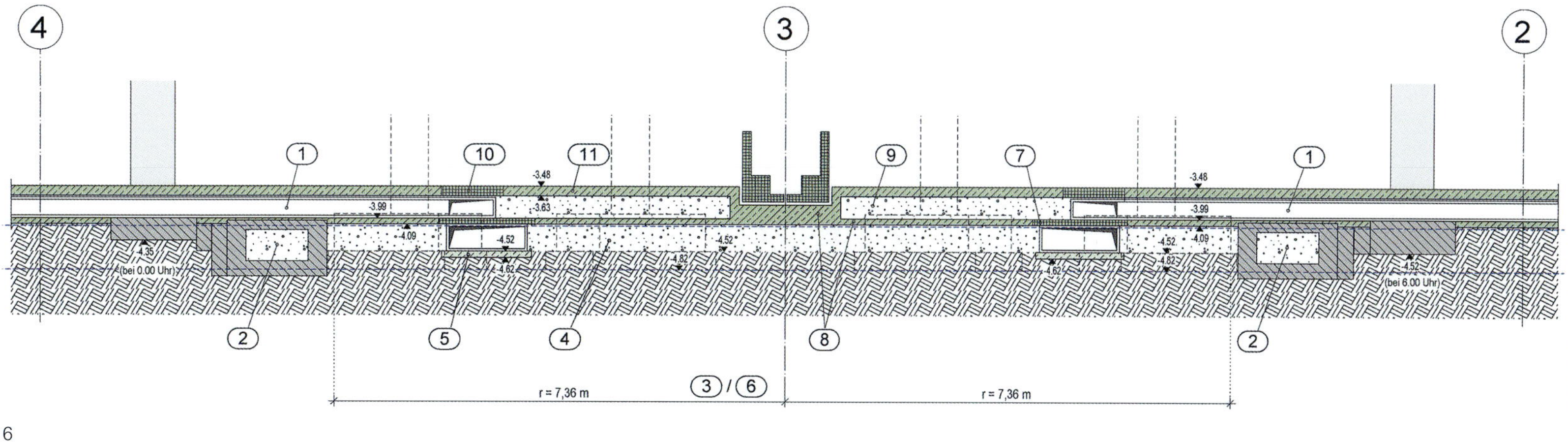

6

© Erzbistum Berlin – Erzbischöfliches Ordinariat

7

Infolge der nun geschlossenen Decke über der Unterkirche wurde eine neue, behindertengerechte Erschließung der Räume erforderlich. Der Einbau eines Aufzugs erforderte neue Zugänge im Unter- und Erdgeschoss. Ein neu geschaffener Treppenabgang führt von der mittleren Eingangstür durch den Portikus zur Unterkirche mit dem Taufbecken, den Kapellen und Bischofsgräbern. Dazu mussten Teile der massiven Mauerwerkspfeiler „untergraben" und abgefangen werden. Der Schacht des Aufzugs wurde im Bereich einer ehemaligen Wendelsteintreppe, die lediglich vom Erdgeschoss bis auf die nächste Ebene des Portikus führte, angeordnet. Die Weiterführung des Schachtes in das Untergeschoss und nach oben bis in die Dachebene verursachte komplexe Bauabläufe und Zwischenzustände sowie ein „bergmännisches" horizontales und vertikales Ausschachten im massiven Mauerwerk mit rund 3 Metern Dicke unter voreilender Abfangung der verbleibenden tragenden Wände.

Innenkuppel mit Penrose-Muster

Die beim Wiederaufbau 1953 auf die Bestandswände aufgesetzte parabolische Kuppel aus vorgefertigten, von innen sichtbaren Betonrippenelementen war rechnerisch nicht für eine Verkleidung auf der Innenseite ausgelegt. Die Wettbewerbsidee einer halbkugelförmigen Innenkuppel mit aufgesetztem Penrose-Muster, welches durch Aufschrauben von profilierten Gipsleisten auf einer Unterkonstruktion aus Gipskartonplatten entsteht, war deshalb nicht als Abhängekonstruktion an die Betonkuppel realisierbar. Diese Penrose-Struktur, benannt nach dem Mathematiker *Roger Penrose*, besteht aus nur zwei unterschiedlichen Rauten, die zu einem sich nicht wiederholenden unendlichen Muster zusammengesetzt werden. Schon in der ersten Planungsphase wurde eine selbsttragende, halbkugelförmige Stahlkonstruktion angedacht, die über eine Krempenkonstruktion auf den umlaufenden betonierten Zugring der Außenkuppel aufgesetzt werden sollte. Daraus entstand in der weiteren Bearbeitung eine rotationssymmetrische Kuppel, welche aus insgesamt 24 paarweise angeordneten Viertelkreisbögen aus HEB 300 besteht, die durch horizontale Zug- und Druckringe aus Quadratrohrprofilen 104 x 8 Millimeter miteinander verbunden und durch drei Verbandsebenen ausgesteift sind. Im Fußbereich wurde eine biegesteif an die Hauptbögen angeschlossene Krempe als Kragarm vor-

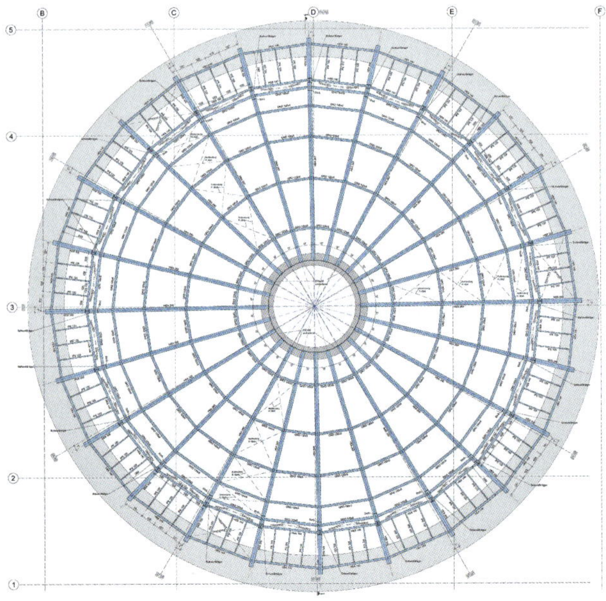

© Grafik: Ingenieurgruppe Bauen

8a

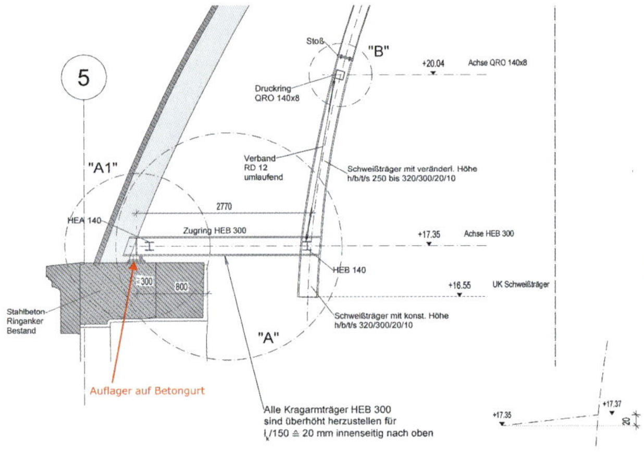

© Grafik: Ingenieurgruppe Bauen

8b

© Erzbistum Berlin – Erzbischöfliches Ordinariat

8c

7 Nach dem abschnittsweisen Verfüllen der bestehenden Lüftungskanäle und dem Einbau der neuen Fundamente für die Stützen der neuen Unterkirchendecke; Freihaltung des Platzes für den unteren Ringkanal mit Zuleitungen zu den Kapellen

8 Grundriss der Kuppel (a); Detail Fußpunkt: Ausbildung der Krempenkonstruktion als Kragarm zum Auflager auf dem Betonringgurt der Außenkuppel (b); Krempenkonstruktion am Fußpunkt der Kuppel während der Montage (c)

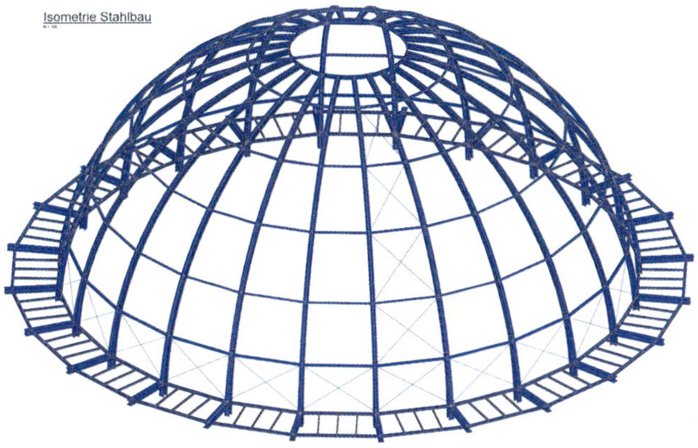

© Grafik: Ingenieurgruppe Bauen

9

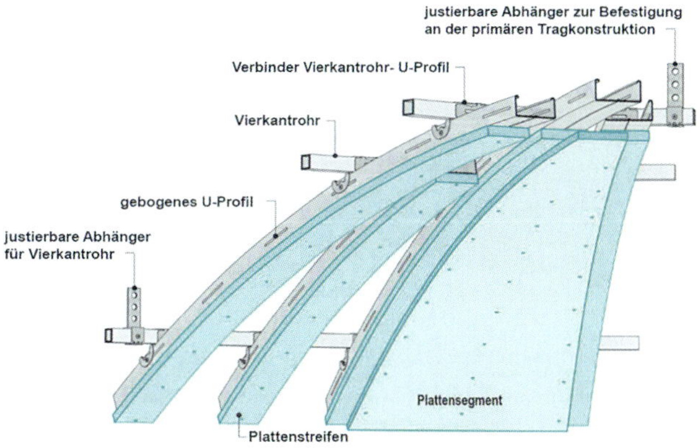

© Grafik: Ingenieurgruppe Bauen

10

9 3D-Animation des Stahlbaus der Innenkuppel

10 Aufbau der Innenverkleidung für das Penrose-Muster der Innenkuppel: sekundäre Abhängekonstruktion mit Gipskartonlagen – Prinzipzeichnung

gesehen, die die über dem Hauptraum ankommenden Kuppellasten zentrisch auf den etwa 2,7 Meter entfernten, umlaufend betonierten Fußring der Außenkuppel leitet. Die Krempe und der untere Bogenbereich bestehen aus einem geschweißten Trägerprofil; die Krempenebene ist gleichzeitig als umlaufender Wartungsgang ausgelegt, von dem aus die Unterbringung und Wartung von Ausbau- und Steuerungsgeräten sowie der Maschinerie für den Betrieb des Opaions im Zwischenraum Betonkuppel–Stahlkuppel ermöglicht wird. Den oberen Abschluss bildet ein Stahldruckring, an dem die Innenverkleidung des Opaions mit dem Lichterkranz und weiterer Technikelemente befestigt ist.

Neben den tragwerksrelevanten Bauteilen wurde auch der weitere Aufbau bis zur inneren Oberfläche in einem längeren kooperativen Prozess mit allen Beteiligten entwickelt: An den Tragprofilen ist zunächst eine Ebene aus Vierkantrohren mit justierbaren Abhängern befestigt. Daran sind mit handelsüblichen Verbindern gebogene U-Profile zur Befestigung der Gipskartonplatten-Segmente befestigt.

Wegen der sehr begrenzten Abstützungsmöglichkeiten im Kuppelinnenraum war die Planung des Bauablaufs mit den zugehörigen Bauzwischenzuständen eine besondere Herausforderung. So wurden zuerst die Krempe und das untere Bogenstück bis zum ersten Zugring ausgeführt und umlaufend mit einem zusätzlichen Kreuzverband versehen. Damit war der Unterbau auch ohne weitere Vertikalabstützung tragfähig und der obere Teil der Kuppel konnte sukzessive aufgesetzt und verspannt werden. Hierzu waren umfangreiche statische Berechnungen und Verformungsbetrachtungen und ein exakt vorgegebener Bauablauf erforderlich.

Planung und Ausführung des Opaions

Nach dem Einbau des oberen Druckrings und der Innenverkleidung wurde das im Werk vorgefertigte Opaion vorab am Boden vormontiert und per Autokran auf dem Druckring der äußeren Betonkuppel befestigt. Als letzter Akt wurde dann die Innenverkleidung des Opaions mit der integrierten Beleuchtungs- und Medientechnik an zuvor eingebauten Seilzügen hochgezogen und befestigt. Diese Innenverkleidung kann zur Wartung auf- und abgefahren werden.

Zur interdisziplinären Planung gehört auch die Entwicklung eines Höhenzugangskonzeptes zur Reinigung und Wartung der Unterseite des Opaions, welche über ein temporäres, an Anschlagpunkten am Kuppelkranz befestigtes Seilnetz durch Industriekletterer ausgeführt wird.

Im Wettbewerb war als Kuppelabschluss eine sphärisch gekrümmte Ganzglaskuppel mit einem Durchmesser von circa 6,30 Metern und einem Stich von rund 475 Millimetern vorgesehen. Diese sollte in der Mitte der Kuppelöffnung als zentrales Lichtauge mit einem aufgesetzten Kreuz realisiert werden. Im Planungsprozess wurden dann über mehrere Jahre verschiedene

© Ingenieurgruppe Bauen

11

11 Einheben des vor Ort vormontierten Foliendachs

Varianten betrachtet: Die Fertigung der Glaskuppel aus einem Stück im Werk war produktionstechnisch nicht realisierbar, Zwischenlösungen aus zusammengesetzten gebogenen Glassegmenten mit und ohne Unterkonstruktion wurden aus technischen und wirtschaftlichen Gründen und wegen der aufwendigen Wartung der Fugendichtstoffe verworfen. Konstruktionen mit vor Ort kalt verformten ebenen Glassegmenten mit reduziertem Stich und einer Unterkonstruktion aus Glasbalken sowie eine Variante mit sphärisch gekrümmten Acrylglas führten ebenfalls nicht zu einer allgemein akzeptierten Lösung.

Bei allen betrachteten Varianten war die Befestigung des geplanten Kuppelkreuzes noch nicht gelöst. Nach intensiver Diskussion der optimalen Sichtbarkeit des Kreuzes entstand beim Bauherrn die Idee, das Kreuz vom Bebelplatz aus gut sichtbar auf den Portikus zu platzieren. Diese Möglichkeit eröffnete eine neue, innovative Möglichkeit zur Konstruktion.

Der letztendlich realisierte Entwurf sieht nun ein mehrlagiges, pneumatisch gestütztes ETFE-Folienkissen vor, welches ohne zusätzliche interne Tragstruktur auskommt. Die Ringzugkräfte aus der Folienkonstruktion werden durch einen auf die bestehende Stahlbetonkuppel aufgesetzten geschlossenen Stahlring aufgenommen. Der Ring hat einen Durchmesser von circa 6.550 Millimetern, ausgeführt in S355 als Rohrprofil 139,6 × 6,3 Millimeter.

Das Kissen besteht aus vier Folienlagen (von außen nach innen: 350, 200, 200, 350 Mikrometer), wobei die äußeren Lagen mit Stichen von 650 bzw. 710 Millimetern, die inneren Lagen mit Stichen von 550 Millimetern ausgeführt wurden. Die Folien werden aus etwa 1,5 Meter breiten Bahnen konfektioniert, die sichtbaren Schweißnähte mit rund 10 Millimetern Breite nehmen das Penrose-Ornament der innenliegenden Kuppelstruktur auf.

Zur Erzeugung der notwendigen Druckverhältnisse wird eine regelbare Kompressor- und Trocknereinheit eingesetzt. Die Drücke in den äußeren Folienkammern betragen circa 320 Pascal, in der inneren Kammer rund 400 Pascal. Bei außergewöhnlichen Lastsituationen (wie hohen Wind- oder Schneelasten) können die Drücke auf bis zu 720 bzw. 800 Pascal angehoben werden. Die Steuerung erfolgt automatisiert über Wind- und Schneesensoren.

Zur Reduktion der Gefahr von Wasseransammlungen bei Ausfall der Stützluftversorgung wurde die gesamte Konstruktion geneigt ausgeführt. Dennoch kann bei extremen Schneelasten – bis zu 2,0 kN/m² im norddeutschen Tiefland – nicht ausgeschlossen werden, dass die oberen Folienlagen temporär kollabieren, da diese Lasten den steuerbaren Innendruck übersteigen. Für diesen Fall sowie im Havariefall muss eine manuelle Beräumung durch das Betreiberteam erfolgen.

© Sebastian Hänel, Berlin

12

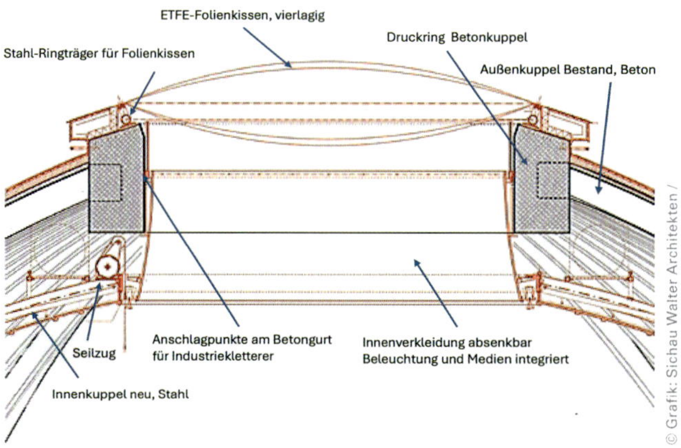

© Grafik: Sichau Walter Architekten / Erzbischöfliches Ordinariat

13

12 Eine runde Sache: Innenansicht Kuppelraum nach Fertigstellung; Opaion mit Lichterkranz, Kuppel und Altar als Halbkugeln

13 Schnitt durch das ETFE-Foliendach mit Innenverkleidung, Werkplanung

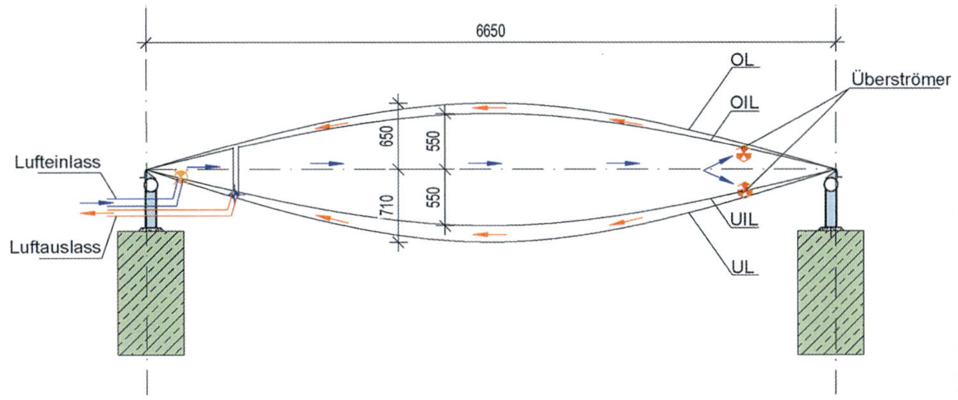

14

© Grafik: Ingenieurgruppe Bauen

14 ETFE-Foliendach, Funktionsprinzip Schnitt

15 Außenansicht heute mit Kreuz auf dem Portikus

Die Bemessung des ETFE-Kissens erfolgte auf Grundlage der technischen Spezifikation prCEN/TS 19102:2021-04 (E) für vorgespannte Membrantragwerke. Als ungeregeltes Bauprodukt in ungeregelter Bauweise waren sowohl eine Zustimmung im Einzelfall (ZiE) als auch eine vorhabenbezogene Bauartgenehmigung (vBg) erforderlich.

Bei allen durchzuführenden Maßnahmen war ein enges Zusammenspiel zwischen Bauherrschaft, Planenden und Ausführenden die Grundlage des Erfolgs. Eine erfolgreich gelebte integrale Arbeitsweise zwischen allen Gewerken und Spezialisten ist bei diesem hoch komplexen Bauwerk mit einer Vielzahl von Materialien – von altem und neuem Mauerwerk, Stahlbeton, Stahl, Holz, Naturstein bis zu Glas bzw. ETFE-Folien – erstes Gebot. Die eingangs erwähnte Aufteilung in Einzelmaßnahmen hat sich an dieser Stelle wieder einmal als hocheffizientes Planungsinstrument bewährt.

Patrick Beck, Gerhard Eisele, Sylvia Glomb, Josef Seiler

© Glass Ingenieurbau

15

OBJEKT
Sankt Hedwigs-Kathedrale
STANDORT
Berlin
BAUZEIT
2021–2024
BAUHERR
Erzbistum Berlin – Erzbischöfliches Ordinariat, Berlin
Projektsteuerung: tp teamproject management GmbH, Leipzig/Berlin
INGENIEURE + ARCHITEKTEN
Architekt:
Sichau & Walter Architekten, Fulda mit Architekturbüro Schasler, Berlin (Bauleitung)
Leo Zogmayer, Wien (künstlerische Gestaltung)
Tragwerksplaner:
Bollinger und Grohmann Berlin, bis Anfang 2020, erster Entwurf
Ingenieurgruppe Bauen, Karlsruhe – Mannheim – Berlin – Freiburg – Heidelberg ab zweiter Entwurfsplanung 2020
Verantw. Partner: Josef Seiler
Projektleitung: Gerhard Eisele, Sylvia Glomb
Ingenieure: Dr. Patrick Beck, Martin Morlock, Maximilian Möldner
Konstrukteur:innen: Diana Stephan, Celine Heilig, Babak Glozan
Prüfingenieur Tragwerk: Prof. Dipl.-Ing. Frank Prietz, Berlin
TGA: air-consult / IB Knape, Jena
IB Elektroprojekt, Zeulenroda-Triebes
BAUAUSFÜHRUNG
Rohbau: Bauunternehmen Kusche, Berlin
Stahlbau: FSE Fläminger Stahl- und Energieelementebau, Lutherstadt Wittenberg; Dornhöfer Stahl- und Metallbau, Kulmbach
Opaion: Temme / Obermeier, Rosenheim
Gerüstbau: Gerüstbau Tisch, Berlin

HOLZBAU IN HOCHFORM – Das Holzhochhaus Roots in Hamburg

In der Hamburger HafenCity steht das höchste Holzhochhaus Deutschlands. Das integral arbeitende Planungsteam aus Architekten, Holzbau- und Tragwerksplanern, Brandschützern und Bauphysikern verschiebt dabei mit Abweichungen von Landesbauordnung und technischen Baubestimmungen die Grenzen des Möglichen.

Mit 19 Geschossen, 65 Metern Höhe und 181 Wohneinheiten hat der Holzbau in Deutschland in direkter Nachbarschaft zum Hamburger Hafen ein neues Vorzeige- und Leuchtturmprojekt. Die Realisierung dieses ambitionierten Bauvorhabens Roots beantwortet positiv die Frage, ob das Baumaterial Holz für urbane Bauaufgaben verglichen mit Stahlbeton und Mauerwerk geeignet ist. Die Planung des Holzhochhauses war insbesondere in Bezug auf die integrale Holzbauplanung, die Brandschutzkonzeptionierung sowie die Bauordnung und technischen Regelwerke herausfordernd.

Kommunikation und integrale Planung

Außergewöhnliche Holzbauwerke sind eine Herausforderung an die Kommunikation und das Miteinander

1 Das Holzhochhaus Roots an der Wasserkante des ehemaligen Baakenhafens

© HG Esch, Quelle: BKW AG

2

© HG Esch, Quelle: BKW AG

3

© HG Esch, Quelle: BKW AG

2 Wasserseitig geöffneter Innenhof mit Spielplatz und Bewuchs

3 Fassade in Lärchenholz – nur über Abweichung möglich

innerhalb des Planungs- und Ausführungsteams. Aufgrund der komplexen Vorfertigung der Holzbauteile – bis hin zu 3D-Außenwandelementen inklusive Loggien – mussten die Umstände aus Vorfertigung, Logistik und Montage in der Planung stets mitgedacht werden. In einer frühen Leistungsphase wurde das ausführende Holzbauunternehmen in vielen Workshops mit einbezogen. Die vorgefertigten Außenwandelemente mussten den Anforderungen aus sämtlichen Planungsdisziplinen gerecht werden. Der optimale Austausch innerhalb des integralen Planungsteams wurde so zum entscheidenden Erfolgsfaktor. Im Zuge dessen waren etliche besondere Leistungen erforderlich und ein von den Leistungsbildern der HOAI abweichender Planungsprozess obligatorisch.

Brandschutz und Baurecht

Baurechtlich ist ein Hochhaus in Holzbauweise, bei dem sich also das Tragwerk am Brandgeschehen beteiligt, bis heute nicht vorgesehen. Allerdings waren die parallel zur Planung des Roots erfolgende Erweiterung der Hamburger Landesbauordnung zur Ermöglichung des Holzeinsatzes bis zur Gebäudeklasse 5 und die Veröffentlichung des Bauprüfdienst-Anwendungsdokuments zum Massivholz als technische Baubestimmung hilfreiche Absprungniveaus zur Erarbeitung eines genehmigungsfähigen Brandschutzkonzepts. Die zuständigen, aufgrund der Diskussion zur HBauO-Änderung geschulten Hamburger Behörden spielten dabei eine besondere Rolle zur Genehmigung des ungewöhnlichen Neubaus. Die besonderen Anforderungen an den konstruktiven Brandschutz der tragenden Bauteile (R120, EI90) waren dabei gewählt worden, um eine zusätzliche brandschutztechnische Robustheit für das Bauwerk zu gewährleisten.

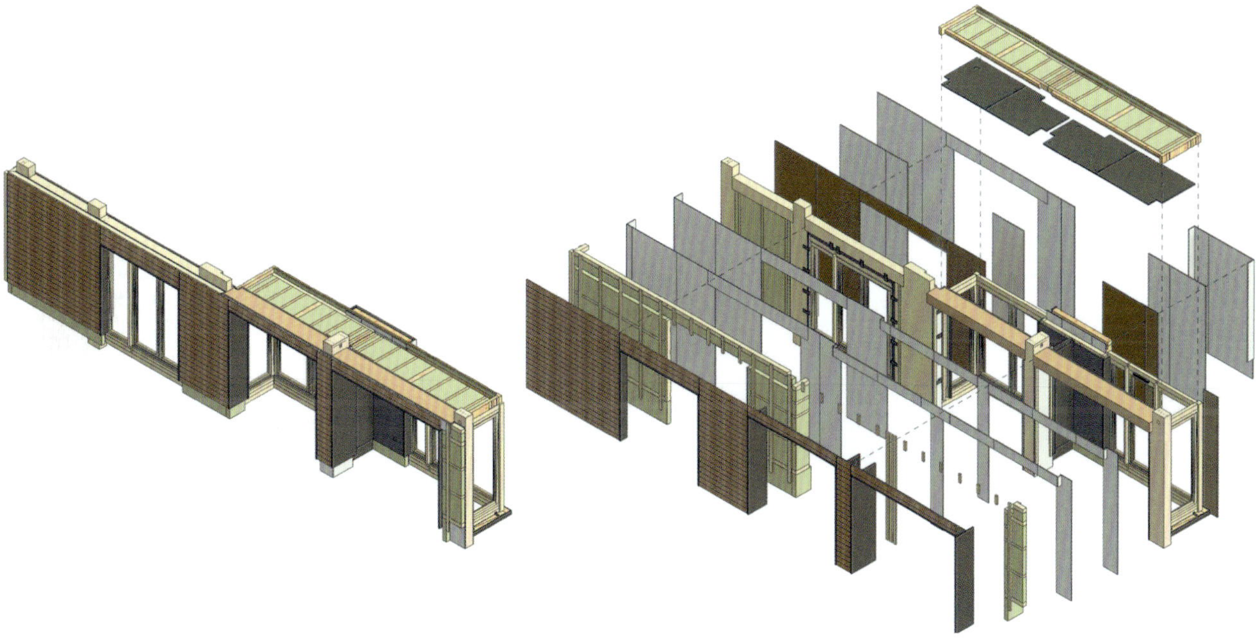

4

© Grafik: Rubner Holzbau GmbH

4 Vorgefertigter Außenwandaufbau mit Loggien

© Rubner Holzbau GmbH

5

5 Außenwand als Raumelement

Holzbau und Hochhaus

Die Bauaufgabe „Hochhaus" ist für den Holzbau in Deutschland neu und die Tragwerks- und Holzbauplanung hat Pioniercharakter. Denn die Regelwerke und normativen Vorgaben sind unter anderen Randumständen entstanden und ihre Skalierung musste in jedem Einzelfall sorgfältig durchdacht werden. Dies betraf zum einen die Differenzstauchung der vertikalen Tragbauteile aufgrund unterschiedlichen Materialverhaltens zwischen den Holzstützen und dem benachbarten Stahlbetonkern, zum anderen aber auch Robustheitsszenarien mit Anforderungen aus fiktiven Lasten.

Von besonderer Bedeutung waren der Holz- und Feuchteschutz sowie der Witterungsschutz auf der Baustelle. Die Glasfassade als zweite Haut über der zurückgesetzten Außenwandkonstruktion bietet einen sehr hohen Schutz vor Wassereintritt durch mögliche Fehlstellen in der Konstruktion. Zusätzlich wurde ein Detektionssystem zur Erkennung von Auffeuchtungen in den Holzbauteilen installiert.

Das Planungsziel war hoch gesteckt: Es war Vorgabe, das Umweltzeichen HafenCity in Platin mit all seinen hohen unterschiedlichen Anforderungen zu bestehen. In Bezug auf die Komfortbedingungen bezog sich das vor allem auf den zu leistenden, ausgesprochen hohen Schallschutz, der in einer leichten Holzbauweise nur schwer zu erreichen ist. Probleme können dabei die Schallnebenwege darstellen, die oftmals schwer planerisch zu prognostizieren sind. Für das Holzhochhaus Roots wurde daher ein zweigeschossiger Mock-up zur Messung von Schallschutzwerten errichtet, an dem viele Einzelheiten der Schallschutzstrategie im Holzbau aufgemessen werden konnten.

Henning Klattenhoff, Lisa Ansel, Fynn Rösch

© HG Esch, Quelle: BKW AG

6

6 Das Roots besteht aus einem 19-geschossigen Hochhaus und einem 7-geschossigen Riegel.

OBJEKT
Neues Wohnhochhaus mit Büroflächen, Ausstellungsräumen und Gastronomie
STANDORT
Hamburg
BAUZEIT
2021–2024
BAUHERR
Garbe Immobilien Projekte
INGENIEURE + ARCHITEKTEN
Tragwerksplaner: Assmann Beraten + Planen GmbH, Hamburg
Brandschutz: Hahn Consult GmbH, Hamburg
Architekt: Störmer Murphy and Partners GbR, Hamburg
Haustechnik: M&P Gruppe, Hamburg
BAUAUSFÜHRUNG
Generalunternehmer Holzbau: Rubner Holzbau GmbH
Gründung: Züblin Spezialtiefbau GmbH
Beton- und Stahlbetonbau: Oevermann Hochbau GmbH (PORR Deutschland)
Glasfassade: Lumon Group
AUSZEICHNUNGEN
BDA-Preis 2024, 3. Rang
Polis Award 2024, 3. Platz

URBANE INFRASTRUKTURBAUWERKE FÜR MOBILITÄT UND KLIMAANPASSUNG

Die Herausforderungen des Klimawandels verlangen nach technischen Antworten – und Ingenieur:innen stehen dabei im Zentrum der gesellschaftlichen und infrastrukturellen Transformation. Urbane Infrastrukturbauwerke müssen heute weit mehr leisten, als nur sicher zu funktionieren: Sie sollen resilient gegenüber Extremwetterereignissen sein, zur Verkehrswende und Klimaneutralität beitragen und gleichzeitig die Lebensqualität im Stadtraum erhöhen. Diese komplexen Anforderungen erfordern nicht nur technisches Know-how, sondern auch vorausschauende Planung, interdisziplinäre Zusammenarbeit und ein hohes Maß an gesellschaftlichem Verantwortungsbewusstsein. Ingenieur:innen gestalten diesen Wandel aktiv mit – etwa durch die Umrüstung bestehender Verkehrsinfrastruktur, die Entwicklung nachhaltiger Betriebshöfe für E-Mobilität oder die Integration von Hochwasserschutz in urbane Räume. Dabei gilt es, technische Lösungen konsequent mit ökologischen und sozialen Anforderungen zu verbinden. Klimaanpassung wird so zur ingenieurtechnischen Gestaltungsaufgabe mit hoher gesellschaftlicher Relevanz – und zur Chance, Städte zukunftsfähig, lebenswert und widerstandsfähig zu machen.

1. Zukunftsfähige urbane Mobilität

Unsere urbanen Räume wachsen und verdichten sich weiter. Mit dem Beschluss des Bundestages vom März 2025, den Passus „Klimaneutralität bis 2045" im Grundgesetz zu verankern, wurde ein rechtlich verbindliches Ziel zur Stärkung des Klimaschutzes in Deutschland festgelegt.

Auch der Verkehrssektor muss im Rahmen der Mobilitätswende seinen Beitrag leisten. Laut Bundesumweltamt verursachte der Verkehr im Jahr 2022 fast 20 Prozent der Gesamtemissionen, wobei der innerstädtische Verkehr einen erheblichen Anteil hatte. Deshalb ist es erforderlich, den klimaschädlichen Individualverkehr in den Städten deutlich zu reduzieren und auf einen klimaneutralen öffentlichen Personennahverkehr (ÖPNV) zu verlagern.

Dies erfordert sowohl Optimierungen und Modifikationen der bestehenden Verkehrsinfrastruktur als auch komplexe Neubauten. Ingenieurunternehmen tragen dabei eine besondere Verantwortung, sich aktiv einzubringen und Städte, Gemeinden sowie Verkehrsbetriebe mit Weitblick und technischem Know-how beim Umbau unserer Verkehrsinfrastrukturen zu unterstützen. Ihre Expertise ist entscheidend, um den Wandel hin zu einer klimaneutralen Mobilität kompetent zu gestalten. Am Beispiel zweier Projekte aus Köln wird dies greifbar.

Gelebte Mobilitätswende am Beispiel der Stadt Köln

Die Kölner Verkehrs-Betriebe AG (KVB) verfügt über ein umfangreiches Stadtbahn- und Busnetz und befördert jährlich über 200 Millionen Fahrgäste, Tendenz steigend.

Den Klimaschutz hat die KVB ganz oben auf die Agenda gesetzt: Um sicherzustellen, dass der Betrieb der Stadtbahnen und elektrisch betriebener Busse klimaneutral ist, setzt die KVB ausschließlich Ökostrom ein und hat damit bereits die Weichen in die richtige Richtung gestellt.

Ganzheitliche Planung trifft auf technisches Know-how – Unterirdische Stadtbahnhaltestellen in Köln

Laut der KVB sind jedoch insbesondere im morgendlichen Berufs- und Schulverkehr die Stadtbahnlinien an ihrer Kapazitätsgrenze, sodass es mitunter zu Verspätungen kommt. Die theoretisch naheliegendste Lösung einer Taktverdichtung ist aufgrund der Linienführung und der Parallelnutzung von Tunnel- und Gleisabschnitten im Innenstadtbereich nicht realisierbar.

Stattdessen kann jedoch der Einsatz von längeren Zügen nachhaltig zur Entlastung des öffentlichen Nahverkehrs in Spitzenzeiten dienen. Dadurch wird gewährleistet, dass im bestehenden Netz bei gleichem Takt und mit unverändertem Personaleinsatz mehr Fahrgäste befördert werden können.

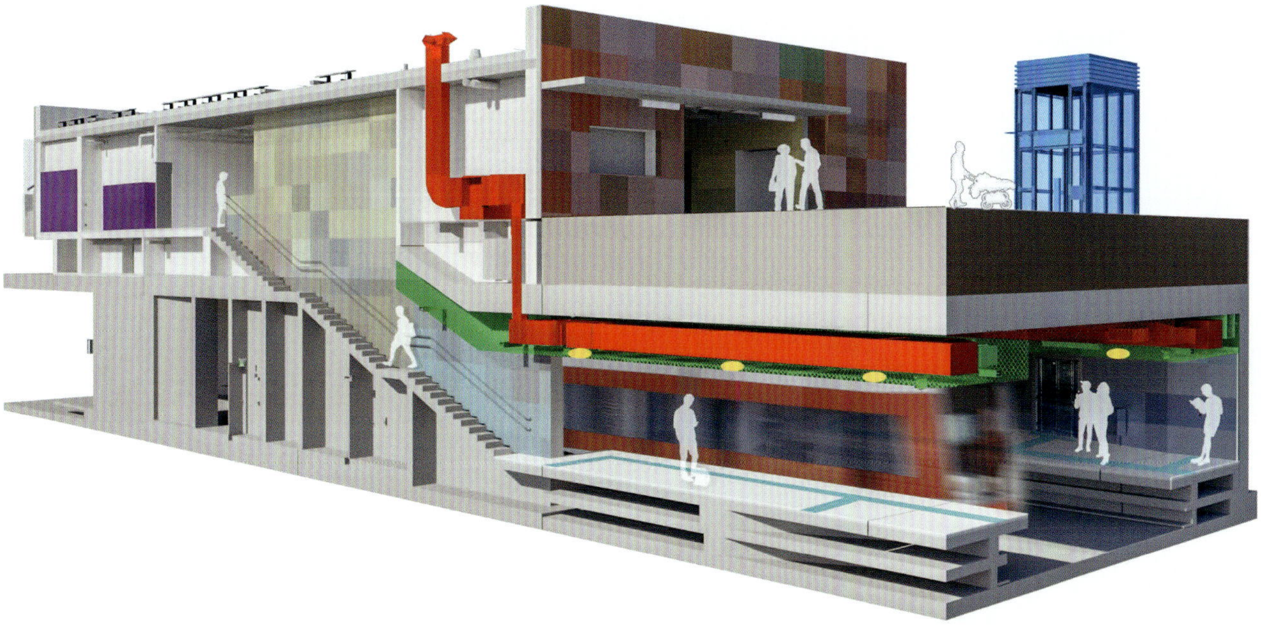

1

© Grafik: Schüßler-Plan

1 Exemplarische Übersicht über die baulichen Maßnahmen an unterirdischen Stadtbahnhaltestellen in Köln

Mit der Verlängerung der Stadtbahnen von 60 auf 70 Meter und der Ausnutzung vorhandener Reserven strebt die KVB eine Erhöhung der Transportkapazität um 20 bis 25 Prozent an. Um jedoch längere Züge einsetzen zu können, müssen bestehende Haltestellen umgebaut werden. Der Brandschutz ist dabei eine der wichtigsten Herausforderungen.

Für die Bewertung des Brandschutzes von unterirdischen Haltestellen ist insbesondere das Szenario einer brennend einfahrenden Stadtbahn relevant. In einem solchen Fall entstehen giftige Rauchgase, die sich innerhalb der Haltestelle rasant ausbreiten können.

Durch die geplante Kapazitätssteigerung muss im Notfall sichergestellt sein, dass auch eine höhere Zahl an Fahrgästen die Haltestelle sicher verlassen kann. Eine brandschutztechnische Begutachtung von bestehenden Haltestellen hat ergeben, dass im Zuge der geplanten Kapazitätserweiterung umfangreiche Umbauten erforderlich sind.

Als wichtigste Maßnahmen sind die Bildung von Brandabschnitten, die Erweiterung der Brandmeldeanlage und die Implementierung einer Sprachalarmierung sowie der Einbau einer Anlage zur maschinellen Rauchabsaugung zu nennen. Der brandschutztechnisch erforderliche Umbau von Haltestellen bietet zugleich die Chance, die Haltestelle durch den Einbau von Aufzügen barrierefrei zu gestalten und weitere Modernisierungsmaßnahmen durchzuführen.

KVB Betriebshof Köln-Porz

Mit dem Ziel der Umstellung des gesamten Bus-Betriebs auf E-Busse bis zum Jahr 2030 wird die KVB nach eigenen Angaben ihren CO_2-Ausstoß je Personenkilometer von aktuell 15 bis 19 Gramm auf sieben Gramm senken.

Auf einem rund sechs Hektar großen Areal in Köln-Porz entsteht aktuell ein neuer Betriebshof, der eine wichtige Voraussetzung zur Erreichung dieses Ziels ist. Der erste Bauabschnitt mit Lademöglichkeiten für 54 E-Busse wurde bereits im März 2024 in Betrieb genommen. Der zweite Bauabschnitt für circa 130 weitere E-Busse befindet sich derzeit in Planung.

Das Betreiben einer E-Busflotte verändert das Design eines Betriebshofes deutlich gegenüber dem einer Dieselflotte. Als besondere Komponenten sind die elektrische Ladeinfrastruktur inklusive der dazugehörigen Bauwerke, die E-Buswerkstatt sowie die baulichen und organisatorischen Brandschutzmaßnahmen zu nennen.

Die elektrische Infrastruktur wird über eine redundante Einspeisung des örtlichen Netzbetreibers versorgt. Zur Sicherstellung der Versorgung hat die KVB zusammen mit dem Versorger ein Umspannwerk errichtet. Von dort aus wird die Mittelspannungsanlage im Energiegebäude mit 10.000 Volt versorgt. Die Anlage ist in zwei Blöcke unterteilt, die für den Fall eines Fehlers oder Brandes voneinander getrennt sind. Jeder Block speist einen Transformator, der die Mittelspannung auf 400 Volt her-

© KVB Betriebshof Porz / Theodor Barth

2

© KVB Betriebshof Porz / Theodor Barth

3

2 Busladung über Pantografen an Ladehauben

3 Charger (Gleichrichter) im Technikgebäude

untertransformiert. Diese Niederspannung wird dann an die Ladegeräte weitergeleitet, die den benötigten Ladestrom für die Elektrobusse bei einer Batteriespannung von 600 bis 800 Volt liefern.

Die elektrischen Komponenten der Ladeinfrastruktur – wie Transformatoren und Ladegeräte – sind in Technikgebäuden untergebracht. Dies dient dem Schallschutz, der Sicherheit sowie der wetterunabhängigen Wartung und Instandhaltung.

Die Ladung der E-Busse erfolgt über an Traversen befindlichen Ladehauben. Aufgrund der Platzierung der Batterien auf den Dächern der Busse sind für die Wartung und Instandhaltung Dacharbeitsstände erforderlich. Da die Batterien bis zu zwei Tonnen wiegen, ist ihr Austausch nur mit Portalkränen möglich, wodurch die Höhe der E-Buswerkstatt bestimmt wird.

Auch in diesem Projekt spielt der Brandschutz eine zentrale Rolle. Zur Vorbeugung von Brandereignissen auf Bus-Betriebshöfen wurde im Jahr 2023 der Leitfaden Brandschutz in Betriebshöfen für Linienbusse (VdS 0825) eingeführt. Er enthält konkrete Hinweise zur Vermeidung von Bränden sowie zur Minimierung ihrer Auswirkung auf Betriebshöfe. Besonders relevant ist die Richtlinie für die Abstellung von Bussen: Diese sollen in klar definierten Blöcken angeordnet werden. Um im Brandfall einen Feuerüberschlag zu vermeiden, müssen die Blöcke durch Flächen oder Brandwände voneinander getrennt werden.

Für den Brandfall steht in einem unterirdischen Speicher Löschwasser bereit, das über Pumpen zu den Hydranten auf dem Bus-Betriebshof geleitet wird. Gleichzeitig werden die Zuflüsse zu den Rigolen und dem Brauchwasserkanal abgesperrt, sodass das Löschwasser gezielt auf dem Gelände zurückgehalten werden kann.

Nicht auf den Abbildungen zu sehen, aber ein wesentlicher Bestandteil des Gesamtprojekts ist das unterirdische Netz von verschiedensten Leitungen. Hierfür mussten die großen Stromtrassen mit den sonstigen Ver- und Entsorgungsleitungen koordiniert werden.

© KVB Betriebshof Porz / Theodor Barth

4

4 E-Bus in der Werkstatt

© KVB Betriebshof Porz / Theodor Barth

5

5 Blockbildung von E-Bussen

Generalplanung

Für beide Projekte verantworten wir die Generalplanung, sodass ein Team aus Architekten, Bauingenieuren, Ingenieuren der Elektro- und Versorgungstechnik sowie Gutachtern intensiv mit der KVB und der Stadt Köln zusammenarbeitet, um die Planungsziele zu erreichen.

Als Planungsgrundlage wurde der Bestand der Haltestellen mittels Laserscan als digitale Punktwolke erfasst und anschließend detailgetreu modelliert. Dieses Modell bildet die Grundlage für den Planungs- und Realisierungsprozess. Die einzelnen Fachdisziplinen des Teams planen und kommunizieren über das Modell miteinander (BIM-Methodik). Sie erkennen Kollisionen, Lösungsansätze und stimmen sich untereinander ab. Das Planungsteam nimmt sich auch übergeordneten Herausforderungen wie der Erstellung von Rückbaukonzepten, Bauablaufplänen und Realisierungen unter Fahrgastbetrieb an und vereinigt diese mit einem hohen Gestaltungsanspruch.

Für den Neubau des Betriebshofs Porz wurden durch das Planungsteam die internen Betriebsabläufe der KVB analysiert und mit den Besonderheiten eines E-Busbetriebes unter Berücksichtigung des Grundstückszuschnitts und der stufenweisen Inbetriebnahme zukunftsorientiert und nachhaltig in Einklang gebracht.

Fazit

Die beiden Projekte verdeutlichen, dass die Optimierung der urbanen Infrastruktur ein elementarer Hebel ist, um unseren innerstädtischen Raum lebenswerter und zukunftsfähig zu gestalten. Um die Potenziale erneuerbarer Energie zu nutzen, müssen bestehende Infrastrukturen angepasst, erweitert, aber auch neu errichtet werden – dafür setzen wir unsere Planungs- und Beratungsleistungen gezielt und für einen neuen Gesamtkontext weiterentwickelt ein.

Marko Bida,
Christoph Steffan

OBJEKT 1
Unterirdische Stadtbahnhaltestelle
STANDORT
Köln
PLANUNGS- & BAUZEIT
2022–2027
BAUHERRIN
Kölner Verkehrs-Betriebe AG
Generalplanung:
Schüßler-Plan Ingenieurgesellschaft mbH, Köln

OBJEKT 2
KVB Betriebshof Porz
STANDORT
Kaiserstraße Köln
PLANUNGS- & BAUZEIT
2020–2027
BAUHERRIN
Kölner Verkehrs-Betriebe AG
Generalplanung:
Schüßler-Plan Ingenieurgesellschaft mbH, Köln

2. Planen für den Klimawandel – wie unsere Infrastruktur resilient und inklusiv wird

Wir haben mittlerweile das erste Viertel des 21. Jahrhunderts durchlebt und seit dem Pariser Klimaabkommen sind bereits 10 Jahre vergangen. Doch was hat sich zum Erreichen der dort vereinbarten Ziele seither getan? Hierzu einen fundierten Zwischenstand darzulegen, würde den Rahmen dieses Beitrags sprengen. Doch aus Bilanzierungen verschiedener Akteure geht übereinstimmend hervor, dass ein „Weiter so" nicht ausreichen wird.

Denn während die Weltgemeinschaft vermehrt nach einer Reduktion des Ausstoßes von Treibhausgasen strebt, werden uns die Auswirkungen der globalen Erwärmung zunehmend deutlich vor Augen geführt. Die jährlich global durch Extremwetterereignisse entstehenden Schäden erhöhen sich von Jahr zu Jahr, und das klimatisch gemäßigte Deutschland ist hier keine Ausnahme. Wie aus Berichten der dpa hervorgeht, betrugen im Jahr 2023 und 2024 allein die Versicherungsschäden aus Starkregenereignissen und Überschwemmungen jeweils 60 % mehr als im langjährigen Mittel.

Diversifikation der Planungsziele

Durch den maßgeblichen Anteil der Baubranche am weltweiten CO_2-Ausstoß sind wir Bauschaffenden besonders in die Pflicht zu nehmen. Und es ist erfreulich, welch vielversprechende Praxisbeispiele mittlerweile zeigen, wie es anders geht, ohne gemeinhin schlechter zu sein. Kritisch neuzudenken, beflügelt. Bewusst zu handeln, stärkt. Nachhaltigkeit zu priorisieren, lohnt. Das bezeugen vielfältige Konzepte der jüngeren Vergangenheit. Daher ist es unerlässlich, den eingeschlagenen Weg ohne faule Kompromisse konsequent weiterzugehen. Nachhaltige Planung muss der selbstverständliche und indiskutable Standard sein. Und zugleich verdichten sich die Wasserstandsmeldungen zur Klimaentwicklung, in denen eine nicht unwesentliche Wahrscheinlichkeit für ein (teilweises) Verfehlen der gesteckten Ziele vorausgesagt wird. Es wäre also unverantwortlich und fahrlässig zugleich, die daraus entstehenden Folgen für unsere bebaute Umwelt auszublenden. Für das Funktionieren von Gesellschaften weltweit ist Infrastruktur systemrelevant. Dabei ist Infrastruktur im urbanen Raum bei Überschreitungen von Pufferkapazitäten besonders anfällig und reagiert sensibel. Es ist daher konsequent, neben Biodiversitäts- und Klimaschutzmaßnahmen auch entsprechende Bauvorhaben zur Schadensprävention voranzutreiben.

Doch unsere Infrastruktur ist für Situationen abseits der Norm häufig nicht ausreichend ausgelegt und tendiert in diesen Fällen oftmals dazu, katastrophal zu versagen,

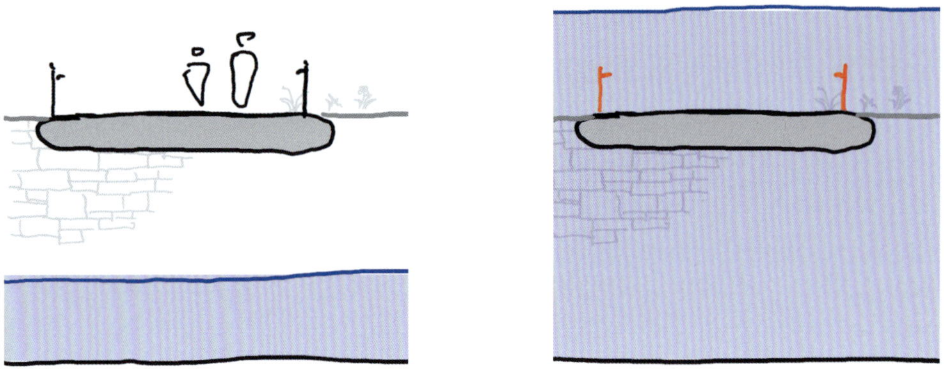

6a

© B. Halaczek, Knight Architects

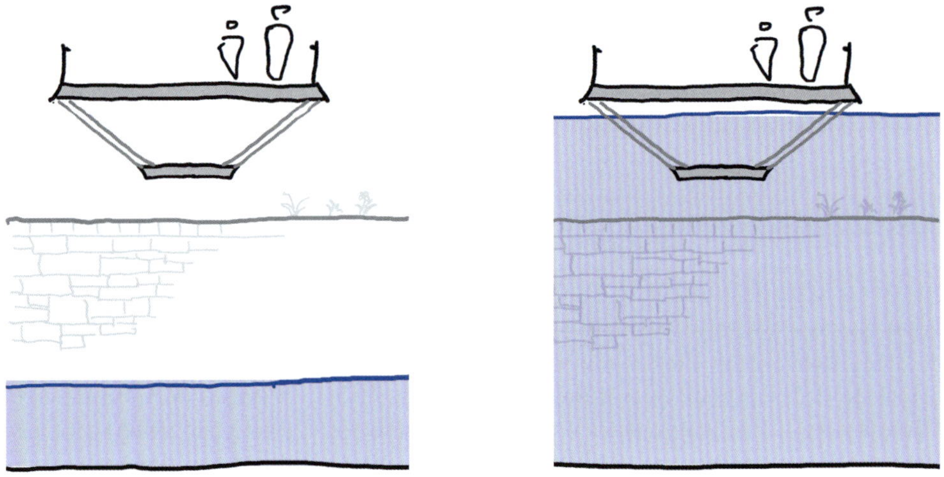

6b

© B. Halaczek, Knight Architects

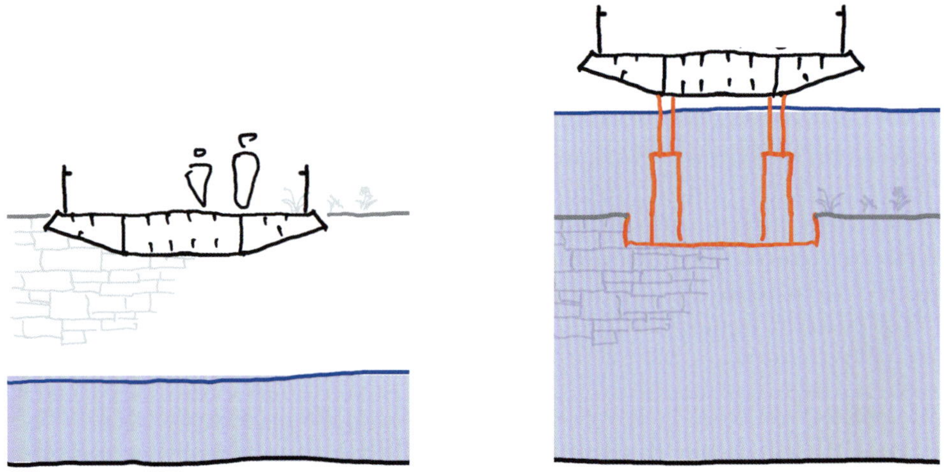

6c

© B. Halaczek, Knight Architects

6 Drei Entwurfsansätze zum Schutz von Brücken bei extremen Hochwasserereignissen: planmäßiges Überfluten, stromlinienförmiger Querschnitt (a); planmäßiges Durchfluten, offenes Tragwerk (b); planmäßiges Anheben, maschinelle Unterstützung (c)

© LAP VBI AG

7a

© Land Salzburg

7b

7 Hubbrücke Mittersill, Projektbeispiel zu Entwurfsskizze (6c): betriebsmäßige Höhenlage (a); angehoben im Flutzustand 2021 (b)

© BeachComsMan

8

8 Promenadenbrücke in Dawlish, England, verbindet Küstenschutz mit Aufenthaltsqualität

wie die jüngsten Bilder aus dem Ahrtal (2021) oder im spanischen Valencia (2024) deutlich vor Augen führen. Denn obgleich viele derartige Ereignisse vorab wissenschaftlich belegt prognostiziert waren, fehlte oftmals der politische Wille, diese meist teuren Anpassungsmaßnahmen auf die Agenda zu setzen. Es wäre aber zu einfach, von politischem Versagen zu sprechen, wenn eine Maßnahme kaum Rückhalt in der Bevölkerung bekommt. Sei es das Anheben von Brückenüberbauten zur Erhöhung des Freibords (Bild 6c und 7), die Verstärkung von Flusseinfassungen an Engstellen im urbanen Umfeld oder der Bau von Sturmflutdämmen in Küstengebieten – viele der Maßnahmen erfordern großmaßstäbliche und schmerzhafte Eingriffe in das bebaute Umfeld, besonders im städtischen Gefüge. Entsprechend großer öffentlicher Widerstand ist bei solchen Projekten grundsätzlich zu erwarten. Dabei wird wenig Augenmerk darauf gelegt, warum dieser Widerstand in erster Linie entstand.

Akzeptanz durch Beteiligung

Eine Kernfrage richtet sich nach dem Mehrwert, den die Bürgerinnen und Bürger erfahren können. Wenn eine Maßnahme, die auf die Prävention einer für die Menschen abstrakten Gefahr abzielt, von diesen aber nur Opfer verlangt – sei es monetär oder in der Einschränkung der Lebensqualität –, wird sie sich nur schwer durchsetzen lassen. Andererseits können viele Maßnahmen so geplant werden, dass sie den Stadtraum aufwerten und die Lebensqualität erhöhen können. Es gilt also, das Nützliche mit dem Bequemen zu vereinen. Dies kann mittels durchdachter Informationskampagnen geschehen, durch frühe Einbeziehung der Bürger in Planungsprozesse, speziell aber auch durch kluge Planung. Im letzten Fall sollten Synergien gefunden werden, also Fragen danach, ob ein technisches Großbauwerk so geplant werden kann, dass es die Lebensqualität der Anwohnerinnen und Anwohner langfristig verbessert (Bild 9).

Eine Einzelbetrachtung konkreter Maßnahmen würde hier zu weit führen. Stattdessen sollen grundlegende Planungsprinzipien diskutiert werden, die den Umgang mit der neuen Realität prägen müssen.

© Beccy Lane / Posimage

9

9 Pooley Bridge: Projektbeispiel zu Entwurfsskizze 6b

Drei Paradigmenwechsel für resiliente Infrastruktur

Von der Notlösung zur Stadtentwicklung
Klimaschutzinfrastruktur ist keine vorübergehende Krisenreaktion, sondern dauerhafte Stadtgestaltung. Hochwasserschutzanlagen werden Teil der urbanen Identität – für Jahrzehnte oder Jahrhunderte. Entsprechend müssen sie von Beginn an als Stadträume konzipiert werden, nicht als technische Fremdkörper.

Von der Schutzfunktion zum Stadtraum
Die meiste Zeit ihres Bestehens bedarf es der Schutzfunktion dieser Anlagen nicht. Eine Hochwassermauer steht 360 Tage im Jahr nutzlos herum, eine Brücke in erhöhter Lage blockiert täglich Sichtachsen und erschwert Wegeverbindungen. Diese „Leerzeit" kann produktiv genutzt werden – als Begegnungsraum (Bild 10), Grünfläche, kultureller Ort oder Wirtschaftsstandort.

Von der Barriere zur Verbindung
Schutzbauten trennen traditionell: Deiche isolieren Stadtteile, Mauern blockieren Blickbeziehungen, erhöhte Infrastruktur zerschneidet gewachsene Quartiere. Der Planungsansatz muss umgedreht werden: Wie können diese notwendigen Eingriffe gleichzeitig bei der Schaffung neuer Verbindungen helfen?

Ein integrierter Planungsansatz

Die Umsetzung erfordert einen grundlegend veränderten Planungsprozess. Statt nachgelagerter „Verschönerung" technischer Lösungen muss die Multifunktionalität von Anfang an mitgedacht werden. Im urbanen Raum werden dafür verschiedene Elemente der sogenannten Schwammstadt immer bedeutsamer. Ebenso bilden die Schaffung von Retentionsflächen sowie die Renaturierung von Gewässerläufen auf der Makroebene eine maßgebliche Grundlage für Klima-Resilienz nachgelagerter Infrastruktur. Dabei sind auch die Maßnahmen ganzheitlich zu betrachten und örtlich behutsam in die jeweils vorliegenden Gegebenheiten zu integrieren.

Für den Einzelfall definieren zunächst Risikoanalysen die technischen Mindestanforderungen – hier bleibt kein Spielraum. Parallel dazu muss jedoch eine sozialräumliche Bestandsaufnahme erfolgen: Welche urbanen Qualitäten gehen durch den Eingriff verloren? Welche neuen Potenziale entstehen? Wie verändert sich die Nutzung des Raumes? Oder ist eine Wegebeziehung im Extremfall sogar verzichtbar und welche technischen Anforderungen ergeben sich hieraus für das Bauwerk (Bild 6a und 11)?

Aus dieser doppelten Analyse entstehen Zielkonflikte, die nur in interdisziplinären Teams lösbar sind. Eine Küstenschutzmauer kann gleichzeitig Aussichtspunkt, Radweg und Veranstaltungsort sein (Bild 8) – wenn Ingenieure, Stadtplaner und Architekten von Beginn an zusammenarbeiten. Voneinander abgeschirmte Fachplanungen, die später „koordiniert" werden, führen zu suboptimalen Kompromissen.

10

10 Fußgängerbrücke über den Rhein in Köln (Wettbewerbsentwurf). Eine Treppe bietet direkten Zugang zur Uferpromenade. Radwegerampe und Stromquerung sind auch bei Hochwasser nutzbar.

11

© LAP VBI AG

11 Molenbrücke Dresden, Projektbeispiel zu Entwurfsskizze (6a)

Neue Blickwinkel auf Planungsaufgaben

Entscheidend ist dabei der Maßstabssprung: Einzelprojekte müssen als Teil eines größeren Transformationsprozesses verstanden werden. Eine Hochwasserschutzanlage wirkt nicht isoliert, sondern verändert Verkehrsströme, Immobilienpreise und soziale Strukturen im gesamten Quartier. Gleichzeitig können Echo-Effekte für das Bauwerk entstehen, die – frühzeitig erkannt und definiert – vereinfacht stimmig in die Planung integrierbar sind.

Das hier vorliegende Essay soll in erster Linie klarmachen, dass die Antworten auf die konkreten Folgen des Klimawandels nachhaltig nicht von einer einzelnen Disziplin gelöst werden können. Die vor uns liegenden Aufgaben haben verschiedene Dimensionen – üblicherweise beginnend mit technischen und ökonomischen über die mittlerweile sehr präsenten ökologischen bis hin zu unabdingbaren, wenngleich oft vernachlässigten soziologischen Komponenten. Die vor uns stehenden Herausforderungen können also nur kooperativ, interdisziplinär und unter ganzheitlicher Betrachtung angegangen werden.

Die Autoren werden an anderer Stelle in separaten Essays vertieft auf unterschiedliche Lösungen anhand von Beispielen eingehen.

Bartlomiej Halaczek, Stefan Nübler

BLAU-GRÜNE INFRASTRUKTUR DER STADT –

Neue Herausforderungen und Chancen für Nachbarschaften, Straßen und Plätze

Blau-grüne Infrastruktur ist ein neuer Planungsansatz in der Stadt- und Infrastrukturplanung. Er gilt als ein zentraler Baustein der Klimafolgenanpassung und soll zur Resilienz von Städten beitragen. Zahlreiche Projekte wurden realisiert. Sie zeigen sowohl die Funktionsfähigkeit als auch eine hohe Aufenthaltsqualität. Es wird aber auch deutlich, welche Anforderungen hierbei erfüllt und welche Herausforderungen überwunden werden müssen.

Die Grundstrategie – aktuelle Problemstellungen und Zielsetzungen

Städte müssen mit hoher Dringlichkeit Konzepte zur Klimafolgenanpassung entwickeln und zeitnah realisieren. Diese Einschätzung ist mittlerweile unstrittig, viele Kommunen haben bereits Anpassungsstrategien verabschiedet. Besonders in dicht bebauten Metropolen führt die Zunahme lokaler Starkregenereignisse zur Überlastung des Kanalnetzes und zu Überflutungen. Vermehrt auftretende Temperaturrekorde, Hitzewellen und langanhaltende Trockenphasen erfordern aktive Maßnahmen zur Hitze- und Trockenheitsvorsorge in urbanen Gebieten.

Es kann festgestellt werden, dass sich hierfür in den letzten Jahren bereits einige Veränderungen auf der gesetzlichen Ebene ergeben haben, sowohl auf Ebene der EU, auf Bundesebene, in den Ländern, den Kommunen als auch bei normengebenden Regelwerken. Genannt werden sollen zum Beispiel die „Deutsche Anpassungsstrategie an den Klimawandel 2024" des BMUV, das Bundes-Klimaanpassungsgesetz (KAnG) seit Dezember 2023, die Weiterführung des Weißbuchprozesses unter dem Titel „Agenda Stadt grün-blau" Ende 2024, die „Nationale Wasserstrategie" vom Bundesministerium für Umwelt, Naturschutz, nukleare Sicherheit und Verbraucherschutz (BMUV) (2023), die „DWA-Positionen – Wasserbewusste Entwicklung unserer Städte" aus dem Jahr 2022 sowie die 2023 gegründete „Allianz Gemeinsam für eine wasserbewusste Stadtentwicklung". Sie wird getragen durch derzeit 17 unterschiedliche Verbände und Zusammenschlüsse beispielsweise aus den Bereichen Wasserwirtschaft, Stadt-, Grün-, Bau- und Verkehrsplanung.

Blau-grüne Infrastruktur, die nach dem Prinzip einer „Schwammstadt" funktioniert, und naturnahe Lösungen gelten demnach als ein zentraler Baustein in den städtischen Konzepten und sollen zur Anpassung der Städte an den Klimawandel beitragen.

Weltweit wird der Ansatz Schwammstadt auch beispielsweise unter den Begriffen „Wassersensible Stadtentwicklung", „nature-based solutions", „sustainable drainage systems" oder „dezentrale Regenwasserbewirtschaftung" weiterentwickelt, die in Forschung und Praxis häufig synonym verwendet werden.

Blaue Ziele tragen dazu bei, Stadträume wassersensibel zu gestalten und wasserwirtschaftliche Prinzipien zu erreichen. Hierzu gehören eine stärkere Dezentralität von Maßnahmen und die Priorisierung der Nutzung, Verdunstung und Versickerung des Regenwassers vor einer zentralen Ableitung. Grüne Ziele adressieren die Erhöhung der Vitalität der Vegetation, die Schaffung qualitätsvoller Aufenthalts- und Begegnungsräume und die Umsetzung freiräumlicher Ziele im Straßenraum. Sie leisten so einen Beitrag zur Steigerung der Aufenthaltsqualität. Verdunstung und Verschattung tragen zur Hitzevorsorge bei.

Wasserwirtschaft und Grünplanung müssen dafür in frühen Phasen der Planungen gemeinsam mit der Stadtplanung die notwendigen Flächen suchen und festlegen. Die hohe Flächenkonkurrenz in den urbanen Strukturen verlangt hierfür in der Regel eine Überlagerung der Flächenansprüche, sodass es zu neuen multifunktionalen Flächentypen kommt. Diese müssen sowohl in Trockenzeiten als auch im Überflutungsfall eine attraktive Funktionalität aufweisen. Dadurch ergeben sich auch neue Anforderungen in der Planungsphase für die Kommunen, in der die Zielsetzungen, Aufgaben, Verantwortlichkeiten und Finanzierungen neu zugeschnitten werden müssen. Dies gilt insbesondere auch für die Betriebs- und Pflegephase der blau-grünen Flächen.

In den letzten Jahren sind hierfür bereits zahlreiche neue Maßnahmentypen entwickelt worden, entsprechende Regelwerke wurden entwickelt, viele Firmen

© Stephan Ellerhorst / Sweco GmbH

1

1 Blau-grüne Quartiersentwicklung in Norra Djurgårdsstaden (Stockholm)

bieten Dienstleistungen und Produkte hierfür an. Beispielhaft sollen Elemente wie versickerungsfähige Flächen und Beläge, Mulden- und Rigolenversickerung, Bodenfilter und Raingarden, Dach- und Fassadenbegrünung oder Baumrigolen genannt werden.

Die folgenden drei Beispiele sollen diese Ansätze konkretisieren, es wird dabei deutlich, dass dies auf verschiedenen Maßstabsebenen passiert.

Quartiersentwicklung in Stockholm

Ein Beispiel aus Stockholm zeigt, wie durch gezielte Stadtbaumkonzepte und multifunktionale Flächen eine nachhaltige Wasserbewirtschaftung gefördert wird. Seit 20 Jahren verfolgt Stockholm das innovative Konzept zur Erhaltung der Stadtbäume, da diese in dicht bebauten Gebieten oft unter Begrenzungen leiden. Ein Katalog bietet Maßnahmen wie Skeletterde und Belüftungssysteme, um Bäume mit durchwurzelbarem Boden und Wasser zu versorgen und Staunässe zu vermeiden. Die Stadt setzt auf naturnahe Wasserbewirtschaftung und großzügige Grünflächen. Neubaugebiete müssen Regenwasser lokal zurückhalten, um den Abfluss zu reduzieren und den Wasserhaushalt zu stärken. Zwischen Gebäuden werden Grünflächen geschaffen, was die Aufenthaltsqualität erhöht und die Stadt langfristig lebenswerter macht. Das Konzept zeigt, dass Stadtplanung Wohnraum und Lebensqualität beinhaltet.

Die Initiative Urban Insight by Sweco, die dieses Konzept geplant hat, ist eine grenzüberschreitende Wissensplattform, die internationale Expert:innen zusammenbringt, um Innovationen, neue Ideen und Lösungen für die Planung und Gestaltung nachhaltiger Städte und Gesellschaften zu entwickeln. Mit Best-practice-Beispielen werden zukunftsweisende Lösungsmöglichkeiten dargestellt.

Straße in Hamburg

Die Königstraße befindet sich unweit der Reeperbahn im Bezirk Altona. Vor Umsetzung der Baumaßnahme handelte es sich um eine vierstreifig ausgebaute Hauptverkehrsstraße mit einer Länge von circa 1,2 Kilometern. Die Verkehrsbelastung am Tag liegt bei etwa 15.000 Fahrzeugen (West) und bei etwa 22.000 Fahrzeugen (Ost). Die von der Verkehrsbehörde durchgeführte Umplanungs- und Baumaßnahme wird seit Mitte 2019 durch das BMBF-Forschungsprojekt BlueGreenStreets begleitet, federführend war hier das Fachgebiet Umweltgerechte Stadt- und Infrastrukturplanung der HCU Hamburg.

© Wolfgang Dickhaut

2

2 Königstraße nach dem Umbau in Hamburg

Um gleichzeitig den Anforderungen eines attraktiven Radverkehrs und denen der blau-grünen Straßenplanung gerecht zu werden, wurde auf mehreren Wegen versucht, Flächen für blau-grüne Elemente zu schaffen. Die Einrichtung eines Streckenabschnitts mit verringerter zulässiger Höchstgeschwindigkeit (Tempo 30 km/h) und die Reduzierung von Fahrstreifen und Parkständen wurden geplant. Der Vergleich zwischen der Flächenaufteilung des Ausgangszustands und des Zustands nach dem Umbau zeigt mehrere große Veränderungen in dem fast 36.000 Quadratmeter großen Straßenraum. So wurde die Fahrbahnfläche für den Kraftfahrzeugverkehr im Zuge der Fahrstreifenreduktion um fast ein Drittel verkleinert. Gleichzeitig findet mehr als eine Verdoppelung der Radverkehrsflächen statt. Der Grünflächenanteil ist im Rahmen des Umbaus von 3.330 Quadratmeter um die Hälfte gestiegen, rund 50 neue Bäume wurden gepflanzt. Von diesen 5.010 Quadratmetern Grünfläche wurden etwa 1.140 Quadratmeter als Versickerungsflächen in Form von flachen Mulden ausgeführt.

Park in Bochum

Kinder balancieren über Trittsteine, Libellen schwirren über das Wasser, das in einem gestalteten Wasserlauf plätschert, während Eltern im Schatten der Bäume verweilen. Was auf den ersten Blick wie ein idyllischer Stadtpark wirkt, ist Teil eines ausgeklügelten Regenwassermanagements – und Herzstück eines städtebaulichen Konzepts, das konsequent auf Klimaanpassung setzt.

Im OSTPARK Bochum entstehen bis 2025 auf 43 Hektar zwei durch Grün- und Wasserstrukturen verbundene Quartiere: die Feldmark im Westen und die Havkenscheider Höhe im Osten – mit insgesamt rund 1.300 neuen Wohneinheiten. Ein 2,2 Kilometer langer, offener Wasserlauf bildet das Rückgrat beider Quartiere. Er nimmt das gesamte Regenwasser oberflächlich auf, dient als Retentionsraum und prägt mit seinem naturnahen Charakter die Aufenthaltsqualität. Seine Gestaltung passt sich dabei dem Charakter der angrenzenden Quartiere an: urban im Westen, landschaftlich im Osten. Geplant wurden die Freiräume von Henning Larsen Landscape.

Zentrales Prinzip ist das blau-grüne Design. Das Regenwasser wird nicht in die Kanalisation geleitet, sondern oberirdisch geführt, gespeichert, gereinigt und in einem geschlossenen Kreislauf wiederverwendet. Offene Entwässerungsrinnen, eine zentrale Gracht, ein Wasserplatz mit biologischem Bodenfilter und ein Raingarden übernehmen die Rückhaltung und Reinigung. Überschüssiges Wasser gelangt über Mulden in den neu geschaffenen Landschaftssee im Havkenscheider Park, der gleichzeitig als Erholungsraum und Überflutungsfläche dient.

Das Ergebnis ist ein System, das vor Überflutung schützt, das Mikroklima verbessert, Grundwasserbildung fördert und neue Lebensräume schafft – für Mensch und Natur. Das Wasser bleibt sichtbar und erlebbar – als gestalterisches, ökologisches und soziales Element.

© Henning Larsen

3

3 OSTPARK Bochum

4

4 Visualisierung blau-grünes Quartier

Schlussfolgerungen und Ausblick

Die Erfahrungen bei der Planung und dem Betrieb von Konzepten der blau-grünen Infrastruktur zeigen deutlich, wie grünplanerisch und wasserwirtschaftlich sehr gut funktionierende Flächen mit einer hohen Aufenthaltsqualität geschaffen werden können.

Es wird aber auch deutlich, welche Anforderungen hierbei erfüllt und Herausforderungen überwunden werden müssen:

- Möglich werden diese Projekte durch eine ganzheitliche Planung: Höhenentwicklung, Freiraum, Entwässerung, Tiefbau und Grünflächen werden zusammen gedacht. Die Fachplaner:innen arbeiten eng verzahnt – mit klaren Abstimmungen und priorisierter Kommunikation.

- Die interdisziplinäre und ganzheitliche Planung erfolgt in einem frühen Planungsprozess, in dem die gemeinsamen Zielsetzungen verabredet werden.

- Die wasserwirtschaftlichen Zielsetzungen zu Nutzung, temporärem Rückhalt/Einstau, Versickerung und Abfluss müssen mit den grünplanerischen Erfordernissen der eingesetzten Bepflanzungen und Bäume abgestimmt werden, um langfristig die Vitalität des Grüns sicherzustellen.

- In den Kommunen müssen neue Konzepte, Verantwortlichkeiten und Finanzierungskonzepte für die Unterhaltung und Pflege der blau-grünen Infrastruktur aufgebaut werden, um die langfristige Funktionsfähigkeit und Qualität abzusichern.

- Die Bewohner:innen und Nutzer:innen der Quartiere müssen frühzeitig in die Planung eingebunden werden. Auch muss eine kontinuierliche Erläuterung der Regelungen auf den multifunktionalen Flächen in den Kommunen verankert werden, damit die angepassten Nutzungsanforderungen über die Generationen vermittelt werden können.

Gelingt dies, entstehen in Zukunft zahlreiche neue Projekte mit hoher Resilienz und Aufenthaltsqualität.

Wolfgang Dickhaut, Stephan Ellerhorst, Susanne Tettinger, Johanna Reisch

DIE KUNST DES SCHATTENMACHENS – Mikroklimaadaption mit Leichtbau-Strukturen

Der fortschreitende Klimawandel begründet die Notwendigkeit der Verschattung von urbanen Räumen zur Verbesserung des Mikroklimas mithilfe von Leichtbau-Strukturen. Neben einem kurzen Abriss von kulturgeschichtlichen und technischen Entwicklungen werden typologische Merkmale von dafür geeigneten Leichtbau-Strukturen, wissenschaftliche Erkenntnisse aus dem von der Baden-Württemberg Stiftung finanzierten Forschungsprojekt Urban Climate Adaptation (UC°A) sowie neuartige experimentelle Lösungsvorschläge beschrieben.

Der Klimawandel führt insbesondere in urbanen Räumen mit geringer Begrünung, großen Speichermassen und unzureichender Durchlüftung zu lokaler Überhitzung, den sogenannten urbanen Hitzeinseln (urban heat islands). Dieses Phänomen kann mittlerweile auch in den urbanen Regionen der gemäßigten Klimaregionen festgestellt werden. Im Unterschied zu schon immer heißen Regionen sind beispielsweise die mitteleuropäischen Städte nicht gebaut für hohe Temperaturen. Sie können auch nicht kurzfristig modifiziert oder umgebaut werden. Eine nachträgliche Ergänzung mit grüner und/oder blauer Infrastruktur ist grundsätzlich wünschenswert, in den in der Regel auch unterirdisch hochverdichteten urbanen Räumen aber in vielen Fällen nicht möglich. Es entsteht insofern in zahlreichen urbanen Regionen ein akuter Handlungsbedarf, um erstens die Aufenthaltsqualität in den öffentlichen Räumen zu erhalten und zweitens die Gesundheit insbesondere vulnerabler Gruppen zu schützen. Einen sinnvollen Lösungsansatz für die Mikroklimaadaption bieten feststehende oder wandelbare textile und/oder pneumatische Leichtbau-Strukturen (urban shades), die teilweise einen jahrhundertelangen Evolutionsprozess durchlaufen haben. Sie können heute mithilfe von ingenieurwissenschaftlichen Methoden neu gedacht und bewertet werden.

Kulturgeschichtliche und technische Entwicklungen

Die Kunst des Schattenmachens, also die lokale Verschattung, Kühlung und Mikro-Klimaverbesserung mit baulichen beziehungsweise architektonisch-räumlichen Strukturen, hat vor allem in heißen Regionen eine sehr lange kulturgeschichtliche Tradition. Für die Verschattung beziehungsweise Kühlung gelangen traditionell vor allem einfache textile Leichtbau-Strukturen, beispielsweise Schirme und Segel, zum Einsatz. Erste (im Hinblick auf ihre Abmessungen meist kleine) Formen des Schirms tauchten in China und Ägypten auf. Sie bestanden aus Papier, Seide oder Palmblättern, hatten hölzerne Gestelle und wurden benutzt, um Einzelpersonen Schatten zu spenden (sie dienten nicht dem Schutz vor Regen, denn zuverlässig regenabweisende Materialien waren noch nicht bekannt). Schirme waren Bestandteil von religiösen Zeremonien, Symbole der Fruchtbarkeit und des Reichtums, vor allem auch Statussymbole: Vornehme Personen trugen reich verzierte Sonnenschirme mit kostbaren Gestellen oder sie ließen sich beschirmen. Früh wurden (in China) bereits faltbare Konstruktionen entwickelt, Vorläufer moderner Klappmechanismen [1]. Der mit gewachsten oder imprägnierten Stoffen bespannte Regenschirm entstand erst im 17./18. Jahrhundert in Europa. Die Schirmrippen bestanden aus Fischbein, Holz oder Stahl. Eine bedeutsame Entwicklung war das leichte und gleichzeitig stabile Stahlrippenschirmgestell, eine Entwicklung des 19. Jahrhunderts. Der Klappmechanismus wurde weiterentwickelt, und mit der Industrialisierung wurde der Regenschirm ein Massenprodukt, der Sonnenschirm hingegen (in Europa) zu einem Nischenprodukt.

Neue Materialien wie Aluminium auf der einen und glasfaser- oder carbonfaserverstärkte Kunststoffe auf der anderen Seite machten die Schirme im 20. Jahrhundert deutlich leichter und gleichzeitig stabiler. Fortentwicklungen gab es auch bei den Membranmaterialien. Bei den Schirmbespannungen standen vor allem Faltbarkeit, Dauerhaftigkeit und hydrophobe Eigenschaften im Vordergrund. Moderne Membranwerkstoffe ermöglichen einen gleichzeitigen Schutz vor Sonne und Regen. Eine weitere Entwicklung war automatisches Öffnen und Schließen per Knopfdruck. Die technischen Fortschritte in Statik und Bemessung, in der Antriebstechnik und in der Membrantechnologie ermöglichten das Entwerfen und Konstruieren von großformatigen wandelbaren Schirmen, die nicht mehr nur Einzelpersonen vor Sonne (und Regen) schützen können. Großschirme mit ihren komplizierten Faltvorgängen sind in

© Wikimedia Commons

1

© Wikimedia Commons

2

1 Wandrelief mit König Xerxes unter einem Sonnenschirm, Persepolis

2 Wandmalerei Amphitheater Pompeji mit Darstellung einer Verschattung

der Typologie der wandelbaren Strukturen ein hochanspruchsvolles Highend-Produkt. Die großformatigen faltbaren Sonnenschirme über dem Vorplatz der Prophetenmoschee al-Masdschid an-Nabawi in Medina bilden das größte wandelbare Dach der Welt.

Neben den Schirmen existieren in der traditionellen Typologie vor allem Segel, Vela und Toldos. Die Abgrenzung der Begriffe ist überwiegend sprachlicher Natur. Historische Darstellungen geben Hinweise, dass bereits in römischer Zeit Segel (Vela) zur Verschattung in den Arenen eingesetzt wurden. Unter dem spanischen Begriff Toldo werden Markisen, (vorhangähnliche) Segel und Zeltdächer über Marktständen oder temporären Bühnen subsumiert. Straßen-Toldos können Straßenräume stützenfrei überspannen, effektiven Schutz vor intensiver Sonneneinstrahlung bieten, die Aufheizung der darunterliegenden Luft reduzieren und in architektonischer Hinsicht eindrucksvolle und hochwertige öffentliche Räume formen. Sie befinden sich in der Regel auf Traufhöhe zwischen den Häusern von Geschäftsstraßen und können mittels einer Raffkonstruktion ein- und ausgefahren werden.

Für die Werkstoffe der Membranstrukturen eignen sich Materialien wie beispielsweise PVC-beschichtetes Polyestergewebe, PTFE-beschichtetes Glasfasergewebe oder beschichtetes PTFE-Gewebe. Sie unterscheiden sich im Hinblick auf Materialeigenschaften wie Festigkeit, Robustheit, Knickbarkeit, Anschmutzverhalten und Kosten. Unabhängig von der Typologie ist festzustellen, dass die ingenieurwissenschaftlichen und technischen Entwicklungen in der zweiten Hälfte des 20. Jahrhunderts dazu geführt haben, dass die Werkstoffe für Membranstrukturen hochwertiger und dauerhafter, die Konstruktionen anspruchsvoller und die Formate der wandelbaren Leichtbau-Strukturen größer wurden. Für die Praxis geeignet sind aus Gründen der Wirtschaftlichkeit in Serie gefertigte Produkte. Hersteller bieten heute eine große Vielfalt von Produkten in unterschiedlichen (überwiegend allerdings kleinen) Maßstäben an. Mit ihnen können Regelfälle mit vergleichbaren Randbedingungen und Anforderungen in der Regel gut abgedeckt werden. Für speziellere Situationen wird es aber sinnvoll und erforderlich sein, eine individuelle Planungslösung zu entwickeln.

© Festung Kufstein GmbH

3

3 Wandelbare Überdachung Festungsarena Kufstein. Objektplanung / Tragwerksplanung: Kugel + Rein Architekten und Ingenieure

Typologie: feststehende und wandelbare Leichtbau-Strukturen

Verschattungsstrukturen können grundsätzlich feststehend oder wandelbar sein. Feststehende Verschattungen sind eine bewährte und sehr effektive Strategie zur Reduzierung des urbanen Wärmeinsel-Effekts (UHI) auf Makroklima-Ebene sowie zur Verbesserung des Fußgängerkomforts auf Mikroklima-Ebene.

Unter dem Überbegriff der wandelbaren Konstruktionen werden heute bewegliche Strukturen verstanden, die auf veränderte Randbedingungen reagieren, indem sie (im Unterschied zu mobilen Strukturen) die Position von Teilen, nicht aber den Standort des gesamten Bauwerkes verändern. In typologischer Hinsicht werden bewegliche steife und bewegliche weiche Konstruktionen unterschieden. Unter weichen Konstruktionen versteht man in der Regel textile biegeweiche Membranen. Unter steifen Konstruktionen versteht man Strukturen, die aus steifen Elementen wie Stäben, Platten oder Scheiben bestehen und bei denen größere Teile der Struktur bewegt werden, ohne dass diese Teile bei der Bewegung ihre Form ändern. Im Hinblick auf die Bewegungsvorgänge werden translatorische und rotatorische Bewegungen, bei den textilen Membranen auch Raffen und Rollen, unterschieden. Im Hinblick auf die Richtung von Bewegungsvorgängen wird zwischen parallel, zentral oder zirkulär differenziert [2]. Wandelbare Verschattungen bieten gegenüber den feststehenden Verschattungen ein zusätzliches Potenzial, denn sie ermöglichen nicht nur die Reduzierung der solaren Einstrahlung über den Tag, sondern in Ergänzung dazu eine optimale Auskühlung des Straßenraums durch Strahlungswärmeaustausch mit der kühleren Himmelstemperatur in den Nachtstunden. Insbesondere in Städten mit einem geringen Luftaustausch in sommerlichen Hitzeperioden stellt die Auskühlung des Straßenraumes und auch der thermischen Masse der baulichen Strukturen über die nächtliche Abstrahlung ein nicht zu vernachlässigendes Kühlpotenzial dar. Gegenüber permanenten, also nicht wandelbaren Konstruktionen weisen wandelbare textile Konstruktionen allerdings eine deutliche erhöhte Komplexität in der Konzeption und in der konstruktiven Planung und Ausführung auf. In besonderem Maße gilt das für Großstrukturen wie beispielsweise die wandelbaren Stadiondächer, bei denen die Faltvorgänge und die Antriebstechnologie sehr hohe Anforderungen an die entwerfenden Ingenieure stellen. Für den Betrieb müssen Steuerungssysteme zur automatischen Anpassung an Wetterbedingungen implementiert werden, die Verantwortlichkeiten für Steuerungsprozesse sind zu regeln.

Eine andere Form der Anpassung ist Standortveränderung durch Ab- und Wiederaufbau einer Struktur. Fliegende Bauten sind temporäre Strukturen beziehungsweise bauliche Anlagen, die geeignet und dazu bestimmt sind, wiederholt aufgestellt und zerlegt zu werden. In diese Kategorie können auch Verschattungsstrukturen fallen, die nur in der heißen Jahreszeit benötigt und in der übrigen Zeit teilweise oder ganz eingelagert werden. Voraussetzung für die Demontierbarkeit von fliegenden Bauten ist eine Fügetechnologie mit lösbaren Verbindungen. Ebenso sollten die Fundationen minimiert werden, beispielsweise durch Kurzschließen von Kräften (self-containing systems), oder unter Verwendung von Wasser und/oder Sand ebenfalls demontierbar ausgebildet werden. Fliegende Bauten sind sehr anspruchsvoll im Hinblick auf Konstruktion, Montage und Kosten und sie erfordern schon aus ökonomischen Gründen ressourcenminimierte leichte Strukturen.

Für die Praxis ist stets eine grundsätzliche Entscheidung im Einzelfall erforderlich, ob eine feststehende Low-Tech-Konstruktion oder eine (wandelbare) High-Tech-Konstruktion sinnvoller ist. Einfache und robuste Low-Tech-Lösungen haben Vorteile im Hinblick auf Gesichtspunkte wie Wirtschaftlichkeit, Dauerhaftigkeit und Unterhaltungsaufwand. High-Tech-Lösungen ermöglichen eine technisch weitreichendere, klimatisch effizientere Problemlösung, sind aber anspruchsvoller, aufwendiger und empfindlicher.

Wissenschaftliche Herangehensweisen und experimentelle Planungslösungen

Im Rahmen des von der Baden-Württemberg Stiftung finanzierten Forschungsprojekts Urban Climate Adaptation (UC°A) wurden baukonstruktive Konzepte für unterschiedliche Raumgeometrien (wie Straßenraum oder Platz) entwickelt. Mittels geeigneter digitaler Werkzeuge können Verschattungsstrukturen heute parametrisiert und in einem nächsten Schritt mit digitalen Simulationswerkzeugen untersucht und optimiert sowie im Hinblick auf ihre Wirksamkeit und Umsetzungsmöglichkeit bewertet werden. Relevante Simulationsparameter beziehungsweise Zielwerte sind unter anderem Oberflächentemperaturen, die Anzahl der Hitzestress-Stunden und thermischer Innenraumkomfort in angrenzenden Gebäuden. Ebenso relevant sind subjektive Parameter wie Tageslichtwahrnehmung und visuelle Wahrnehmung von verschatteten Räumen (beispielsweise eingeschränkte Sicht in den Himmel). Über Simulationen (sowie Versuche mit entsprechenden Messreihen) kann nachgewiesen werden, dass wandelbare (und auch feststehende) Verschattungen gegenüber dem unver-

4a

4b

4c

4 Funktionsmodelle für Straßen-Toldo (a, b, c)

schatteten Fall eine signifikante Reduktion der Straßenoberflächentemperaturen und der auftretenden extremen Hitzestress-Stunden im Außenraum bewirken. Ebenso kann ein positiver Effekt der Straßen-Verschattung auf das Innenraumklima der angrenzenden Gebäude nachgewiesen werden [3–4]. Simulationen bieten heute die Möglichkeit, Planungskonzepte auch im Hinblick auf die mikroklimatische Wirksamkeit zu optimieren und maßgeschneiderte Planungslösungen zu entwickeln. Neben der mikroklimatischen Wirksamkeit können auch Bewegungsvorgänge von faltbaren Konstruktionen mit digitalen Werkzeugen oder mit Funktionsmodellen überprüft werden. Parametrische Modelle und Funktionsmodelle eignen sich auch sehr gut für die Projektkommunikation.

Für die Verschattung von Platzräumen kommen grundsätzlich sehr unterschiedliche Konstruktionen infrage, in der Regel wird es sich um individuell in Abhängigkeit von der Platzgeometrie konzipierte Ansätze handeln. Neben den Sonderkonstruktionen sind vor allem Schirmkonstruktionen in Form von Einzelschirmen oder Schirmgruppen gut geeignet für Plätze. Für die Verschattung von Straßenräumen kommen vor allem Toldo-Konstruktionen und Lamellen-Konstruktionen infrage. Bei der Verschattung von Straßenräumen ist zu beachten, dass diese vor allem im Hinblick auf Belichtung und Belüftung, aber auch im Hinblick auf die Sichtbarkeit des Himmels Auswirkungen für die Nutzer der angrenzenden Gebäude hat. Der Klärung bedürfen weiter die baurechtlichen Randbedingungen und Möglichkeiten. Für eine bauliche Maßnahme mit Befestigung von verschattenden Strukturen am Gebäudebestand ist in der Regel eine Zustimmung der Eigentümer erforderlich. Ebenso sind auf der anderen Seite aber auch die kommunalen Verantwortlichkeiten, beispielsweise bei wandelbaren Konstruktionen die Steuerung und Durchführung von Bewegungsvorgängen, festzuschreiben.

Ein besonderer Stellenwert kommt wegen der Unterschiedlichkeit der klimatischen, räumlich geometrischen und funktionalen Anforderungen und Randbedingungen experimentellen und prototypischen Beiträgen zu. Sie sind die Voraussetzung für Weiterentwicklung und Innovation, erlauben eine architektonische und baukonstruktive Vielfalt und ermöglichen es, die mikroklimatische Wirksamkeit situationsabhängig zu optimieren. Die Studierenden der Klasse für Konstruktives Entwerfen und Tragwerkslehre der Staatlichen Akademie für Bildende Künste Stuttgart (abk) haben in Kooperation mit Studierenden des Studiengangs Industrial Design der abk Prototypen entwickelt, beispielsweise ein modulares, wandelbares System aus Aluminium-Sandwich-Bauteilen. Perspektivisch von Interesse sind auch Kombinationen von Konstruktion und Begrünung. Bei diesen ist wie bei klassischen Pergola-Konstruktionen nicht die Struktur selbst verschattend, sondern die sich hochrankenden Pflanzen. Bei einem Einsatz von laubabwerfenden Pflanzen wird der Schatten nur in der Vegetationsperiode der Pflanzen, also in den heißen Sommermonaten, erzeugt. Grundsätzlich

5a

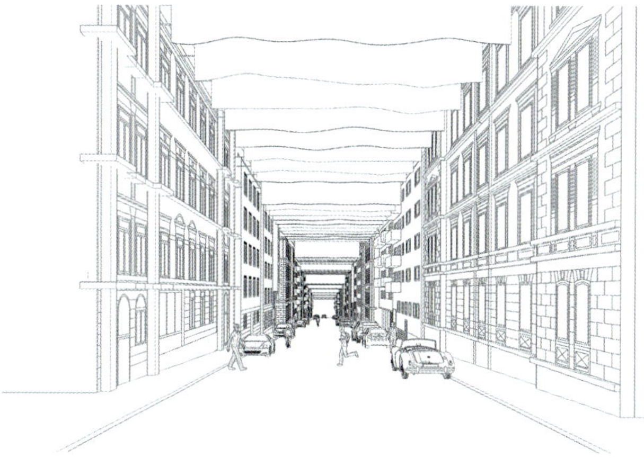

5b

5 Verschattung von Straßenräumen mit Toldo-Konstruktion (a), Verschattung von Straßenräumen mit Lamellen-Konstruktion (b)

6

7

sinnvoll sind auch Konzepte, bei denen auf vorhandene (in der Regel in Serie gefertigte) Produkte zurückgegriffen wird, sowie modulare Bauweisen.

Neben den mechanisch vorgespannten Membrankonstruktionen können auch pneumatisch vorgespannte Membrankonstruktionen in Form von Schläuchen, Kissen und Ballons eingesetzt werden. Sie eröffnen zusätzliche Spielräume und Möglichkeiten. Beispielsweise können pneumatische Wolken eine natürliche Verschattung durch Wolken simulieren.

Kommunikation und Partizipation

Mikroklimatische Anpassungsstrategien in Form von Verschattungsstrukturen müssen gesellschaftliche Akzeptanz finden. Bauliche Maßnahmen im öffentlichen Raum benötigen aus diesem Grund in der Regel eine vorbereitende Projektkommunikation mit den Betroffenen. Durch eine geeignete Kommunikationsstrategie und synergetische Kooperationen mit kulturellen und zivilgesellschaftlichen Akteuren können gesellschaftlich relevante Fragen und Punkte direkt in die Gesellschaft getragen und Potenziale vermittelt werden, um im Anschluss Umsetzungsstrategien sinnvoll anwenden und einsetzen zu können. Geeignete Kommunikationsstrategien erleichtern grundsätzlich auch den Zugang zu Forschungsergebnissen. Im Forschungsprojekt wurden geeignete Strategien entwickelt, beispielsweise das UC°A-Mobil, mit dem die Öffentlichkeit sehr anschaulich über die Eigenschaften von Verschattungen informiert werden konnte [3]. Die wesentlichen Akteursgruppen für urbane Verschattungen sind die Öffentlichkeit (Nutzer, Passanten, Eigentümer, Mieter), Politik und Stadtverwaltungen (Kommunen, Gesetzgeber), Wirtschaft (Ingenieure, Architekten, Produkthersteller, ausführende Unternehmen) sowie Wissenschaft und Forschung. Netzwerkanalysen beschreiben deren Interaktionen. Eine gute Projektkommunikation und eine zielführende Kooperation der Akteure sind eine notwendige Voraussetzung für den Projekterfolg, der aber in jedem Einzelfall auch von der gestalterischen und funktionalen Qualität abhängig sein wird.

8

9

6 Modulares Verschattungssystem aus Aluminium-Sandwich-Bauteilen. Klasse für Konstruktives Entwerfen und Tragwerkslehre in Kooperation mit Studiengang Industrial Design abk Stuttgart. Entwurf: Stud. Moritz Grünaug, Bastian Hau, Levent Ortak. Betreuung: Prof. Dr. Stephan Engelsmann, Prof. Aylin Langreuter, Prof. Christophe de la Fontaine, Oliver Kärtkemeyer, Tobias Laukenmann, Max Neustadt

7 Leichtbau-Verschattungsstruktur mit Begrünung. Klasse für Konstruktives Entwerfen und Tragwerkslehre in Kooperation mit Studiengang Industrial Design abk Stuttgart. Entwurf: Stud. Paul Matzkovits, Severin Zimmermann. Betreuung: Prof. Dr. Stephan Engelsmann, Prof. Aylin Langreuter, Prof. Christophe de la Fontaine, Oliver Kärtkemeyer, Tobias Laukenmann, Max Neustadt

8 Escaravox by Andrés Jaque Office for Political Innovation. Verschattungsstruktur aus in Serie gefertigten Produkten.

9 Pneumatische Wolke. Klasse für Konstruktives Entwerfen und Tragwerkslehre abk Stuttgart. Entwurf: Stud. Lukas Fischer, Nayeon Kim, Ningning Wang. Betreuung: Prof. Dr. Stephan Engelsmann, Oliver Kärtkemeyer

Schlussbemerkung

Die Notwendigkeit von urbanen Verschattungen wird auch in Regionen mit gemäßigtem Klima an Bedeutung gewinnen. Bauliche Maßnahmen zur Verschattung sind eine effektive Strategie zur Anpassung an die Folgen des Klimawandels. Sie leisten einen sinnvollen Beitrag zur Nutzbarkeit und Funktion von öffentlichen Räumen, insbesondere zur Verbesserung der Aufenthaltsqualität, und sie reduzieren die gesundheitlichen Risiken für vulnerable Bevölkerungsgruppen in erheblichem Umfang. Sie können in vielen Fällen nachträglich in bestehende stadträumliche Situationen eingefügt werden und berücksichtigen idealerweise das Erscheinungsbild und die Umgebungsbebauung. Für Neubauplanungen ist es sinnvoll, grüne und blaue Infrastruktur, aber eben gegebenenfalls auch verschattende bauliche Maßnahmen bereits in die Quartiersplanung zu integrieren. Für die Verschattung von öffentlichen Räumen besonders geeignet sind Leichtbau-Strukturen, denn sie sind ressourceneffizient, können wandelbar oder als fliegende Bauten ausgebildet werden und sie haben das Potenzial, sich aufgrund ihrer Filigranität gut in den urbanen Raum einzufügen.

Stephan Engelsmann

© abk Stuttgart

10

10 Kommunikation und Partizipation mit dem UC°A-Mobil

Literatur

[1] Bölling, C., Horst, R. (1995) *Schirme. Der Himmel auf Erden.* Transit Buchverlag.

[2] Institut für Leichte Flächentragwerke, Universität Stuttgart (1972) *Wandelbare Dächer.* (Band IL 5). Karl Krämer Verlag, Stuttgart.

[3] Rudolph, M., Engelsmann, S., Kärtkemeyer, O., Schlecker, I., Degenhardt, C., Hamza, M. (2024) Abschlussbericht Forschungsprojekt Urban Climate Adaptation: *Mikroklimaadaption in urbanen öffentlichen Räumen.*

[4] Rudolph, M., Hamza, M., Degenhardt, C., Engelsmann, S., Kärtkemeyer, O., Schlecker, I. (2024) *Convertible Urban Shades for Climate Resilience – a holistic evaluation.* Proceedings 37th PLEA Conference, 06-2024, Wrocław, Poland, S. 566-571.

WIEDERVERWENDUNG VON TRAGWERKEN – Von der Theorie in die Praxis

Wiederverwendung von Tragwerken in der Praxis bedeutet, dass diese entweder als Ganzes, wie zum Beispiel eine Halle, mit kompletten Tragwerkskomponenten wie Fachwerkträgern oder mit einzelnen Bauteilen wie Stützen bei einem anderen Bauprojekt wieder zum Einsatz kommen, statt entsorgt zu werden. Gleichzeitig sollte bei Planung und Ausführung neuer Tragwerke bereits heute darauf geachtet werden, dass eine spätere Wiederverwendung möglichst aller Bauteile unkompliziert erfolgen kann. Beide Aspekte werden nachfolgend exemplarisch betrachtet – zuerst die Wiederverwendung von bestehenden Stahltragwerken und nachfolgend die Planung und Ausführung von Holz-Beton-Verbundbauteilen für eine spätere Wiederverwendung.

1. Bestehende Stahltragwerke wiederverwenden

Zirkuläres Bauen – und insbesondere die Wiederverwendung von Bauteilen – bietet Lösungen für die drängenden Herausforderungen des Klimawandels, der Ressourcenknappheit und der steigenden Anforderungen an nachhaltige Konzepte im Bauwesen. Der erkennbare Trend wird durch den European Green Deal unterstützt, der mit seinen Regulierungen (EPBD, EU-Taxonomie, CPR) klare Vorgaben und wirtschaftliche Anreize für nachhaltige und kreislauffähige Bauweisen setzt. Das Tragwerk ist je nach Gebäudetypologie für 50 bis 70 Prozent der grauen Emissionen verantwortlich [1], weshalb der Wiederverwendung tragender Bauteile für die Erreichung der EU-Klimaziele für 2030 und 2050 eine Schlüsselrolle zukommt. Ökobilanzielle Betrachtungen [2] zeigen, dass die Emissionsreduktion bei der Verwendung von Reuse-Stahlprofilen bei bis zu 94 Prozent gegenüber Primärstahl liegt, weshalb sich die Wiederverwendung vor allem bei energie- und emissionsintensiv hergestellten Materialien wie Stahl lohnt.

Machbarkeit

Die Wiederverwendung von tragenden Bauteilen ist eine Planungspraxis, die mit großen Hürden und Unsicherheiten verbunden scheint. Erfolgreiche Praxisbeispiele, wie das von baubüro insitu geplante K118 (CH), beweisen jedoch die technische Machbarkeit der Wiederverwendung tragender Bauteile. Auch die Forschung, die sich bislang vorrangig mit Formfindungsmethoden des zirkulären Entwerfens beschäftigte („Form Follows Availability", EPFL), widmet sich nun vermehrt der sicheren Wiedereinführung gebrauchter tragender Bauteile [3–5]. Aus dem vom KIT und der TUM durchgeführten Forschungsprojekt „Vorbereitung der Wiederverwendung von bestimmten Bauprodukten des Holz- und Stahlbaus" ging ein Leitfaden hervor, der unter anderem ein Konzept zur Ermittlung der physikalischen und mechanischen Eigenschaften wiederzuverwendender Stahlbauteile beschreibt [3]. Basierend auf den verfügbaren Informationen des Bestands, dem Baujahr und der Ausführungsklasse des Reuse-Bauteils im Neubau wird zwischen sechs Prüfprotokollen unterschieden [3]. An der RWTH werden derzeit neben einer Bewertung der Wiederverwendbarkeit von Stahlbauteilen auch Bemessungskonzepte für das Planen mit Reuse-Bauteilen entwickelt [4].

Obwohl es bislang keine konkreten rechtlichen Rahmenbedingungen und standardisierte Verfahren gibt, ist der Einsatz von wiedergewonnenen tragenden Bauteilen mit einer Zustimmung im Einzelfall (ZiE), die auf Grundlage einer gutachterlichen Einschätzung von Materialprüfungen erteilt wird, heute schon rechtssicher realisierbar. Um, ergänzend zur Bauteilprüfung, das Restrisiko hinsichtlich der Haftung zu minimieren, ist die Gewährleistung eines fachgerechten Einbaus durch das Bauunternehmen vertraglich festzulegen.

Neben den regulatorischen Prozessen verändert sich auch der Entwurfsansatz, wenn zu planende Tragstrukturen auf das Verfügbare hinsichtlich Geometrie und Tragfähigkeit ausgerichtet werden müssen. Dazu ist ein

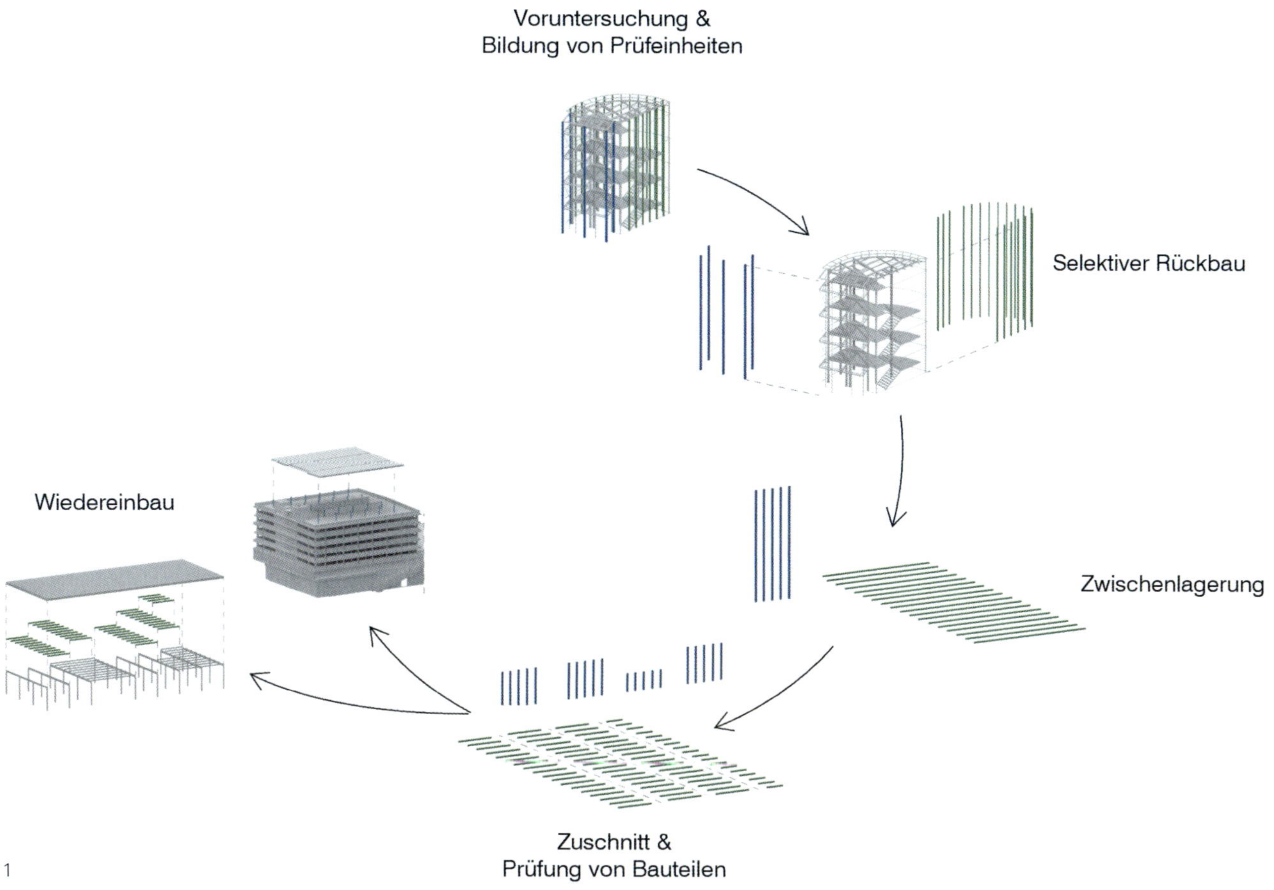

1

1 Schematische Darstellung des Reuse-Prozesses für die Wiederverwendung der Stahlprofile des Breuninger Treppenhausturms

© knippershelbig

iterativer Prozess erforderlich, in dem der bestmögliche Einsatz von Reuse-Bauteilen gefunden wird. Die beim Reuse-Ansatz notwendigen, ergänzenden Planungsleistungen können durch Hinzuziehen von entsprechend qualifizierten Fachplanern in beratender und planender Funktion erbracht werden.

Welcher neuen Prozesse, nötigen Herangehensweisen und veränderter Konzepte das Bauen mit Reuse-Bauteilen bedarf, zeigt das nachfolgend vorgestellte Projekt, dessen Reuse-Prozess in Bild 1 veranschaulicht ist.

Umsetzung

Beim Kinder- und Jugendhaus Regenbogenwald in Darmstadt, das nach dem Entwurf von blauraum Architekt*innen als dreigeschossiger Holzskelettbau geplant ist, sollen möglichst viele wiedergewonnene Bauteile eingesetzt werden. Dafür wurden „Suchprofile" für Stützen und Träger angelegt, die mit Standardabmessungen in Stahl und Holz für das geplante Tragwerksraster von 4,0 x 4,0 Meter vorbemessen wurden.

Das Planungsteam wurde jedoch auf den einschlägigen Bauteilbörsen für gebrauchte Bauteile nicht fündig, denn das Angebot an wiederverwendbaren Tragwerkselementen auf diesen Plattformen ist bislang zu gering, sodass der Einsatz von Reuse-Bauteilen für das Kinder- und Jugendhaus nur durch proaktives „Matching" eines Quellgebäudes mit dem Zielgebäude möglich war. Dies kam durch den anstehenden Rückbau des Breuninger-Parkhauses in Stuttgart zustande, für dessen Nachfolgebau (Smart Mobility Hub) knippershelbig die Tragwerksplanung erstellt. Während für das monolithische Stahlbetontragwerk des Parkhauses der Abbruch feststand, zeigte die Stahlkonstruktion des 1999 ergänzten Aufzugs- und Treppenturms großes Wiederverwendungspotenzial.

Die fünf Hauptstützen (Rundhohlprofile 244,5 x 11) konnten als Stützen des Photovoltaik-Dachs im Neubau vor Ort eingeplant werden; die achtzehn circa 12 Meter langen Fassadenpfosten (IPE160), deren feuerverzinkte Oberfläche dank des Witterungsschutzes der umlaufenden Glasfassade einen sichtbar guten Zustand aufwies, waren für das Projekt in Darmstadt geeignet. Basierend

2 Das Zielgebäude: Rendering des Kinder- und Jugendhauses Regenbogenwald in Darmstadt

2

© blrm Architekt*innen

auf den Erkenntnissen des Forschungsprojekts [3] und dem Wissen, dass sich die Eigenschaften moderner, vor Korrosion geschützter, vorwiegend ruhend beanspruchter Stähle über die Lebensdauer nicht ändern [4], ließ sich anhand der bekannten Bauwerksdaten und eines vorliegenden Stahlbauplans unter konservativer Annahme die Mindeststahlgüte S235 feststellen.

In einer iterativen Anpassung von Tragwerkskonzept und Spannweiten erfolgte für die Reuse-Stahlprofile die Prüfung unterschiedlicher Einsatzorte als Stützen oder Träger im Jugendhaus. Daraufhin wurde das Tragwerksraster auf 3,75 x 4,20 Meter optimiert, um die Reuse-Profile in ihren verfügbaren Längen im Dachtragwerk einzuplanen (Bild 1). Für die Planung der Trägerzuschnitte (Bild 4, Schritte a–b) wurden Abstimmungen mit dem Rückbauunternehmen zur zerstörungsfreien Demontage geführt; Transportmöglichkeiten und maximale Bauteillängen sowie zusätzliche Toleranzen für Verschnitt und Bauteilbearbeitung mussten bedacht werden.

Vor Ort wurden die Profile für eine spätere Zuordnung zu einer Prüfeinheit nummeriert, zerstörungsfrei rückgebaut, auf die geplanten Längen zugeschnitten und zwischengelagert (Bild 4, Schritte c–f). Anschließend wurden die IPE-Profile nach Darmstadt transportiert und dort bis zur Prüfung und Wiederverwendung eingelagert (Bild 4, Schritte g–h).

3

3 Das Quellgebäude: der Aufzugs- und Treppenturm des ehemaligen Breuninger-Parkhauses in Stuttgart

a) b) c) d)

e) f) g) h)

4

4 Notwendige Schritte der Bauteilgewinnung: Vorbereitung und Durchführung des zerstörungsfreien Rückbaus, Transport und Lagerung
a) Nummernsystem,
b) Zuschnittsplanung,
c) Nummerierung, d) Rückbau,
e) Einschlagnummern,
f) Zwischenlagerung,
g) Abtransport und
h) Lagerung

© knippershelbig

5

© knippershelbig

6

5 Durchführung von zerstörungsfreien Prüfungen an den Stahlprofilen in Vorbereitung zur Erlangung einer ZiE

6 Vorbereitung eines Prüfstücks für die Durchführung von zerstörenden Prüfungen in Vorbereitung zur Erlangung einer ZiE

Zur Erlangung der ZiE wurden an den rückgebauten Bauteilen analog dem veröffentlichten Leitfaden [3] mehrere Bauteilprüfungen durchgeführt. Die zerstörungsfreien Prüfungen wurden an allen Profilen vor Ort vorgenommen, darunter die Ermittlung der Verzinkungsschichtdicke, des Härtewerts der geschliffenen Stahloberfläche und der Querschnittsabmessungen (Bild 5).

Anschließend wurden zwei etwa 40 Zentimeter lange und 3 Zentimeter breite Probenstücke aus dem Flansch des IPE-Profils mit der geringsten Härte für die Durchführung der zerstörenden Prüfungen im Labor (Zugversuch und chemische Analyse) entnommen (Bild 6). Wenig später bestätigen die Prüfergebnisse, dass es sich um einen S235JR handelt, das Material schweißbar ist und die Verzinkung für noch mindestens 50 Jahre als Korrosionsschutz funktionsfähig ist. Im letzten Schritt werden die Prüfergebnisse durch einen Gutachter bewertet, womit die ZiE erteilt werden kann.

Fazit

Der Wiederverwendung von Stahlprofilen des rückgebauten Parkhauses im Kinder- und Jugendhaus Regenbogenwald in Darmstadt steht nun nichts mehr im Wege. Doch damit Reuse nicht nur in Pilotprojekten Anwendung findet, müssen noch einige Hürden überwunden werden. Der Aufbau regionaler, besser noch nationaler Bauteildatenbanken ist unbedingt notwendig, um das Angebot an Reuse-Bauteilen zu erhöhen. Darüber hinaus sind neue Akteure, wie Rückbauunternehmen, die auf eine zerstörungsfreie selektive Demontage spezialisiert sind, oder Reuse-Fachplaner:innen, die Wiederverwendung planerisch integrieren und umsetzen können, nötig. Auch politische Maßnahmen wie die Einführung von verpflichtenden Lebenszyklusanalysen, THG-Grenzwerten und digitalen Gebäude-Ressourcenpässen fördern die Wiederverwendung von tragenden Bauteilen.

Es sind gesellschaftliche, wirtschaftliche und prozessuale Veränderungen nötig, um die lineare (Bau-)Wirtschaft zu einer Kreislaufwirtschaft zu transformieren. Wir Planenden werden dafür die neuen Wege des iterativen Entwerfens und der kreislauforientierten Prozesse entwickeln, die es benötigt, damit sich zirkuläres Bauen etablieren kann.

Clea Kummert, Jana Nowak,
Thorsten Helbig

Literatur

[1] London Energy Transformation Initiative (LETI) (2020) *LETI Climate Emergency Design Guide. How new buildings can meet UK climate change targets.* Jan. 2020 edition, www.leti.uk/_files/ugd/252d09_3b0f2acf2bb24c019f5ed9173fc5d9f4.pdf

[2] Nowak, J., Kummert, C., Oppe, M. (2024) *Wiederverwendung im Tragwerk – Ökologische Potenziale von Re-Use quantifizieren.* In: Bautechnik 102 (1), doi.org/10.1002/bate.202400094

[3] Dietsch, P., Müller, M., Frese, M., Ehrenlechner, C., Mensinger, M., Winter, S., Ummenhofer, T. (2025) *Vorbereitung der Wiederverwendung von bestimmten Bauprodukten des Holz- und Stahlbaus.* Schlussbericht (Forschungsbericht). Versuchsanstalt für Stahl, Holz und Steine, Karlsruher Institut für Technologie und Technische Universität München.

[4] Feldmann, M., Bartsch, H., Kuhnhenne, M., Siebers, R. (2023) *Wiederverwendung im Stahl- und Metallleichtbau.* In: 2023 Stahlbau Kalender: Werkstoffe verbinden, https://doi.org/10.1002/9783433611302.ch8

[5] LUBW (2024) *Zirkuläres Bauen erfolgreich umsetzen. Ein praxisnaher Leitfaden für Entscheidungstragende, Bauverantwortliche und Planende.* Karlsruhe: Landesanstalt für Umwelt Baden-Württemberg.

2. Holz-Beton-Verbundbauteile für den Wiedereinsatz

Wie lassen sich Bauteile so gestalten, dass sie nicht nur (ressourcen)effizient hergestellt, sondern auch vollständig wiederverwendet oder recycelt werden können? Durch innovative Bauteilanschlüsse und optimierte Rückbauverfahren können Holz-Beton-Verbunddecken (HBV) eine Antwort auf diese Frage geben. Derart optimierte Systeme schonen nicht nur wertvolle Ressourcen, sondern setzen durch ihre Wiederverwendbarkeit und Recyclingfähigkeit Maßstäbe für eine zirkuläre Bauwirtschaft. Verschiedene Bewertungsmethoden zeigen das hohe Potenzial der für den Wiedereinsatz optimierten Deckenelemente auf.

Im Herstellungsprozess von HBV-Decken wird ein Großteil des Betons durch Holz ersetzt und so bereits der mineralische Rohstoffeinsatz minimiert. Nachhaltige Baukonzepte folgen jedoch zugleich dem Kreislaufgedanken: Die konzeptionelle Berücksichtigung der Wiederverwendbarkeit bei der Entwicklung, Planung und Herstellung eines Produktes ist für einen reibungslosen und hochwertigen Rückbau zwingend erforderlich. Bei rückbau- und wiederverwendbaren HBV-Rippendecken wird dies durch reversible Bauteilanschlüsse möglich. Die HBV-Decken können somit aus einem Gebäude entfernt und an einem anderen Ort vollständig und mit all ihren Eigenschaften wieder eingesetzt werden. Sollte ein Wiedereinbau nicht möglich sein, lassen sich Holz und Beton durch eine geometrisch optimierte Kerve sowie spezielle, in Zusammenarbeit mit der Reisser Schraubentechnik GmbH entwickelte Verbinder zur Abhebesicherung sortenrein voneinander trennen [1–3]. Der Betonbruch kann als RC-Gesteinskörnung für die Herstellung von ressourcenschonendem R-Beton genutzt werden. Die Holzbalken lassen sich im Ganzen wiederverwenden oder stehen für eine hochwertige stoffliche Weiterverwertung, z. B. zur Herstellung von Holzwerkstoffen, zur Verfügung. Die praktische Umsetzbarkeit konnte in einem umfangreichen Großversuch gezeigt werden.

Urban Mining Index: Bewertung der Effizienz und Potenziale

Mit dem von *Rosen* [4], [5] entwickelten Urban Mining Index lässt sich der Arbeitsaufwand beim Rückbau einer Konstruktion bewerten. Je geringer der Arbeitsaufwand, desto wahrscheinlicher tritt die Demontage zur Wiederverwendung am Ende des Lebenszyklus auch tatsächlich ein. Es wurden vier verschiedene Deckensysteme miteinander verglichen:
- konventionelle Stahlbetonmassivdecke
- konventionelle HBV-Rippendecke (Standardverbindungen)
- optimierte HBV-Rippendecke, Ziel: Wiederverwendung
- optimierte HBV-Rippendecke, Ziel: sortenreine Trennung.

Nach dem Bewertungsmaßstab des Urban Mining Index schneidet die für die Wiederverwendung optimierte HBV-Decke am besten ab. Hier entstehen keine Qualitätsverluste durch stoffliche Verwertung (Downcycling) und es entfällt der hohe maschinelle Aufwand für das Brechen des Betons. Auf Platz 2 liegt die für die sortenreine Trennung optimierte HBV-Decke. Dabei zeigt diese im Vergleich zur konventionellen Stahlbetondecke (mit einem vergleichsweise hohen Arbeitsaufwand zum Brechen der großen Betonmenge) ein erhebliches Potenzial zur Kreislaufführung durch effiziente Trennung der Komponenten und vergleichsweise geringe Mengen zu brechenden Betons. Die nicht lösbaren Verbinder der konventionellen HBV-Decke erschweren die sortenreine Trennung der Materialien. Dies führt zu einem hohen Aufwand bei der Demontage und schränkt die Wiederverwertbarkeit der Materialien ein.

© Brüninghoff

7a

© Brüninghoff

7b

7 Das Rückbaukonzept ermöglicht das Entfernen der Elemente (a) und den anschließenden Wiedereinbau (b).

© Brüninghoff

8a

© fotostudio eder

8b

8 Die HBV-Decken aus den Rückbauversuchen (a) finden ihren neuen Einsatzbereich (b).

Das Ergebnis zeigt: Die Wiederverwendung vollständiger HBV-Deckenelemente verursacht den geringsten Energie- und Arbeitsaufwand und sollte daher grundsätzlich bevorzugt werden.

Ein vergleichender Blick auf die Ökobilanz

Zur Bewertung der Ökobilanz wird die kreislauffähige HBV-Rippendecke mit drei anderen marktüblichen, leistungs- und funktionsäquivalenten Deckensystemen verglichen. Auf Basis der Ökobilanz-Methodik nach DIN EN 15804 und DIN EN 15978 werden gegenübergestellt:

- Stahlbetonmassivdecke (Filigrandecke)
- Spannbetonhohldiele
- Stahlbetonrippendecke (PI-Decke)
- HBV-Rippendecke.

Die Umweltwirkungen werden anhand der ausgewählten Indikatoren Global Warming Potential (GWP) und nicht-erneuerbarer Primärenergiebedarf (PENRT) bewertet. Beim Vergleich des GWP ergibt sich folgende Rangfolge: HBV-Rippendecke, Spannbetonhohldiele, PI-Decke, Filigrandecke. Letztere schneidet aufgrund der hohen Stahl- und Betonmengen erwartungsgemäß am schlechtesten ab. Eine Wiederverwendung am Lebensende wird mit den aktuellen Normen nicht erfasst. Bei zusätzlicher Berücksichtigung des Wiederverwendungs- und Recyclingpotenzials wäre die HBV-Decke in der Lage, ihren Vorsprung noch weiter auszubauen. Beim Blick auf den PENRT ergibt sich folgendes Bild: Die Spannbetonhohldiele liegt aufgrund ihres insgesamt geringen Materialeinsatzes vorne, gefolgt von HBV-, Filigran- und PI-Decke. Der PENRT der drei letztgenannten ist annähernd gleich. Bei der HBV-Decke wirken sich

9

© C5 GmbH [6]

9 Die zirkulären Eigenschaften der drei untersuchten HBV-Decken und der konventionellen Stahlbetondecke wurden umfassend anhand des Urban Mining Index analysiert.

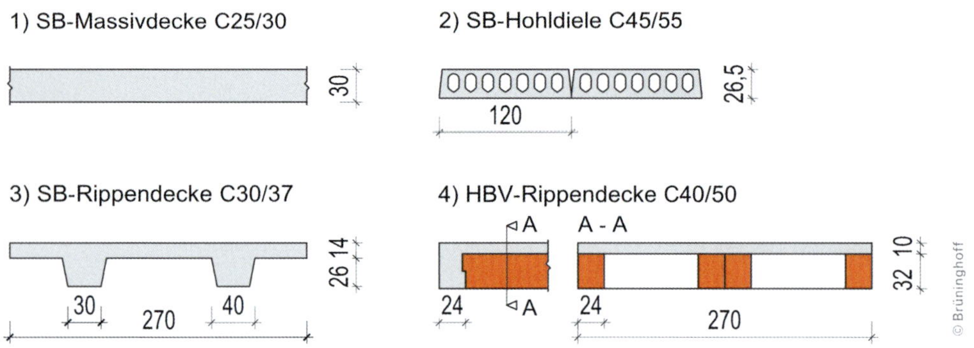

10

10 Blick auf die Ökobilanz: Zum Vergleich dienen eine Stahlbetonmassivdecke, eine Decke mit Spannbetonhohldielen, eine Stahlbetonrippendecke (PI-Decke) sowie die HBV-Rippendecke.

vor allem der Einsatz des Brettschichtholzes und die damit einhergehende Reduktion des Betonanteils positiv aus, bei Filigran- und PI-Decke schlagen die großen Beton- und Bewehrungsmengen negativ zu Buche.

DAfStb-Richtlinie: Reduzierte Treibhausgasemissionen

Die Richtlinie des Deutschen Ausschusses für Stahlbeton (DAfStb) „Treibhausgasreduzierte Tragwerke aus Beton, Stahlbeton oder Spannbeton" [7] bietet einen Rahmen zur Bewertung und Verbesserung der ökologischen Nachhaltigkeit im Bauwesen. Die Richtlinie definiert einen Referenzzustand für das Jahr 2020 sowie Anforderungen an die zulässigen Treibhausgasemissionen (GWP) infolge der Herstellung und des Rückbaus für Wohngebäude und Nicht-Wohngebäude. Die kreislauffähige HBV-Rippendecke wurde unter Anwendung dieser Richtlinie (Teil 2, Deckenbauteile) bewertet. Die Ergebnisse zeigen, dass die optimierte HBV-Rippendecke erhebliche Treibhausgasreduktionen im Vergleich zu anderen Deckenbauteilen aufweist. Bei der Berechnung des GWP fließen dabei sowohl der Beton als auch Holz, Bewehrung, Schrauben, Transportanker und weitere Einbauteile mit ein. Das Ergebnis: Die optimierte HBV-Rippendecke ist deutlich vorteilhafter als die konventionelle Stahlbetondecke und lässt sich in die Treibhausgas-Minderungsklasse TM-50 einordnen. Diese Bewertung unterstreicht die Vorteile der HBV-Decke, die durch den reduzierten Einsatz von Beton erreicht werden.

Forschung und Ausblick

Das Thema vorgefertigter, modularer und rückbaubarer Verbundkonstruktionen wird zunehmend auch im Bereich Forschung und Entwicklung aufgegriffen – wie beispielsweise im Forschungsprojekt „Reversible, kreislauffähige Holz-Beton-Verbunddecke" an der Rheinland-Pfälzischen Technischen Universität. Untersuchungsgegenstand ist eine sägezahnförmige Verbundfugengeometrie, welche nach ersten Erkenntnissen ein vielversprechendes Trag- und Verformungsverhalten sowie eine Reversibilität der Verbindung aufweist.

Es gibt somit bereits Ansätze, die die Kreislauffähigkeit von HBV-Deckenelementen in den Fokus stellen. Zukünftig wird es für deren baupraktische Anwendung entscheidend sein, Rahmenbedingungen für kreislauffähige Lösungen zu fördern, klare Richtlinien für die Wiederverwendung festzulegen und so die Akzeptanz und Anwendbarkeit in der Baupraxis zu schaffen. Derzeit werden am Deutschen Institut für Normung (DIN) und auch auf europäischer Ebene Standards für die Circular Economy im Bauwesen erarbeitet. Dies ist ein wichtiger Schritt in Richtung einer funktionierenden Kreislaufwirtschaft im Bauwesen.

Stefan Behring, Raphaela Mersmann, Jan L. Wenker, Anja Rosen

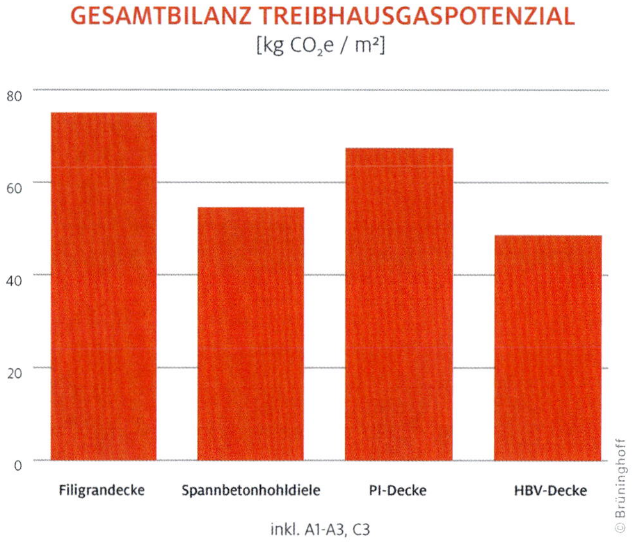

11

11 Vergleicht man das GWP der vier Deckensysteme, zeigt sich im Ergebnis folgende Rangfolge: HBV-Decke, Spannbetonhohldiele, PI-Decke, Filigrandecke. Erstere schneidet hier aufgrund der Substitution von Beton und Stahl durch Holz am besten ab.

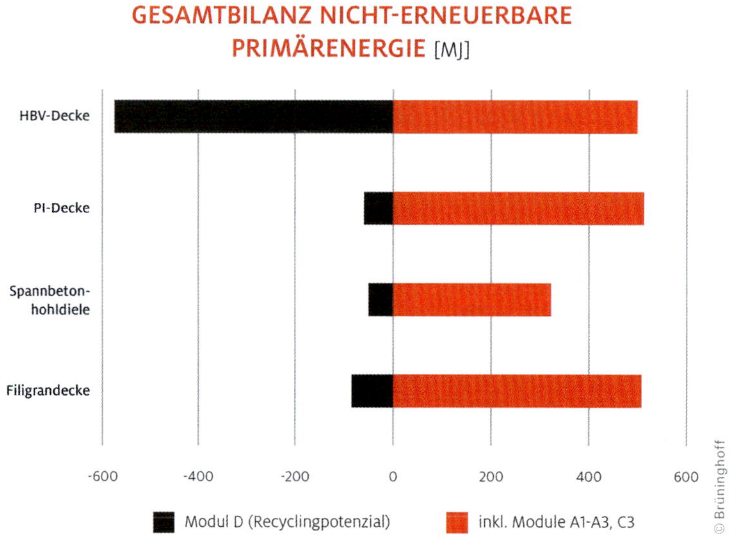

12

12 Gesamtbilanz nicht-erneuerbare Primärenergie: Die Spannbetonhohldiele liegt aufgrund ihres insgesamt geringen Materialeinsatzes vorne.

DATENPUNKTE FÜR DAS GWP DER DECKENBAUTEILE UND FUNKTIONSWERT DER REFERENZWERTFUNKTION

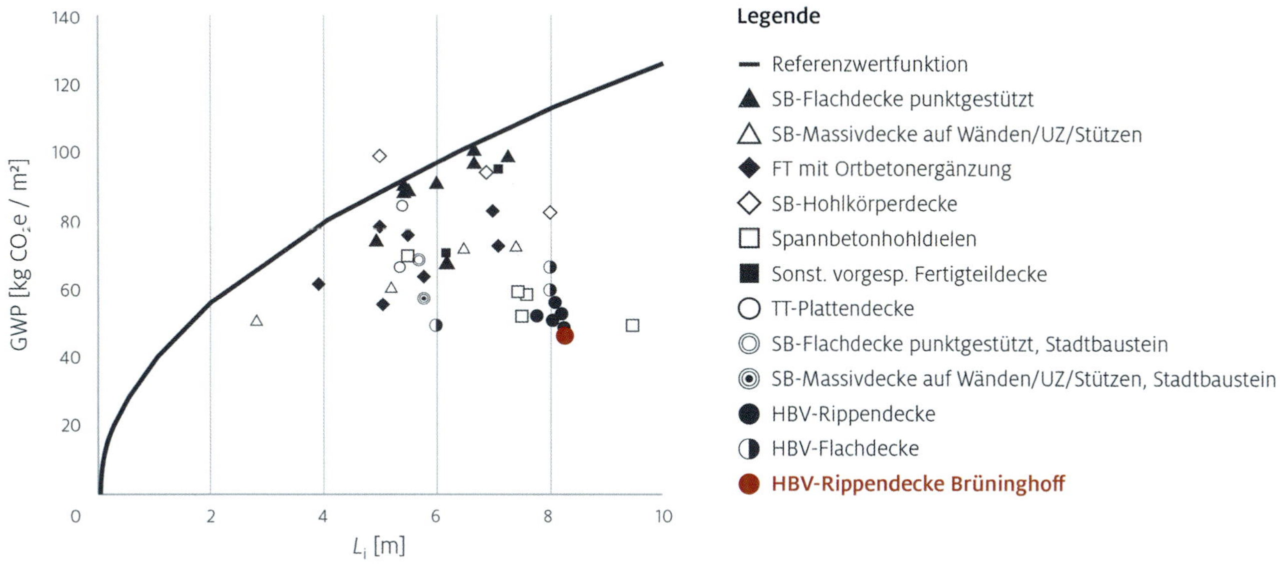

13

Brüninghoff / DAfStb RL THG 2024-08

13 GWP-Werte von Deckenbauteilen und Referenzfunktion gemäß DAfStb-Richtlinie – Treibhausgasreduzierte Tragwerke aus Beton, Stahlbeton oder Spannbeton: Die optimierte HBV-Rippendecke ist deutlich vorteilhafter als die konventionelle Stahlbetondecke.

Literatur

[1] DIN CEN/TS 19103: 2022-02: *Eurocode 5: Bemessung und Konstruktion von Holzbauten – Berechnung von Holz-Beton-Verbundbauteilen – Allgemeine Regeln und Regeln für den Hochbau*; Deutsche Fassung CEN/TS 19103:2021. Deutsches Institut für Normung, Februar 2022

[2] Deutsches Institut für Bautechnik (DIBt): *KVB-Verbinder – Reisser Schrauben als Abhebesicherung für Holz-Beton-Verbunddecken mit Kerven.* Allgemeine Bauartgenehmigung aBG Z-9.1-916 vom 06.08.2024

[3] Reisser Schraubentechnik GmbH: *KVB-Verbinder. Sicher zugelassen. Die erste Abhebesicherung mit Zulassung für Holz-Beton-Verbunddecken mit Schubkerve*, Informationsbroschüre, 2024

[4] Rosen, A.: *Urban Mining Index. Entwicklung einer Systematik zur quantitativen Bewertung der Kreislaufkonsistenz von Baukonstruktionen in der Neubauplanung*, Fraunhofer IRB Verlag, Stuttgart, 2021

[5] Hillebrandt, A., Riegler-Floors, P., Rosen, A., Seggewies, J.-K.: *Atlas Recycling. Gebäude als Materialressource*, Edition Detail, 2021

[6] Rosen, A., Freese, C.: *Zirkuläre HBV-Decken. Bewertung der Zirkularität von Holz-Beton-Verbunddecken.* Abschlussbericht C5 GmbH im Auftrag der Brüninghoff GmbH & Co. KG, Münster, unveröffentlicht, 2024

[7] DAfStb-Richtlinie – *Treibhausgasreduzierte Tragwerke aus Beton, Stahlbeton oder Spannbeton.* Ausgabe August 2024. Teil 1: Grundlagen und Nachweis am gesamten Tragwerk, Teil 2: Deckenbauteile

WEITERE PROJEKTE

© Claudia Dreyße

Berufsbildungsstätte der Remscheider Metall- und Elektroindustrie
Fast + Epp GmbH, Darmstadt

© Staikos 3D

Neubau eines Verwaltungsgebäudes für das Deutsche Rote Kreuz, Beckum
ars architekten gmbh, Staikos 3D, Mendler Ingenieur Consult

© HG Esch, Hennef

Brücke Städtisches Klinikum Karlsruhe
Tragwerksplanung: Werner Sobek AG, Stuttgart; Architektur: caspar., Köln

© agn Architekten Ingenieure Generalplaner

Zentrum für Molekulare Biodiversitätsforschung, Bonn
Fast + Epp GmbH, Darmstadt

Familienzentrum St. Nikolaus, Gau-Algesheim
Fast + Epp GmbH, Darmstadt

Fuß- und Radwegbrücke über die Offenbachstraße Nord, München
Entwurf: WTM Engineers München GmbH in Kooperation mit Knight Architects; Bauherr: Landeshauptstadt München – Baureferat

Großkissen Bushof Sursee
Tragwerksplanung: formTL ingenieure für tragwerk und leichtbau gmbh, Radolfzell; Architektur: OSMB Architekten AG Zürich; Generalplanung: suisseplan Ingenieure AG

Kämmerei in Düsseldorf
Schüßler-Plan Ingenieurgesellschaft mbH, Düsseldorf

© Fredrik Rege

VARVSBRON – Die Werftbrücke, Helsingborg, Schweden
Leonhardt, Andrä und Partner Beratende Ingenieure VBI AG; Stephen James, Rambøll

© Corina Franke

SWI Schnellladepark am incampus, Ingolstadt
pbb Planung und Projektsteuerung GmbH, Ingolstadt

© Margot Gottschling

Kultur- und Sporthalle Alfter
PIRMIN JUNG Deutschland GmbH, Remagen

© Steimle Architekten BDA

Technische Hochschule Nürnberg
wh-p Ingenieure, Stuttgart;
Architektur: Steimle Architekten, Stuttgart

AUTOR:INNEN

Ansel, Lisa geb. 1991; 2012–2018 Bauingenieurstudium TU München, Vertiefungsrichtungen Holzbau und Baukonstruktion/Brandschutz im Master; seit 2018 Fachplanerin Brandschutz bei HAHN Consult, Hamburg, seit 2021 Teamleitung Holzbau

© studionline

Beck, Patrick geb. 1979; 1999–2006 Bauingenieurstudium TU Darmstadt; 2006–2012 Donges Steeltec; seit 2012 Ingenieurgruppe Bauen, ab 2017 Gruppenleiter; 2021 Promotion TU Darmstadt; seit 2024 Fachingenieur Membranbau, Ingenieurkammer Sachsen-Anhalt; seit 2024 öffentlich bestellter u. vereidigter Sachverständiger für Stahlhochbau und Membrankonstruktionen

© Ingenieurgruppe Bauen

Behring, Stefan geb. 1978; 1999–2002 Tischlerausbildung; 2002–2011 Bauingenieurstudium TU Berlin, 2011–2018 wissenschaftlicher Mitarbeiter Fachgebiet E+K-Verbundstrukturen; seit 2019 FuE Ingenieur bei der Brüninghoff Group; in Kürze Promotion

© Jonas Groß

Berger, Alexander geb. 1967; 1989–1995 Bauingenieurstudium TU Darmstadt; 1995–1996 Ingenieurbüro Peter Mutscher Ludwigsburg; seit 1996 Bollinger+Grohmann, seit 2000 Projektleiter nationale und internationale Projekte (insbesondere Hochhäuser), Leiter B+G Expert-Team Hochhaustragwerke/Baudynamik

© Bollinger+Grohmann

Bida, Marko geb. 1965; 1985–1991 Bauingenieurstudium TU Darmstadt; 1991–1994 Wirtschaftsingenieurstudium Ruhr-Universität Bochum; 1995–2001 Philipp Holzmann Köln/Düsseldorf; seit 2001 Schüßler-Plan Ingenieurgesellschaft Köln, seit 2025 Standortleiter

© Schüßler-Plan

Boensch, Manuel geb. 1983; 2004–2008 Bauingenieurstudium FH Münster; 2011–2014 Masterstudiengang Bauingenieurwesen HCU Hamburg; seit 2012 Wetzel & von Seht

© Wetzel & von Seht

Busler, Hubert geb. 1961; Schlosserlehre; 1983–1988 Bauingenieurstudium FH München; Schweißfachingenieur SLV München; seit 1988 Mayr Ludescher Partner, seit 2007 Partner

© Mayr Ludescher Partner

Danders, Andreas geb. 1965; 1986–1990 Bauingenieurstudium HTWK Leipzig; 1990–1991 Projektingenieur Tragwerksplanung IPRO Halle; seit 1991 SSF Ingenieure AG, seit 2001 Niederlassungsleiter Halle (Saale) und Abteilungsleiter Infrastrukturplanung; Beratender Ingenieur der Ingenieurkammer Sachsen-Anhalt

© Lilia Belz

Daßler, Mathias geb. 1986; 2006–2010 Bauingenieurstudium HTWK Leipzig; 2011–2015 Masterstudium Bauingenieurwesen HTWK Leipzig; seit 2011 SSF Ingenieure, 2014–2023 Projektleiter, seit 2024 Stellvertretender Abteilungsleiter Infrastrukturplanung; seit 2021 Schweißfachingenieur

© Lilia Belz

Dickhaut, Wolfgang geb. 1962; 1981–1988 Bauingenieurstudium, 1992 -1996 wissenschaftlicher Mitarbeiter, 1996 Promotion Institut für WAR (alles TU-Darmstadt); seit 1998 Professor HAW Hamburg; seit 2006 Professor HafenCity Universität Hamburg, Leitung Fachgebiet „Umweltgerechte Stadt- und Infrastrukturplanung"

© Wolfgang Dickhaut

Dietz, Lars geb. 1973; 1995–2001 Bauingenieurstudium Bauhaus-Universität Weimar; 1999-2001 Bilfinger+Berger; 2001–2002 Ingenieurbüro für Baustatik und Grundbau Erfurt; seit 2002 KREBS+KIEFER Ingenieure Erfurt, seit 2018 Geschäftsführer; seit 2021 unternehmensweiter Geschäftsbereichskoordinator Ingenieurbau + Geotechnik

© KREBS+KIEFER

Eisele, Gerhard geb. 1958; 1977–1984 Bauingenieurstudium TH Karlsruhe; seit 1986 Ingenieurgruppe Bauen, Gruppenleiter, seit 2008 beratender Gesellschafter, seit 2019 als beratender Ingenieur; seit 2005 öffentlich bestellter und vereidigter Sachverständiger für historische Bauten; 2008–2018 Professor für Bauwerkserhaltung FH Potsdam

© Ingenieurgruppe Bauen

Ellerhorst, Stephan geb. 1970; 1991–1996 Bauingenieurstudium FH Aachen; 1996–2001 Betriebsleiter Kanalnetz und Kläranlagen in NRW; 2001–2008 Projektleiter und Leiter Betriebsmanagement DPU, 2008–2012 Niederlassungsleiter; 2012–2016 Bereichsleiter Grontmij; seit 2016 Bereichsleiter und Prokurist Sweco

© Dirk Kurz, Sweco

Engelsmann, Stephan geb. 1964; Maurerlehre; 1986–1991 Bauingenieurstudium TU München; 1991–1993 Ingenieurbüro Dr. Kupfer; 1993–1998 wiss. Ass. und Promotion Universität Stuttgart; 1998–1999 Architekturstudium University of Bath; 1999–2007 Werner Sobek Ingenieure; seit 2002 Professor für Konstruktives Entwerfen und Tragwerkslehre, abk Stuttgart; seit 2006 Engelsmann Peters; seit 2014 Präsident Ingenieurkammer Baden-Württemberg

© Engelsmann Peters

Fahlbusch, Mark geb. 1970; 1993–1999 Bauingenieurstudium TU Darmstadt, 1999-2000 Statiker Mero Systeme; 2000–2005 wissenschaftlicher Mitarbeiter im Fachbereich für Architektur, 2007 Promotion; seit 2005 bei Bollinger+Grohmann, seit 2012 Partner und Prokurist; seit 2014 Professor für Tragwerkslehre, Baukonstruktion und Entwerfen, Hochschule RheinMain

© Bollinger+Grohmann

Geske, Heinz geb. 1963; 1985–1989 Architekturstudium Fachhochschule Holzminden; seit 1996 Projektleiter SEH Engineering, seit 2021 Geschäftsführer EIL Engineering Innovation Lab

© Mirko Krenzel

Geske, Johanna geb. 1994; 2018–2019 Studium Business Administration Lincoln University, BA Business Administration und Marketing; 2020–2021 kaufmännische Mitarbeiterin SEH Engineering, seit 2021 Projektcontrolling EIL Engineering Innovation Lab

© SEH

Glomb, Sylvia geb. 1962; 1981–1986 Bauingenieurstudium TU Dresden; 1986–1989 BMK Kohle und Energie / CBF IPRO Berlin; 1990–2000 Ingenieurbüro R. Kruse, Berlin; seit 2000 Ingenieurgruppe Bauen, Berlin; 2008–2010 Qualifikation Tragwerksplaner in der Denkmalpflege, Propstei Johannesberg Fulda

© Ingenieurgruppe Bauen

Halaczek, Bartlomiej geb. 1978; 1998–2003 Bauingenieurstudium und 2004–2007 Architekturstudium Universität Stuttgart; seit 2007 Knight Architects, seit 2015 Assoziierter, seit 2021 Direktor, verantwortlich für Infrastruktur- und Brücken-Projekte in der EU und Skandinavien

© Tom Miles

Helbig, Thorsten geb. 1967; Maurerlehre; 1990–1994 Bauingenieurstudium FH Bielefeld; 2001 Gründungspartner knippershelbig Stuttgart, 2009 New York, 2014 Berlin; seit 2018 Associate Professor Irwin S. Chanin School of Architecture, The Cooper Union, New York; seit 2022 Professor Tragwerkslehre, Baustoffkunde, konstruktives Entwerfen, Hochschule Darmstadt

© knippershelbig

Herbrand, Guido geb. 1967; 1990–1996 Bauingenieurstudium RWTH Aachen; seit 2009 Ingenieurbüro GRASSL, Büro- und Projektleiter, Prokurist

© GRASSL

Höfer, Konrad geb. 1989; 2014 M. A. FH Erfurt; zertifizierter Energieberater; diverse Stationen als Architekt; seit 09/2020 Isfort Architekten

© Christin Schöne

Isfort, Bernard geb. 1962; 1991 Dipl. Ing. (FH) Architektur Fachhochschule Trier; 1991–1992 Architekturbüro Oswald|Zöggeler, Bozen, Italien; 1992–1994 Architekturbüro Brzozowski, Dresden; seit 1994 Inhaber Isfort Architekten

© Christin Schöne

Isfort, Susanne geb. 1965; 1991 Dipl. Ing. (FH) Architektur, Fachhochschule Trier; 1991–1992 Architekturbüro Piller, Bozen, Italien; 1992–1994 Architekturbüro Stellen und Peters, Frankfurt am Main; 1994–2001 Architekturbüro Heike Böttcher, Dresden; seit 2001 Isfort Architekten

© Christin Schöne

Jelisic, Miroslav geb. 1974; 1993–1996 Ausbildung Technischer Zeichner ThyssenKrupp Stahlbau; 1997–2000 Studium Bachelor Staatlich geprüfter Techniker; seit 2010 Projektleiter SEH Engineering, seit 2024 Prokurist und Technischer Leiter EIL Engineering Innovation Lab

© SEH

Jung, Bastian geb. 1985; 2005–2010 Bauingenieurstudium Bauhaus-Universität Weimar, 2010–2014 wissenschaftlicher Mitarbeiter Lehrstuhl für Massivbau, 2015 Promotion; 2014–2016 SGHG Ingenieure Erfurt; seit 2016 Projektleiter KREBS+KIEFER Ingenieure Erfurt

© KREBS+KIEFER

Jürgensen, Sabrina geb. 1993; 2017 HTW Dresden (B.A.); 2023 Architektur (M.Sc.) BTU Cottbus-Senftenberg; seit 2017 Isfort Architekten

© Christin Schöne

Keil, Andreas geb. 1958; Bauingenieurstudium Universität Stuttgart; seit 1985 sbp, seit 1994 Partner, seit 2002 Geschäftsführender Gesellschafter; diverse Auszeichnungen, darunter Ingenieurpreis des Deutschen Stahlbaues 2019, 2018, Deutscher Brückenbaupreis 2025, 2023, 2018, 2014, Hugo-Häring-Preis 2003

© sbp

Klattenhoff, Henning geb. 1971; 1996–2003 Bauingenieurstudium Universität Hannover, diverse Lehraufträge zum Themenbereich Holzbau und integrale Planung; seit 2008 Projektleiter Assmann Beraten + Planen Hamburg, seit 2019 Prokurist und Fachbereichsleiter

© PicturePeople

Knippers, Jan geb. 1962; 1983–1992 Bauingenieurstudium und Promotion TU Berlin; 1993–2000 sbp; seit 2000 Professor und Leiter des Instituts für Tragkonstruktionen (ITKE) Universität Stuttgart; 2001–2017 Knippers Helbig Advanced Engineering; seit 2018 Jan Knippers Ingenieure, Stuttgart

© IntCDC Universität Stuttgart

Koch, Tobias geb. 1982; 2003–2008 Bauingenieurstudium HTWK Leipzig; 2008–2009 Projektingenieur Schüßler Plan; 2009–2011 Projektingenieur Obermeyer Planen und Beraten; 2012–2016 Projektingenieur IGS Ingenieure; seit 2016 Projektleiter Infrastrukturmanagement HAVAG, seit 2018 Abteilungsleiter Technik und Infrastrukturmanagement

© Koch

Köhler, Bernd geb. 1980; 2000–2006 Architekturstudium KIT Karlsruhe; seit 2016 Projektleiter Werner Sobek AG; seit 2021 wissenschaftlicher Mitarbeiter ILEK Universität Stuttgart

© Janine Kyofsky

Korn, Frithjof geb. 1982; 1999–2002 Schreinerausbildung; 2002–2004 Zimmererausbildung; 2011–2013 Weiterbildung staatlich geprüfter Bautechniker; 2013–2018 Bauingenieurstudium Konstruktiver Ingenieurbau HfT Stuttgart; seit 2018 wh-p Ingenieure Stuttgart, seit 2021 Teamleiter

© arnefotos | Arne Hartenburg

Krolikowski, Dirk geb. 1976; 1999–2005 RWTH Aachen und UW Seattle, USA; 2005–2015 Richard Rogers Partnership, Großprojekte, Schwerpunkt Konstruktiver Stahlbau; seit 2011 Associate Professor mit eigener Entwurfsklasse UCL, The Bartlett; seit 2012 Founding Partner DKFS.io, Schwerpunkt: Infrastruktur, Brückenbau

© DKFS

Kummert, Clea geb. 1997; 2017–2022 Bauingenieurstudium TU Hamburg; 2022–2024 Masterstudium Ressourceneffizientes Bauen Hochschule für Forstwirtschaft Rottenburg; seit 2024 Projektingenieurin knippershelbig Stuttgart

© knippershelbig

Küfner, Sebastian geb. 1979; Ausbildung zum Diplom-Immobilienwirt (FH); seit 2007 STESAD, seit 2021 Prokurist

© STESAD

Lienhard, Julian geb. 1980; 2001–2007 Bauingenieurstudium Universität Stuttgart, 2008–2013 wissenschaftlicher Mitarbeiter und Lehrbeauftragter am ITKE, 2013 Promotion; seit 2012 Gesellschafter Geschäftsführer Ingenieurbüro str.ucture; seit 2019 Professor für Tragwerksentwurf Universität Kassel

© Universität Kassel

Lühring, Jörg geb. 1961; 1981–1988 Bauingenieurstudium Universität Hannover; seit 2005 Bauleiter SEH Engineering

© SEH

Meier, Florian geb. 1988; 2008–2014 Bauingenieurstudium TU München; 2014–2024 Ingenieur, zuletzt Director und Niederlassungsleiter knippershelbig New York; 2018–2024 Lehrbeauftragter Irwin S. Chanin School of Architecture, Cooper Union, New York; seit 2024 Director und Co-Niederlassungsleiter knippershelbig Berlin

© knippershelbig

Mersmann, Raphaela geb. 1985; 2005–2011 Architekturstudium (Dipl.-Ing.) RWTH Aachen und Universität Trondheim; 2013–2016 Studium Bauphysik (M.BP.) Universität Stuttgart; seit 2023 Architektin und Bauphysikerin bei der Brüninghoff Group; seit 2025 Projektleiterin Nachhaltigkeit und Bauphysik Plansite, part of Brüninghoff Group

© privat

Muth, Lukas geb. 1996; 2017–2021 Holzingenieurstudium HAWK Hildesheim; 2021–2023 Bauingenieurstudium TU Braunschweig; seit 2020 Projektingenieur, Holzbauplaner und Ökobilanzierer bei Assmann Beraten + Planen Braunschweig

© PicturePeople

Neubauer, Benedikt geb. 1994; 2014–2022 Bauingenieurstudium KIT Karlsruher Institut für Technologie und Universität Stuttgart; seit 2018 Projektingenieur Ingenieurbüro str.ucture, seit 2024 Projektleiter, seit 2025 Partner Mitarbeitergesellschaft

© str.ucture

Neubauer, Gregor geb. 1991; 2010–2018 Bauingenieurstudium TU Darmstadt; 2018–2022 Fast + Epp; seit 2022 wissenschaftlicher Mitarbeiter ITKE Universität Stuttgart

© IntCDC Universität Stuttgart

Nowak, Jana geb. 1991; 2011–2017 Bauingenieurstudium (B.Sc., M.Sc.) Universität Stuttgart; seit 2018 Projektingenieurin knippershelbig Stuttgart, seit 2021 Head of Sustainable Structures, seit 2023 Associate; 2025–2026 Gastprofessur für Innovationen im Holzbau, ITKE Universität Stuttgart; Gründungsmitglied Stuttgarter Nachhaltigkeitsstammtisch; Mitglied Attitude Building Collective e.V.

© knippershelbig

Nübler, Stefan geb. 1993; 2011–2015 Bauingenieurstudium (B.Sc.) OTH Regensburg; 2015–2017 Konstruktiver Ingenieurbau (M.Sc.) Universität Stuttgart; seit 2018 Leonhardt, Andrä und Partner, seit 2020 Projektleiter, seit 2023 Ingenieur der Bauwerksprüfung nach DIN 1076, seit 2025 Nachhaltigkeitsbeauftragter; Mitglied Attitude Building Collective e.V.

© Kratzke

Paukner, Florian geb. 1975; 1998–2002 Bauingenieurstudium Universität der Bundeswehr München; seit 2014 Abteilungsleiter Konstruktiver Ingenieurbau, Staatliches Bauamt Traunstein

© privat

Pein, Karen geb. 1973; 2000 Diplom Städtebau/Stadtplanung TU HH-Harburg; 2000–2001 Stadtplanungsamt Magdeburg; 2002–2003 freiberufliche Tätigkeit; 2003–2006 PL GEWOBA Wohnen und Bauen, Bremen; 2005 Dipl.-Immobilienökonomin; IBA Hamburg: 2006–2015 Projektkoordinatorin & Prokuristin, 2015–2022 Geschäftsführerin; seit 2022 Präses Behörde für Stadtentwicklung und Wohnen, HH

© Jan-Niklas Pries / Senatskanzlei Hamburg

Prösler, Martin geb. 1961; Studium Ethnologie und Soziologie Eberhard Karls Universität Tübingen; seit 1995 geschäftsführender Gesellschafter Proesler Kommunikation; seit 2020 Mitglied des Konsortiums „Smart Circular Bridge"

© Proesler Kommunikation

Quasten, Gero geb. 1973; 1993–2000 Architekturstudium TU Darmstadt, 2004–2010 wiss. Mitarbeiter; 2013–2015 Vertretungsprofessur Nachhaltiges Bauen KIT; seit 2017 Professur Entwerfen und energieoptimiertes Bauen Hochschule Mainz; seit 2003 Partner prosa Architektur + Stadtplanung

© Prosa Architektur + Stadtplanung BDA Quasten Rauh

Reinke, Hans-Georg geb. 1952; 1972–1977 Bauingenieurstudium TH Karlsruhe und Universität Stuttgart; 1986 Promotion Universität Stuttgart; seit 1991 Professor Frankfurt UAS; 1993–2022 Prüfingenieur für Massivbau; 1996–2022 Prüfingenieur EBA; 2001 Mitgründer von Werner Sobek Frankfurt; 2012 öbuv Sachverständiger für Konstruktiven Ingenieurbau

© Werner Sobek

Reisch, Johanna geb. 1981; 2001–2007 Studium Landschaftsarchitektur Leibniz Universität Hannover; 2008–2016 Landschaftsarchitektin in interdisz. Planungsbüros; seit 2016 Projektmanagerin und Associate Landscape Architect Henning Larsen (ehem. Ramboll Studio Dreiseitl), seit 2022 Leitung Team Hamburg/Berlin und Director Landscape mit Fokus Blau Grüner Infrastruktur

© Henning Larsen

Riebesehl, Tobias geb. 1983; 2004–2009 Bauingenieurstudium HAWK Hildesheim/Holzminden/Göttingen; seit 2010 Ingenieurbüro GRASSL, Team- und Projektleiter

© GRASSL

Rösch, Fynn geb. 1990; Feinwerkmechaniker; 2012–2016 Bauingenieurstudium TH Lübeck; 2018–2020 Masterstudium HS Wismar; seit 2018 Projektleiter Assmann Beraten + Planen Hamburg, seit 2020 Teamleitung der Tragwerks- und Holzbauplanung

© picturepeople

Rosen, Anja geb. 1970; Architekturstudium FH Münster (M.A.); Architektin und DGNB-Auditorin agn Gruppe; Lehr- und Forschungstätigkeit Bergische Universität Wuppertal, 2020 Promotion; seit 2022 geschäftsführende Gesellschafterin C5 GmbH; seit 2023 Professorin für Circular Construction FH Münster/MSA

© Wilfried Gerharz

Rühlemann, Anja geb. 1995; 2014–2020 Bauingenieurstudium TU Dresden; 2019–2020 Werkstudentin Ed. Züblin; seit 2020 Projektingenieurin Objektplanung Ingenieurbauwerke SSF Ingenieure, seit 2024 Stellvertretende Abteilungsleiterin Infrastrukturplanung und BIM-Koordination

© Florian Schreiber

Ruppert, Simon geb. 1977; 1998–2006 Bauingenieurstudium TU Darmstadt; 2006–2007 Haag Ingenieur Darmstadt; seit 2007 Bollinger+Grohmann Frankfurt, seit 2012 Partner, seit 2013 Geschäftsführer B+G Ingenieure Bollinger und Grohmann, seit 2019 Beratender Ingenieur

© Bollinger+Grohmann

Sander, Christiane geb. 1962; Schreinerlehre und Gesellenjahre auf der Walz bis 1988; Studium des Industriedesigns, Dipl.-Des. (FH) bis 1992; tätig als Industriedesignerin und Assistentin an der abk Stuttgart; seit 1999 bei sbp, seit 2009 als Lighting Design Lead verantwortlich für kontext- und umweltbewusste Lichtkonzepte für Brücken, Infrastruktur und komplexe Architekturstrukturen

© sbp

Schäfer, Constantin geb. 1997; 2015–2020 Bauingenieurstudium HAWK Hildesheim; seit 2020 Leonhardt, Andrä und Partner; seit 2022 Organisationsteam Junges Netzwerk der Hamburgischen Ingenieurkammer Bau

© Clarissa Reich

Scharmer, Dirk geb. 1968; 1993–1998 Architekturstudium Hochschule Bremen; 2002–2016 Gründer und Vorstand des Fachverbandes Strohballenbau Deutschland e.V.; seit 2021 Inhaber und Geschäftsführer deltagrün Architektur Lüneburg

© Thorsten Scherz

Schieber, Roman geb. 1981; 2002–2007 Studium Architektur und Stadtplanung Universität Stuttgart; Zertifizierter Fachingenieur Fassade Hochschule Augsburg; seit 2007 Projektingenieur und Projektleiter knippershelbig, seit 2021 Geschäftsführer

© knippershelbig

Schmitt, Falko geb. 1977; 1999–2005 RWTH Aachen (Dipl.-Ing.) und RMIT Melbourne; 2008–2010 Lehrbeauftragter Konstruktives Entwerfen RWTH; 2005–2015 Mitarbeit Expedition Engineering, Arup Associates, Grimshaw, Großprojekte, Schwerpunkt Konstruktiver Stahlbau, Infrastrukturbau; seit 2012 Founding Partner DKFS.io, Schwerpunkt: Infrastruktur, Brückenbau

© DKFS

Schumann, Alexander geb. 1989; Bauingenieurstudium, Bauhaus Uni Weimar / TU Dresden; 2015–2019 wissenschaftlicher Mitarbeiter Institut für Massivbau TU Dresden; 2018–2019 Projektleiter, seit 2019 Geschäftsführer, seit 2024 Gesellschafter CARBOCON; seit 2022 Professor Bauingenieurwesen IU Internationale Hochschule Campus Dresden

© Stefan Gröschel

Seiler, Josef geb. 1955; 1975–1981 Bauingenieurstudium TH Karlsruhe; seit 1981 Ingenieurgruppe Bauen, seit 1994 Gesellschafter; seit 1996 Prüfingenieur für Standsicherheit in Berlin, Fachrichtung Massiv- und Metallbau, und für bautechnische Nachweise im Eisenbahnbau; Sachgebiet: Eisenbahnbrücken und konstruktiver Ingenieurbau

© Ingenieurgruppe Bauen

Sippel, Christian geb. 1997; 2015–2021 Bauingenieurstudium Universität Stuttgart; seit 2022 Projektingenieur wh-p Ingenieure Stuttgart

© arnefotos | Arne Hartenburg

Speth, Martin geb. 1962; 1984–1991 Bauingenieurstudium Universität Hannover; seit 1995 Büropartnerschaft DREWES + SPETH; seit 2004 Professor für Entwurf, Tragwerksplanung und Baukonstruktion SCHOOL OF ARCHITECTURE BREMEN Hochschule Bremen; 2006 Promotion ILEK Universität Stuttgart

© Christian Wyrwa

Stahl, Jochen geb. 1972; 1993–1999 Bauingenieurstudium TU Darmstadt, 2014 Promotion; seit 2010 Geschäftsführender Gesellschafter des Ingenieurbüros Fast + Epp Darmstadt und Stuttgart; 2020–2023 Gastprofessur „Innovationen im Holzbau", Institut für Tragkonstruktionen und konstruktives Entwerfen, Universität Stuttgart

© Fast + Epp

Steffan, Christoph geb. 1982; 2006–2013 Architekturstudium (B.Sc., M.Sc.) RWTH Aachen; 2014–2016 pbs-architekten Aachen; 2016–2021 Vollack Köln; seit 2021 Schüßler-Plan Ingenieurgesellschaft Köln, seit 2025 Teamleiter

© Schüßler-Plan

Stroetmann, Richard geb. 1963; 1987–1994 Bauingenieurstudium FH Aachen, TU Darmstadt, TU Kaiserslautern; 1999 Dr.-Ing., TU Darmstadt; seit 1999 KREBS+KIEFER Ingenieure, seit 2001 Geschäftsf. Gesellschafter; seit 2005 Prof. Stahlbau, seit 2006 Direktor Institut für Stahl- und Holzbau, seit 2016 Prodekan Fak. Bauingenieurwesen TU Dresden; 2011 Prüfingenieur

© KREBS+KIEFER Ingenieure

Stumpf, Martin geb. 1973; 1994–2000 Bauingenieurstudium Konstruktiver Ingenieurbau Universität Dortmund; Geschäftsführender Gesellschafter wh-p Ingenieure Stuttgart, Berlin, Basel; seit 2020 Professor Tragwerksentwurf HfT Stuttgart, Fakultät Architektur und Gestaltung

© Klaus Mellenthin Photographer

Tettinger, Susanne geb. 1978; 1997–2005 Bauingenieurstudium RWTH Aachen, 2005–2017 wissenschaftliche Mitarbeiterin Forschungsinstitut für Wasser- und Abfallwirtschaft; seit 2017 Projektleiterin Sweco, seit 2021 Country Project Leader Urban Insight by Sweco

© Dirk Kurz, Sweco

Teuffel, Patrick geb. 1970; Bauingenieurstudium Universität Stuttgart; seit 2003 geschäftsführender Gesellschafter TEUFFEL ENGINEERING CONSULTANTS; 2012–2025 Professor TU Eindhoven; seit 2021 Inhaber CIRCULAR STRUCTURAL DESIGN; seit 2023 Professor Innovation and Sustainability Strategies SRH Berlin School of Technology and Architecture

© privat

Thieme, Melchior geb. 1991; Bauingenieurstudium Bauhaus Uni Weimar / TU Dresden; 2015–2017 Projektingenieur Ingenieurgesellschaft Bonk und Herrmann; 2017–2022 wissenschaftlicher Mitarbeiter Institut für Massivbau (IMB) TU Dresden, 2022 Promotion; 2022 Projektleiter Ingenieurbüro Dr. Binnewies; 2022–2025 Teamleiter CARBOCON, seit 2025 Prof. Konstruktiver Ingenieurbau Hochschule Magdeburg

© Stefan Gröschel

Tschersich, Christian geb. 1980; 2001–2007 Architekturstudium KIT Karlsruher Institut für Technologie, seit 2011 Lehraufträge KIT; seit 2011 Senior Architekt LAVA Laboratory for Visionary Architecture, seit 2021 Partner

© LAVA

Vogelsang, Wiebke geb. 1993; 2011–2017 Architekturstudium Leibniz Universität Hannover M.Sc., 2014–2020 Bauingenieurstudium M.Sc.; seit 2019 Projektingenieurin Ingenieurbüro DREWES + SPETH

© Christian Wyrwa

von Seht, Bernd geb. 1958; 1979–1983 Bauingenieurstudium FH Kiel; 1988–1989 Schweißingenieurlehrgang SLV Hamburg; seit 1990 Partner Wetzel & von Seht; seit 1995 Prüfingenieur für Bautechnik (Massivbau, Stahlbau, Holzbau)

© Wetzel & von Seht

Wagner, Juliane geb. 1991; Bauingenieurstudium TU Dresden, 2015–2020 wissenschaftliche Mitarbeiterin Institut für Massivbau (IMB), 2021 Promotion; seit 2021 Projektleiterin und Teamleiterin CARBOCON, seit 2024 Prokuristin

© Stefan Gröschel

Waimer, Frederic geb. 1985; 2005–2009 Bauingenieurstudium Universität Stuttgart; 2010–2015 Promotion ITKE Universität Stuttgart; seit 2015 Werner Sobek AG, seit 2020 Büroleiter, seit 2024 Geschäftsführender Gesellschafter Werner Sobek Wien; seit 2024 Vertretungsprofessur für Tragwerkslehre und Entwerfen, Hochschule Biberach

© Janine Kyofsky

Wenker, Jan L. geb. 1984; 2005–2011 Studium der Holzwirtschaft (B. Sc., M. Sc) Universität Hamburg; 2011–2016 wissenschaftlicher Mitarbeiter Thünen-Institut für Holzforschung; 2015 Promotion Lehrstuhl für Holzwissenschaft TU München; seit 2017 bei der Brüninghoff Group, seit 2024 Group Director Sustainability & Innovation und Prokurist

© Brüninghoff Group

Widmayer, Mathias geb. 1980; Bauingenieurstudium HfT Stuttgart; 2004 Intern. Schweißfachingenieur; 2003–2011 Gründer und Geschäftsführer Ingenieure ohne Grenzen (DE); seit 2005 sbp, seit 2011 Head of Structural Maintenance Inspection, seit 2018 Construction Management Lead, seit 2022 Director

© sbp

Wilhelm, Sebastian geb. 1987; Bauingenieurstudium TU Dresden, 2012–2018 wissenschaftlicher Mitarbeiter Institut für Massivbau (IMB), 2017 Promotion; seit 2018 Projektleiter Büro IBB Ingenieurbüro Baustatik Bautechnik Wilhelm & Zobel, seit 2023 Partner

© Henriette Braun

Wurzer, Otto geb. 1964; 1983–1988 Bauingenieurstudium TU München; 1990–1997 wissenschaftlicher Mitarbeiter Institut für Konstruktiven Ingenieurbau Universität der Bundeswehr München, 1998 Promotion; seit 2004 Geschäftsführer WTM Engineers München

© privat

Zeißler, Toralf geb. 1976; 1996–2002 Bauingenieurstudium Universität Leipzig; 2003–2016 KREBS+KIEFER Ingenieure Darmstadt und Erfurt; 2016–2018 Abteilungsleiter Ingenieurbüro Scholz Leipzig; seit 2018 Projektleiter KREBS+KIEFER Ingenieure Leipzig, seit 2023 Leitender Ingenieur

© KREBS+KIEFER Ingenieure

6. SYMPOSIUM

Ingenieurbaukunst – Design for Construction

KLIMAGERECHTE UND ZUVERLÄSSIGE INFRASTRUKTUREN

Ingenieur
bau
kunst
Design
for
Construction

28. November 2024,
Ernst-Reuter-Haus Berlin,
www.ingd4c.org

6. Symposium
Ingenieurbaukunst – Design for Construction

Das 6. Symposium Ingenieurbaukunst hatte klimagerechte und zuverlässige Infrastrukturen zum Thema. Moderator und *nbau* Chefredakteur Bernhard Hauke sagte zu Beginn, dass neben Sicherheit und Erhalt der in die Jahre gekommenen Infrastrukturen unseres Landes auch hier Nachhaltigkeitsaspekte eine immer größere Rolle spielen. Basierend auf Essays und Projekten aus dem Jahrbuch Ingenieurbaukunst 2025 diskutierte das Symposium #6_IngD4C diese Themen.

Einführung

Tim Lorenz:
Infrastrukturen sichern und gemeinwohlorientiert ausbauen

Einführend betonte Tim Lorenz die herausragende volkswirtschaftliche Bedeutung einer intakten Infrastruktur für den Wirtschaftsstandort Deutschland. Gleichzeitig, so der Vizepräsident Infrastruktur des Hauptverbands der Deutschen Bauindustrie, müsse diese jedoch klimagerecht gebaut und instandgehalten werden, um weitere Temperaturanstiege und Extremwetterereignisse zu vermeiden. Als Ingenieur vertraut er dabei auf mathematische Ansätze, um Prozesse zu analysieren und zu optimieren; Digitale Modelle können dies in Zukunft und bereits heute leichter ermöglichen, indem sie Produktlebenszyklen, Bauprozesse und Emissionen genau erfassen. Tim Lorenz forderte dazu auf, gemeinsam Verantwortung zu übernehmen für eine moderne, innovative, digitale und klimagerechte Infrastruktur.

0. Grenzzustände – Wertefundament für eine Ingenieurkultur im Wandel

Impuls: Johanna Ruge, Oliver André Wege und Celina Hunschok

Der Umgang mit Grenzzuständen ist Grundlage unserer Ingenieurkultur – so die Eingangsfeststellung. Doch neben den klassischen Grenzzuständen der Tragfähigkeit und der Dauerhaftigkeit müsse heute eine zusätzliche Grenze eingehalten werden: die Klimaverträglichkeit. Die Tatsache, dass die planetaren Grenzen, also die jährlich regenerierbaren Ressourcen unseres Planeten, jedes Jahr früher überschritten werden (Earth Overshoot Day), verdeutlicht das immer weiter auseinander klaffende Ungleichgewicht zwischen dem nachhaltig Verfügbaren und der tatsächlichen Übernutzung. Mit der Analogie des labilen Gleichgewichts aus der Statik wurde verdeutlicht, dass Kipppunkte, bei denen Klimafolgen zu weiteren Emissionen und Baumaßnahmen führen, unbedingt vermieden werden müssen. Für die Ingenieurgemeinschaft fordern sie ein neues Wertefundament: „Nachhaltigkeit priorisieren, kritisch neudenken, bewusst handeln, Haltung zeigen, offen und gemeinsam" lauten die fünf Prinzipien, nach denen das Attitude Building Collective gemeinsam handelt und für eine klimagerechte Bauwende einsteht.

Diskussion mit Max Dölling und Florian Foerster

Jeder Bauschaffende sollte Ökobilanzierung beherrschen und auch ein grundlegendes Verständnis für die planetaren Grenzen haben. Auch die Firmen sollten sich viel stärker in den gesellschaftlichen Diskurs ein-

© Stefan Hähnel
Bernhard Hauke, Moderator

© Stefan Hähnel
Tim Lorenz

© Stefan Hähnel
Johanna Ruge

© Stefan Hähnel
Oliver André Wege

© Stefan Hähnel
Celina Hunschok

© Stefan Hähnel
Max Dölling

© Stefan Hähnel
Florian Foerster

© Stefan Hähnel
Christoph Begemann

© Stefan Hähnel
Jana Nowak

bringen. Letztlich muss Nachhaltigkeit in der täglichen Praxis gelebt werden – weil gerade wir Ingenieurinnen und Ingenieure enorme Möglichkeiten haben, positiven Einfluss auszuüben. Letztlich bedarf es aber oft Druck von außen, um wirklich Änderungen zu bewirken.

1. Nachhaltiges Planen und Bauen im Ingenieurbau

Impuls: Aktuelle Entwicklungen und Chancen
Christoph Begemann

Am Beispiel der U4-Verlängerung in Frankfurt wird erläutert, dass es für viele Ingenieurbauwerke bisher kaum projektspezifische Bewertungskriterien für Nachhaltigkeit gibt. Einerseits soll ein Beitrag zur urbanen Mobilitätswende geleistet, andererseits müssen Ressourcenverbrauch und Emissionen so gering wie möglich gehalten werden. Mangels greifbarer Benchmarks sind vor allem Variantenvergleiche und weitere Optimierungen zielführend. Dabei müssen Bauherr, Planer und Baufirma eng zusammenarbeiten und Nachhaltigkeit als gemeinsames Planungs- und Bauziel vereinbaren.

Impuls: Reversibles Holzbau-Parkhaus Wendlingen
Jana Nowak

Ein reversibles Holzparkhaus ist keine klassische Bauweise; auch Gründach mit PV und begrünte Schallschutzfassaden sind noch kein Standard. Für die Entwurfsentscheidungen wurden frühzeitig verschiedene Varianten bezüglich Ressourcenverbrauch und Emissionen mittels Ökobilanzierung verglichen. Holzleimbinder sind stark industriell bearbeitet und auch nicht emissionsneutral, zumal die Verbindungen aus Stahl sind, aber in Summe ist der Holzbau doch deutlich besser. Und durch reversible Verbindungen wird ein Materiallager mit einem Bauteilkatalog für die Zukunft geschaffen.

Diskussion mit Ronny Glaser und Hans-Jürgen Krause

Nachhaltigkeit muss nachgefragt und in der Ausschreibung berücksichtigt werden. Noch ist oft der Preis das alleinige Kriterium. Auch sollte neben der Verbrauchsenergie auch die graue Energie der neu eingesetzten oder besser wiederverwendeten oder erhaltenen Baustoffe in den Fokus rücken. Was hält uns davon ab, nachhaltig zu bauen?

2. Was bewirkt die Digitalisierung?

Impuls: Digitalisierungsstrategien für Klimaschutz U5 Hamburg
Nils Schluckebier

Die Stadt Hamburg will bis 2050 klimaneutral sein. Die neue U5 ist Kernelement der Hamburger Mobilitätswende, soll aber gleichzeitig die CO_2-Emissionen minimieren. Alle Bauabläufe und Bauzustände werden in zahlreichen Modellen abgebildet, um die Prozesse zu optimieren und den Materialverbrauch minimal zu halten. Auch die CO_2-Emissionen können im Modell visualisiert und der Entscheidungsprozess so unterstützt werden.

© Stefan Hähnel

Ronny Glaser

© Stefan Hähnel

Hans-Jürgen Krause

© Stefan Hähnel

Nils Schluckebier

© Stefan Hähnel

Adam Orlinski

© Stefan Hähnel

Sven Tešanović

© Stefan Hähnel

Dirk Münzner

© Stefan Hähnel

Stefan Nübler

© Stefan Hähnel

Uwe Heiland

© Stefan Hähnel

Michael Weizenegger

Impuls: Hochspannungsmasten als Optimierungsaufgabe
Adam Orlinski

Mehrere Hochspannungsmasten sollten in einem offenen Wettbewerb verbessert werden. Mit einem flexiblen, parametrischen Modell können die Rechenergebnisse rückgekoppelt und die Struktur auch für verschiedene Belastungssituationen optimiert werden. Aus der Ursprungsidee als Holzstruktur wurde schließlich wetterfester Stahl.

Diskussion mit Sven Tešanović und Dirk Münzner

Gute Gestaltung verbessert die Akzeptanz von Ingenieurbauwerken wie Strommasten. Insbesondere bei anspruchsvollen und komplexen Ingenieurkonstruktionen ist Dekarbonisierung kaum ohne Digitalisierung möglich. Dafür wurden in den letzten Jahren schrittweise die digitalen Voraussetzungen geschaffen; jetzt muss gemeinsam skaliert und angewendet werden.

3. Erhalten und Sanieren

Impuls: Erhaltungsstrategien für Brückenbauwerke
Stefan Nübler

Die Ermittlung des Bauwerkszustands und die Bewertung der Tragfähigkeit von Brückenbauwerken basieren auf Bauwerksprüfung und fortgeschrittener Tragwerksanalyse. Mit Erhaltungs- und Verstärkungsmaßnahmen sowie Monitoring lassen sich Nutzung und Lebensdauer oft erweitern. Am Beispiel eines Brückenbauwerkes der Stadt Esslingen, bei dem die Verfügbarkeit gewährleistet werden sollte, wurden die Möglichkeiten aufgezeigt: Nach einer Verkehrszählung erfolgte eine Zufahrbeschränkung durch Reduktion der Fahrbahnbreite. Nach der Bauwerksprüfung mit Drohnen und KI kamen schließlich CFK-Lamellen zur Erhöhung der Tragfähigkeit und zur Redundanz zum Einsatz; der Stützenkopf wurde aufgeweitet und ein Monitoring installiert.

Impuls: Sanierung der Neuen Strombrücke Magdeburg
Uwe Heiland

Mit Bezug zur Sanierung der Neuen Strombrücke Magdeburg wurde die vorgezogene Ausführungsplanung ohne Einbeziehung des ausführenden Bauunternehmens, welches dann jedoch dafür die Verantwortung übernehmen solle, als Irrweg bezeichnet. Beim Sanieren von Brücken hätten sich Bestandsuntersuchungen durch mehrere Bieter bewährt.

Diskussion mit Michael Weizenegger und Alexander Schumann

Bestandserhalt von Brückenbauwerken statt Ersatzneubau ist anspruchsvoller und oft werden die Planer sehr spät einbezogen. Innovative Verstärkungsmaßnahmen wie Carbonbeton bei der Hyparschale Magdeburg könnten auch ohne normative Regelungen eingesetzt werden, aber Innovationsrisiken dürfen nicht alleine bei den Baufirmen liegen.

4. Kosten, Bauablauf & Klimaschutz

Impuls: Ganzheitliche Bewertung von Bau und Betrieb von Straßen und Brücken
Matthias Müller

Externe Effekte wie Staueemissionen, Zeitverluste Reisender oder Unfälle überschreiten bei einer ganzheitlichen Bewertung von Brücken oder Straßen quasi immer die bauwerksbezogenen Kosten oder CO_2-Emissionen um ein Mehrfaches. Darum lohnt sich hier immer, schnell zu bauen. Bei Brückenbauwerken gibt es bisher nicht ausreichend Benchmarks zur Bewertung. Darum müssen Alternativen quantifiziert und zur Entscheidungsfindung verglichen werden. Bei Autobahnüberführungen lohnt es sich immer, mehr Aufwand und damit CO_2-Emissionen in den Überbau zu stecken, als Mittelpfeiler zu bauen, weil die Emissionen durch Staus aus zukünftigen Baumaßnahmen überwiegen würden.

© Stefan Hähnel

Alexander Schumann

© Stefan Hähnel

Matthias Müller

© Stefan Hähnel

Jacqueline Donner

© Stefan Hähnel

Niklot von Bülow

© Stefan Hähnel

Wolfgang Schmidt

© Stefan Hähnel

Mike Schlaich

© Stefan Hähnel

Heinrich Bökamp

© Stefan Hähnel

Reiner Nagel

Partner:
EIFFAGE SEH

Impuls: Mangfallbrücke Rosenheim
Jacqueline Donner

Es gab verschiedene Wechselwirkungen zwischen Planung und Bauablauf sowie Kosten und Klimaschutz. So waren die Baugrundeigenschaften mit großen zu erwartenden Baugrundsetzungen herausfordernd. Darum wurde eine weiche, seilverspannte Extradosed-Brücke gewählt. Damit war zur Betriebssicherheit ein Ausgleich von Baugrundsetzungen planerisch berücksichtigt. Doch während des Baus stellte sich heraus, dass der Baugrund noch deutlich schlechter war. Als Sonderlösung wurde die Rosenheimer Mischgründung eingesetzt. Die Bauausführung erfolgte ohne aufwendige Hilfskonstruktion im Freivorbau.

Diskussion mit Niklot von Bülow und Wolfgang Schmidt

Bei der Ausführung steht oft schnelles Handeln im Vordergrund, sodass Nachhaltigkeit und innovative Bauweisen das Nachsehen haben. Beim EDGE Eastside Tower in Berlin konnte jedoch gezeigt werden, dass 60 Prozent CO_2-Einsparung bei Transportbeton möglich ist. Auch mit emissionsarmem Stahl funktioniert die Ausführung reibungslos. Der CO_2-Schattenpreis wird zunehmend bei Ausschreibungen eingesetzt.

Schlussdiskussion:
Klimagerechte und zuverlässige Infrastrukturen
Bernhard Hauke mit Mike Schlaich, Tim Lorenz, Heinrich Bökamp und Reiner Nagel

Mike Schlaich wies mit den Erfahrungen seiner großen Afrikareise darauf hin, dass in Afrika in den kommenden Dekaden noch sehr viel Infrastruktur für eine wachsende Bevölkerung gebaut werden müsse und möglichst nicht die gleichen Fehler wie in Europa gemacht werden sollten. Wünschenswert sei darum mehr Nachdenken für weniger Materialeinsatz und mehr nachhaltiges Bauen in Afrika.

Für eine klimagerechte und zuverlässige Infrastruktur sollten wir uns auf die alten Ingenieurtugenden besinnen. Nachhaltigkeit sei ein Produkt intelligenter Entscheidungen. Auch Bauherren brauchten deshalb die gleiche Kompetenz wie Planende und die Baufirmen. Aber auch Ingenieure müssen sich mehr politisch einbringen.

Digitalisierung ermögliche letztlich Einsparungen und Effizienzsteigerungen, müsse aber auch von allen Protagonisten beherrscht werden. Für unsere Infrastruktur sei es wichtig, dass wir diese besser monitoren und (frühzeitig) erhalten und so in Summe Kosten sparen. Schnell und effizient bauen dürfe aber nicht im Gegensatz zu Baukultur und Schönheit stehen. Auch Systembrücken können trotz des oft harten Wettbewerbs schön sein, aber Planer und Baufirmen müssten auch hier zusammenarbeiten. Last but not least: Für klimagerechte und zuverlässige Infrastrukturbauwerke brauchen wir Zusammenarbeit, Mut, Innovation und Pragmatismus.

Martin Rettinger, Bernhard Hauke

Am 6. Symposium Ingenieurbaukunst – Design for Construction waren beteiligt:

Bernhard Hauke, Ernst & Sohn, nbau
Tim Lorenz, Hauptverband der Deutschen Bauindustrie
Johanna Ruge, Stadt Hamburg, ABC
Oliver André Wege, TU Dresden, ABC
Celine Hunschok, HCU Hamburg, ABC
Max Dölling, Werner Sobek AG
Florian Foerster, Buro Happold
Christoph Begemann, LPI Ingenieurgesellschaft
Jana Nowak, knippershelbig, ABC
Ronny Glaser, Inros Lackner
Hans-Jürgen Krause, Kempen Krause Ingenieure
Nils Schluckebier, Schüßler-Plan Ingenieurgesellschaft
Adam Orlinski, Bollinger+Grohmann
Sven Tešanović, W&F Ingenieurbau
Dirk Münzner, BuP. Boll
Stefan Nübler, LAP
Uwe Heiland, SEH Engineering
Michael Weizenegger, SSF Ingenieure
Alexander Schumann, CARBOCON
Matthias Müller, KIT
Jacqueline Donner, GRASSL Ingenieure
Niklot von Bülow, Ed. Züblin
Wolfgang Schmidt, Hochtief
Mike Schlaich, TU Berlin, sbp
Heinrich Bökamp, Bundesingenieurkammer
Reiner Nagel, Bundesstiftung Baukultur
Martin Rettinger, TU Berlin

© Stefan Hähnel

Bernhard Hauke, Heinrich Bökamp, Reiner Nagel, Mike Schlaich und Tim Lorenz (v.l.n.r.)

Impressum

Herausgeber
Bundesingenieurkammer
Joachimsthaler Straße 12
10719 Berlin

Redaktion
Ernst & Sohn GmbH

Titelbild Deutscher Pavillon Expo in Osaka 2025 (Foto: © Roland Halbe)
Buchrückseite Donautalbrücke in Linz (Foto: © Conné van d'Grachten)

Bibliografische Information der Deutschen Nationalbibliothek
Die Deutsche Nationalbibliothek verzeichnet diese Publikation in der Deutschen Nationalbibliografie; detaillierte bibliografische Daten sind im Internet über http://dnb.d-nb.de abrufbar.

Hersteller gemäß EU-Produktsicherheitsverordnung:
Ernst & Sohn GmbH, Rotherstr. 21, 10245 Berlin, e-mail: product_safety@wiley.com

Gestaltung/ Herstellung Petra Franke, Berlin (Basiskonzept: Sophie Bleifuß)
Lektorat Textagentur Dr. Swen Wagner, Gladbeck
Bildbearbeitung bildpunkt Druckvorstufen GmbH, Berlin
Druck und Bindung Druckhaus Sportflieger GmbH, Berlin

Printed in the Federal Republic of Germany.
Gedruckt auf säurefreiem Papier.

Print ISBN 978-3-433-03483-5
ePDF ISBN 978-3-433-61254-5